《全国气象发展“十三五”规划》辅导读本

中国气象局发展研究中心　编著

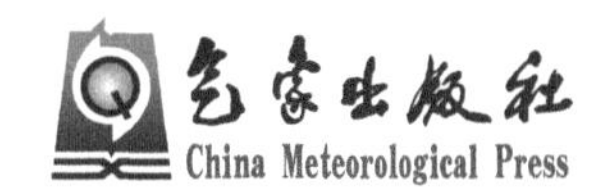

内容简介

《全国气象发展“十三五”规划》(以下简称《规划》)是当前和今后一个时期我国气象事业发展的行动纲领,它的顺利完成和发布对于指导我国气象现代化建设具有重要意义。为配合《规划》的部署和落实,使其得到更好的理解和贯彻,中国气象局发展研究中心组织编写了本书,主要对《规划》的编制背景和“十三五”时期面临的形势予以全面介绍;对《规划》的编制思路予以系统阐述;对《规划》的战略目标予以清晰说明;对《规划》的五大具体任务和保障措施予以深刻解读。以期帮助读者更完整、更准确地把握《规划》的精神;更全面、更深入地理解《规划》的内容;更及时、更广泛地宣传《规划》提出的新理念、新设计、新战略。本书适合关注我国气象发展特别是气象现代化建设的学者、管理者和其他社会各界人士参阅。

图书在版编目(CIP)数据

《全国气象发展“十三五”规划》辅导读本/中国气象局发展研究中心编著. —北京:气象出版社,2017.1(2017.3重印)

ISBN 978-7-5029-6520-4

Ⅰ. ①全… Ⅱ. ①中… Ⅲ. ①气象-工作-五年计划-中国-2016-2020-学习参考资料 Ⅳ. ①P4

中国版本图书馆CIP数据核字(2016)第319554号

QUANGUO QIXIANG FAZHAN “SHISAN WU” GUIHUA FUDAO DUBEN

《全国气象发展“十三五”规划》辅导读本

出版发行:气象出版社

地　　址:北京市海淀区中关村南大街46号　**邮政编码**:100081

电　　话:010-68407112(总编室)　010-68408042(发行部)

网　　址:http://www.qxcbs.com　**E-mail**:qxcbs@cma.gov.cn

责任编辑:崔晓军　**终　　审**:邵俊年

责任校对:王丽梅　**责任技编**:赵相宁

封面设计:易普锐创意

印　　刷:北京建宏印刷有限公司

开　　本:710 mm×1000 mm　1/16　**印　　张**:12.25

字　　数:254千字

版　　次:2017年1月第1版　**印　　次**:2017年3月第2次印刷

定　　价:50.00元

目　　录

第一章　导　述

“十三五”时期是我国全面建成小康社会的决胜期和全面深化改革的攻坚期，也是全面推进气象现代化的冲刺期和完成《国务院关于加快气象事业发展的若干意见》(国发〔2006〕3 号)(以下简称国务院 3 号文件)奋斗目标的收官期。组织制定和实施好《全国气象发展“十三五”规划》(以下简称《规划》)，明确“十三五”期间气象发展的指导思想、发展目标、主要任务、重大工程和保障措施，描绘好“十三五”时期我国气象发展的总体蓝图，事关气象科学、持续、健康发展，事关气象更好地服务于国家发展和人民福祉，事关气象保障全面建成小康社会奋斗目标顺利实现。

一、《规划》编制总体思路

气象事业是经济建设、国防建设、社会发展和人民生活的科技型基础性公益事业，在我国经济社会发展中的地位和作用日益重要。根据《中共中央关于制定国民经济和社会发展第十三个五年规划的建议》(以下简称《建议》)、《中华人民共和国国民经济和社会发展第十三个五年规划纲要》(以下简称《国家“十三五”规划》)和国务院 3 号文件的总体部署和要求，结合“十三五”气象发展实际，中国气象局和国家发展和改革委员会联合编制印发了《规划》(气发〔2016〕62 号)。

中国气象局高度重视、精心组织、科学谋划，2014 年底成立规划编制工作领导小组和编制工作组。郑国光先后主持召开 3 次规划领导小组会议，对《规划》编制工作进行研究和安排部署，对编制《规划》的总体思路进行指导。《规划》编制过程中充分征求了有关部门和地方意见，并与相关规划进行了衔接。多次召开专家咨询会、论证会，听取专家意见，先后赴全国各省(区、市)专题调研。根据部门、地方和专家意见，对《规划》进行多次修改完善。《规划》提出了“十三五”时期全国气象发展的指导思想、发展目标、主要任务和重点工程，是未来五年我国气象发展的行动纲领，是“十三五”时期气象基础设施建设的重要依据。

最终形成的《规划》，总体思路清晰，基本可以概括为“一个方向、二个不动摇、三个结合、四个全面、四大体系、五大任务、六大项目、十大工程”。

一个方向：坚持公共气象发展方向。把增进人民福祉、保障人民生命财产安全作为谋划气象工作的根本出发点，把服务国家重大战略、气象防灾减灾、应对气候变化作为气象发展的重要着力点，坚持大力发展公共气象、安全气象、资源气象，更好地发挥气象对人民生活、国家安全、社会进步的基础性作用。

坚持公共气象发展方向，是中国特色气象事业根本属性所决定的。长期以来，我国气象工作始终把保护人民生命财产安全和为社会主义现代化建设服务作为宗旨，并直接面向整个经济社会发展和人民群众生活的需要，在政府决策、防灾减灾、工农业生产、资源开发和环境保护、国防建设和军事活动等许多方面创造了巨大的社会、经济和生态效益。

坚持公共气象服务发展方向，是气象工作的立业宗旨。“气象为人民服务、为经济社会发展服务”是我国气象事业自创建之初便确立的宗旨，基本公共气象服务均等化是新时期对气象服务与时俱进的要求。气象服务直接关系人民群众生命财产安全，事关人民群众生计，气象工作必须始终坚持公共气象服务发展方向，始终把保障人民生命财产安全和经济社会发展的气象服务放在首位，这既是国家对气象工作的根本要求，也是全国人民对气象工作的重托和期待。

二个不动摇：坚持气象现代化不动摇、坚持深化改革开放不动摇。

坚持气象现代化不动摇。气象现代化建设既是经济社会发展的需求，又是遵循气象科学自身发展规律的必然。发展气象现代化是气象工作应始终坚持的目标和任务，任何发展阶段都不能动摇。气象现代化建设要不断以适应现代经济社会发展需求为目标，始终以科技为引领、为支撑，瞄准世界科技发展前沿，不断提升气象核心业务能力和预报预测精准化水平。“十三五”时期，坚持气象现代化不动摇，就是坚持发展是第一要务，将气象现代化作为气象改革发展各项工作的中心，始终发挥科技第一生产力、人才第一资源的巨大潜能，持续推进气象业务现代化、气象服务社会化、气象工作法治化，加快转变发展方式，实现气象发展质量、效益和可持续的有机统一。

坚持深化改革不动摇。改革是推进气象发展的动力之源，是我国气象发展取得辉煌成就的重要成功经验。“十三五”时期，气象发展必须坚持深化改革不动摇，要自觉把全面深化气象改革置于国家全面深化改革的大局之中，自觉把党中央决策部署作为全面深化气象改革的总依据，确保不偏不离、不折不扣地贯彻落实党中央各项改革决策部署。

三个结合：把气象发展指导思想与国家发展指导思想有机结合；把气象发展任务与国家经济发展需求有机结合；把气象发展总目标与全面建成小康社会的总目标有机结合。

2015 年，在《规划》编制过程中，中国气象局召开了全国气象局长工作研讨会，会上对“十三五”气象发展总体思路进行了深入研讨。郑国光在讲话中明确提出，推动“十三五”气象改革发展的总体思路，就是要以邓小平理论、“三个代表”重要思想、科学发展观为指导，深入贯彻“四个全面”战略布局，紧贴经济发展新常态，紧跟科技发展新步伐，坚持公共气象发展方向，以人为本，服务民生、促进生产、支撑决策;坚持气象现代化这条主线,深入实施创新驱动发展战略,强化科技引领,发展智慧气象;坚持以提高发展质量和效益为中心,加快转变发展方式,科学发展、协调发展;坚持改革开放,加快构建新型气象事业发展体制机制,依法发展、开放发展,为到2020年全国基本实现气象现代化、更好地服务保障全面建成小康社会而努力奋斗。

以上总体思路,就是"三个结合"的展开和体现。在总体思路中,提出"以邓小平理论、'三个代表'重要思想、科学发展观为指导,深入贯彻'四个全面'战略布局",这些就是"十三五"时期国家发展指导思想重要内容,更是"十三五"气象发展指导思想重要内容。提出的"紧贴经济发展新常态,紧跟科技发展新步伐""以人为本,服务民生、促进生产""以提高发展质量和效益为中心,加快转变发展方式,科学发展、协调发展""依法发展、开放发展",这些既是"十三五"时期国家发展的任务和要求,也是气象发展的任务和要求。提出"为到2020年全国基本实现气象现代化、更好地服务保障全面建成小康社会而努力",更是直接地把气象发展总目标与全面建成小康社会的总目标有机结合。最终形成的《规划》,充分体现了以上"三个结合"的重要思想。

四个全面:全面推进气象现代化、全面深化气象改革、全面推进气象法治建设、全面加强气象部门党的建设。

全面推进气象现代化,要求在理念上跟进现代化内涵的发展变化;在格局上更加开阔,强调业务、服务、管理的全覆盖;在行动上更加高效,强调现代化目标要求、具体举措、制度保障、实施路径的全覆盖;在责任上更加明确,强调国家级、省级、基层气象现代化的全覆盖。

全面深化气象改革,包括:深化气象服务体制改革,重点是处理好发挥部门主体作用与市场开放的关系问题,加快推进公共气象服务的规模化、现代化、社会化;深化气象业务科技体制改革,重点是完善业务科技体制机制,深入实施科技创新驱动发展战略,激发发展活力;深化气象管理体制改革,要加快完善自身气象管理体制机制,重点是抓好完善双重领导管理体制和完善双重计划财务体制。

全面推进气象法治建设,包括:构建保障气象改革发展的法律法规和标准规范体系;把各级政府在气象现代化政策支持、财政保障等方面的责任制度化、法治化;把气象部门职能制度化、法治化,将各项气象工作纳入法治化轨道,依法履职,依法行政,确保气象发展有法可依,气象改革于法有据,深入推进气象依法行政。

全面加强气象部门党的建设,包括:形成更加坚强的领导核心;全面加强党的基层组织建设和党员队伍建设;从严管理干部,从严加强作风建设;坚定理想信念,严守党的政治纪律和政治规矩。

四大体系:现代气象监测预报预警体系、现代公共气象服务体系、气象科技创新和人才体系、现代气象管理体系。

现代气象监测预报预警体系是气象事业发展的基础,是气象行业赖以生存的根本，是全面推进气象现代化的核心。互联网、大数据、云计算等信息技术的发展为构建无缝隙、精准化、智慧型的现代气象监测预报预警体系提供了坚实的支撑。

现代公共气象服务体系，是实现气象发展价值和效益的根本途径，是不断提升公共气象服务普惠化、均等化、精准化水平，不断满足人民群众能够享受到个性、专业、优质气象服务的生产生活需要。

气象科技创新和人才体系，科技创新是气象发展的第一动力，人才是气象发展的第一资源，推进“十三五”气象发展，必须把气象科技创新和人才培养放到全面推进气象现代化更加重要的位置，把创新发展理念贯穿到气象工作的各个方面。

现代气象管理体系，是全面推进气象现代化的重要内容，推进“十三五”气象发展，必须建立新型的现代气象运行管理机制，全面提高科学化管理水平；建立与气象管理体制相适应的完备的气象法律法规和标准，全面提高气象工作法治化水平。

五大任务：改革创新，提升气象现代化水平；统筹协调，促进气象可持续发展；绿色发展，保障生态建设和气候安全；开放合作，构建气象发展新格局；共享共用，提高以人民为中心的气象服务能力。“五大任务”，既突出了“十三五”气象发展重点，又涵盖了“十三五”气象发展的全部内容。

六大项目：区域协调发展气象保障能力建设项目、基层台站基础设施建设项目、应对气候变化科技支撑能力建设项目、粮食生产气象保障能力建设项目、基层气象防灾减灾能力建设项目、现代气象服务能力建设项目。

十大工程：气象卫星探测工程、气象雷达探测工程、气象综合观测设备设施建设工程、气象信息化系统工程、气象科技创新工程、生态文明建设气象保障工程、人工影响天气能力建设工程、气象防灾减灾预报预警工程、海洋气象综合保障工程、山洪地质灾害防治气象保障工程。

二、《规划》的基本框架和主要内容

（一）《规划》的基本框架

《规划》总体框架，参照了《中共中央关于制定国民经济和社会发展第十三个五年规划的建议》和《中华人民共和国国民经济和社会发展第十三个五年规划纲要》的体例，最终形成的《规划》基本框架为气象发展环境、气象发展指导思想和主要目标、气象发展任务、气象发展保障支撑等四大部分，共分为八章，其中气象发展任务部分有五章。

（二）《规划》的主要内容

《规划》第一章，分析了“十三五”气象发展环境，主要内容包括“十二五”气象发展取得的成就和“十三五”气象发展面临的新形势。比较全面地总结归纳了“十二五”气象发展取得的成就，比较客观分析了气象发展中存在的问题，特别对“十三五”

气象发展面临的形势和挑战进行了深入分析。目的在于总结成绩、增强信心、分析形势、直面压力与挑战、鼓舞斗志。

《规划》第二章，提出"十三五"气象发展的指导思想和主要目标。系统阐述了"十三五"气象发展的指导思想、基本原则、发展理念和主要目标。《规划》提出的指导思想明确，基本原则指导性强，发展理念先进，发展目标清晰。

《规划》从第三章至第七章，提出了"十三五"气象发展的五大任务，内容包括：改革创新，提升气象现代化水平；统筹协调，促进气象可持续发展；绿色发展，保障生态建设和气候安全；开放合作，构建气象发展新格局；共享共用，提高以人民为中心的气象服务能力。《规划》所部署的任务，实现了与国家发展需求、国家发展任务的有效对接；既突出了"十三五"气象发展的重点，又统筹了气象全面发展、协调发展的内容；既着力于"十三五"气象事业发展，又注重考虑与"十二五"气象发展的衔接，并为"十四五"气象发展奠定基础。

1. 改革创新，提升气象现代化水平。《规划》既是一个发展的规划，也是一个改革的规划，归根结底是为实现全面气象现代化夯实基础。"十三五"时期，面向实现气象现代化的发展目标，需要借助改革和创新的强大动力来解决我国气象核心业务技术能力存在的问题，以提升我国气象现代化水平。"十三五"气象发展，要突出全面深化气象改革，强化气象创新，以体制机制改革激发创新活力，以科技创新为核心带动全面创新，实现气象关键领域核心技术突破，切实提升气象监测预报科技水平与服务能力，履行气象行政管理职能，积极培育气象服务市场，实现气象部门管理向行业管理转变。

首先，全面深化气象改革，包括深化气象服务体制改革、创新气象业务科技体制改革、推进气象行政管理体制改革等内容。其次，实现气象核心业务技术新突破，包括推进数值预报自主研发实现突破、构建无缝隙精细化气象预报业务、发展精细化气象服务技术、发展先进高效的综合气象观测系统等内容，将气象的监测预报业务服务核心技术均列入此部分。其三，要提高气象信息化水平，包括加强气象数据资源整合与开放共享、建立安全集约的气象信息系统、推进信息新技术在气象领域应用、实施气象信息化"三大战略"等内容，将"十三五"时期气象信息化建设的主要任务纳入此部分。其四，强化科技引领和人才优先发展，包括完善创新驱动体制机制、组织重点领域科技攻关、实施气象人才优先发展战略等内容，将未来五年科技和人才重点实施的主要任务纳入此部分。

2. 统筹协调，促进气象可持续发展。在经济发展新常态下，坚持协调发展，是推动和实现我国经济社会持续健康发展的内在要求，也是气象实现更大发展的必然选择和重要内容。"十三五"时期，气象部门在贯彻落实国家协调发展战略的前提下，亟须紧扣解决气象事业发展中存在的不平衡、不协调、不可持续问题，不断提高气象事业整体发展水平，全面推进气象现代化。

因此,《规划》在第四章对“统筹协调,促进气象可持续发展”进行部署,主要内容包括:一是加快气象事业协调发展;二是推进气象资源统筹利用;三是强化部门间协作机制;四是依法依规推进气象协调发展。旨在树立协调发展理念,依法依规,统筹推进气象区域、气象行业、气象与经济社会的协调发展,同时强化气象智库建设、气象部门法治建设,实现气象可持续发展。

3. 绿色发展,保障生态建设和气候安全。绿色发展是指一个国家的发展和运行机制、行为方式等要建立在遵循自然规律、有利于保护地球生态环境的基础之上。国家发展不以降低环境承载能力、透支生态服务功能、危害人类健康和牺牲国民福祉为代价,而是生产、生活与生态的共生共赢。党的十八届五中全会把“绿色发展”作为五大发展理念之一,对“十三五”时期做好气象工作具有重大指导意义。《国家“十三五”规划》明确提出要积极应对全球气候变化。

因此,《规划》第五章提出了“绿色发展,保障生态建设和气候安全”的建设任务,主要内容包括:一是加强生态建设和环境保护气象保障能力建设;二是强化应对气候变化支撑;三是积极应对气候变化;四是有序开发利用气候资源。旨在引导“十三五”时期重点加强生态建设和环境保护气象保障能力建设、积极应对气候变化、有序开发利用气候资源,切实做到保障生态建设和气候安全,保障国家绿色发展的同时,实现气象自身的绿色发展。

4. 开放合作,构建气象发展新格局。党的十八届五中全会提出了开放发展新理念,赋予了比原有“开放”更丰富的内涵,指出开放是国家繁荣发展的必由之路。“十三五”时期,气象部门践行开放发展理念,推动由“气象大国”迈向“气象强国”,必须围绕气象现代化建设,进一步深化开放发展。

因此,《规划》第六章提出了“开放合作,构建气象发展新格局”的任务,主要内容包括:一是融入国家开放发展新布局;二是深化国际气象合作。旨在突出以战略思维和全球眼光,主动融入国家开放发展新布局,研究制定气象全球战略,深化国际双向开放交流合作,全面提升气象开放程度,构建气象对外开放发展新格局。

5. 共享共用,提高以人民为中心的气象服务能力。公共气象是社会共享发展的重要内容,如何更好地促进社会共享气象发展成果是气象“十三五”发展的重大课题。因此,《规划》在第七章提出了“共享共用,提高以人民为中心的气象服务能力”的气象发展任务,主要包括提高气象防灾减灾保障能力、推进公共气象服务均等化、加快发展专业气象服务等公共气象服务内容。旨在倡导全民全行业的共享共用,提高以人民为中心的气象服务能力,将优质的公共气象服务产品提供给社会公众共享,实现公共气象服务的共享共用。

《规划》最后一章,提出了“强化保障,为实现气象现代化提供坚强支撑”。“十二五”时期,在党中央、国务院的正确领导下,在各级党委政府、各有关部门和社会各界大力支持下,广大气象干部职工开拓进取,保障了气象“十二五”规划各项措施的顺利落实到位，气象事业发展成效显著。“十三五”时期，国家经济发展进入新常态，发展方式加快转变，结构不断优化，改革步入深水区。国家经济社会发展阶段的重大转型，必然深刻影响到我国气象事业持续稳定发展的内外环境，落实好《规划》的各项保障措施显得尤为重要。《规划》主动对接国家“十三五”规划总体部署和要求，结合气象事业发展实际，从加强组织领导、建立多元化投入机制和加强党的建设三个方面，制定了《规划》实施的保障措施，为《规划》贯彻落实提供了依据。

三、《规划》的编制思想与主要特点

《规划》编制进入关键阶段时，用什么样的指导思想编制气象发展规划，成为大家共同的关注点。参与编制《规划》人员通过学习中央“四个全面”的战略布局和五大发展理念，分析把握气象发展规划编制经验，在《规划》编制过程中逐步形成了以下编制思想，并以此指导《规划》编制工作。

（一）吸收、借鉴与创新的编制思想

编制一部好的事业发展规划，必然是吸收、借鉴与创新思想的有机结合。吸收，通常是指物体把外界物质吸到内部的过程，这里既具有直接的形式模仿，又有间接的理念升华的含义；借鉴，通常是指把别的人或事当镜子，进行对照，以便吸取经验或教训；创新，通常是指以现有的思维模式提出有别于常规或常人思路的见解，以便改进或创造新的事物、方法、元素、路径、环境，并能获得一定成效的过程。三者之间相辅相成、相互影响、相互促进，在这次编制《规划》的过程中，比较充分地运用了吸收、借鉴与创新的规划思想。

1. 直接吸收《国家“十三五”规划》相关内容。在这次编制《规划》过程中，国家发布了《国家“十三五”规划》，其中有许多内容直接写的就是气象发展相关内容，如气象为农服务体系建设、气象防灾减灾能力、气象与环境监测、人工影响天气、海洋气候变化研究、海洋灾害监测、海洋气象观测、全球气候变化、气象国际责任和义务等。为了实现气象发展规划与国家发展总规划的对接，最后形成的《规划》，全部吸收了《国家“十三五”规划》中与气象相关的内容。

2. 以国家五大发展理念为统领谋篇布局。这次编制《规划》在零稿阶段的主要内容布局，按照气象传统的业务块进行划分。十八届五中全会以后，编制组尝试打破传统格局，按照“创新、协调、绿色、开放、共享”五大发展理念进行新的布局，旨在将党中央对国民经济社会发展的总体要求和五大发展理念贯穿到气象事业改革发展全局之中，落实到五大气象发展重大任务中。这种全新的思路布局，经过多次征求意见和专家咨询会讨论，得到大家的认可，并达成共识，最后确定了以五大发展理念为统领布局气象“十三五”发展主要任务的思路。这种结构布局主要借鉴了《建议》的体例形式。

3. 与国家实施开放战略对接。从国家战略思路上讲，开放发展是要完善对外开放战略布局，健全对外开放新体制，推进“一带一路”建设，积极参与全球治理，积极承担国际责任和义务。为了将《规划》融入国家开放发展新布局，体现真正意义上的“开放”，《规划》第六章“开放合作，构建气象对外开放发展新格局”突出强调要以战略思维和全球眼光，主动融入国家开放发展新布局，研究制定气象全球战略，加强全球监测、全球预报和全球服务，深化国际双向开放交流合作，构建气象发展新格局。以体现“十三五”气象发展要进一步走出去，实现从气象大国向气象强国转变的战略愿景。

4. 坚持《规划》编制创新。这次编制最后形成的《规划》，无论从体例到形式，还是从指导思想到发展理念，抑或从发展目标的提出到发展任务的明确，包括从发展总体思路到发展具体内容，较历次发展规划都是一次重大创新。创新，成为这次《规划》编制重要的思想灵魂，也是这次推动《规划》编制不断完善的最重大动力之源。

（二）《规划》呈现的主要特点

在《规划》编制研究过程中，规划编制起草组深入学习领会党的十八大及十八届三中、四中、五中全会精神，深入学习习近平总书记系列重要讲话精神，学习理解中国气象局党组近些年形成的一系列重要气象发展思路，以“创新、协调、绿色、开放、共享”五大发展理念为指导，力图把中央对国民经济社会发展的“四个全面”战略布局、“五位一体”总体布局和五大发展理念，贯穿气象事业改革发展全过程，并具体落实到《规划》之中。最后形成的《规划》，呈现了以下特点：

1. 战略性。《规划》就是未来五年我国气象事业发展的行动纲领，但发展视野又不局限在五年内，而是更加长远发展蓝图的勾画，内容根据《国家“十三五”规划》、国务院3号文件及《全国气象现代化发展纲要（2015—2030年）》的总体部署和要求，有效对接国家开放发展战略等多方面长远的发展目标。

2. 创新性。《规划》框架结构以五大理念形式进行任务布局，完全有别于以往的规划以传统业务块布局方式，就是一种创新和突破；同时，“改革创新，提升气象现代化水平”是首要任务，强化气象技术创新，以体制机制改革激发创新活力，以科技创新为核心带动全面创新。

3. 全局性。《规划》是气象发展“十三五”规划体系的总体规划，反映了气象领域的方方面面，不仅是对全国气象部门的指导，而且力求打破行业部门的界限，开门做规划，在目标、任务中均涉及水利、民航、海洋等多部门多行业气象相关内容，进行全方位规划设计。

4. 现代化。《规划》以全面推进气象现代化为主线，注重核心技术的突破，目标和指标的设定均对接国际气象现代化，旨在建设具有世界先进水平的气象现代化体系，确保到2020年基本实现气象现代化目标。

第二章　气象发展主要成就和面临的形势

“十二五”时期，是转变气象发展方式，全面推进气象现代化的重要时期。经过全国气象部门的共同努力，《气象发展规划（2011—2015年）》（以下简称《气象发展“十二五”规划》）提出的目标任务全部完成，在《规划》中从六个方面总结了“十二五”气象发展取得的成就。“十三五”时期，是我国基本实现气象现代化目标的决胜阶段，《规划》分析了“十三五”时期气象发展面临的新形势，为把握发展机遇、增强发展信心、科学谋划未来五年气象发展打下了坚实基础。

一、“十二五”时期气象发展取得的主要成就

“十二五”时期，全国气象部门以《气象发展“十二五”规划》为蓝图，对全面推进气象现代化精心部署、扎实推进、深化改革、锐意创新，各项措施得力，气象防灾减灾能力切实增强、应对气候变化能力显著提升、气象现代化体系不断完善、公共服务和社会管理职能持续加强，全面完成了《气象发展“十二五”规划》提出的总体目标和总任务，气象为保障经济社会发展和人民福祉安康做出了重要贡献。

（一）气象现代化体系形成新格局

“十二五”期间，全国气象部门坚持推进气象现代化不动摇，扎实推进《气象发展“十二五”规划》确定的现代化任务落实，气象现代化体系建设的系统性得到增强，实现了观测自动化实质性突破、气象卫星业务技术升级、天气雷达建设重要作用的充分发挥，实现了气象监测和预报预测服务业务平台的智能化水平提高，实现了气象科技创新体系和气象人才体系与现代气象业务体系的同步推进，气象科技创新更加注重面向气象业务服务，气象教育培训的基础性作用更加凸显。同时，更加注重科学管理和气象综合效益，统筹硬实力和软实力协调发展的综合现代化，气象现代化体系形成了更加全面综合的新格局，有力地提升了气象事业的综合实力。

1.“十二五”气象现代化规划目标全面实现

到2015年，已基本建成满足国家需求、结构完善、布局合理、功能齐备的公共气象服务系统、气象预报预测系统、综合气象观测系统，建成较完善的气象科技创新体系和充满活力的气象人才体系，气象现代化水平显著提升，为实现到2020年的气象现代化奋斗目标奠定了坚实基础。

2. 气象现代化多项关键业务达到或超过国际先进水平

到2015年，达到或超过国际先进水平的现代气象业务有：台风路径24小时预报水平高于国际先进水平；气候系统模式(BCC_CSM)接近国际先进水平；大气再分析全球和区域产品分辨率接近同期国际先进水平；风云系列气象卫星定标、辐射校正及地面应用系统达到国际先进水平；风云二号气象卫星云导风、OLR和风云三号臭氧产品、微波温湿廓线产品质量已达到或接近国际同类产品先进水平；国家级高性能计算机运算能力达到国际先进的千万亿次水平。

3. 气象现代化整体水平达到新高

根据气象现代化进展评估显示，到2015年，我国气象核心技术水平和业务能力明显增强，已经实现天气预报精细到乡镇、气候预测精细到县，基本形成了从天气到气候尺度的无缝隙集约化的预报预测体系；建成了较为完善的国家-省-地(市)-县四级气象灾害实时监测和短临预警体系。到2015年，国家级气象现代化评估综合评分完成度达到84.3%，省级气象现代化综合评分完成度达到94.8%。到2020年，全国气象现代化将先后达到基本实现气象现代化预期目标。

4. 气象现代化试点成效显著

到2015年，上海、广东、北京、江苏等气象现代化试点省(市)基本实现了气象现代化预期目标。根据气象现代化进展评估结果，试点省(市)气象现代化的综合评分平均达到90.9分，超过基本实现气象现代化预期目标0.9分，试点省(市)气象现代化建设的经验在非试点省(区、市)得到较好推广和借鉴，非试点省(区、市)气象现代化推进明显加快。

(二)以气象防灾减灾为重点的气象服务成效显著

“十二五”期间，全国气象部门坚持以人为本、服务民生，始终把保障人民生命财产安全和经济社会发展放在气象工作的首位，不断强化城乡基本公共气象服务体系建设，改进和丰富公共气象服务产品和服务形式，气象预警信息发布能力显著提高，气象灾害防御机制明显改善，公众获取气象信息更加便捷，以气象防灾减灾为重点的气象服务成效显著。

1. 气象防灾减灾能力明显提升

做好气象防灾减灾工作是国家综合防灾减灾的重要内容，是气象工作的重点任务，是气象服务经济社会发展的重要体现。在“十二五”期间，气象部门提升了气象灾害监测预警和气象灾害风险防御能力，有效保障了人民群众生命财产安全，避免和降低了气象灾害造成的经济社会损失。

(1)气象防灾减灾机制基本形成。气象防灾减灾组织体系不断完善，“政府主导、部门联动、社会参与”的气象防灾减灾机制基本形成，气象防灾减灾长效机制向基层延伸。2011年7月，《国务院办公厅关于加强气象灾害监测预警及信息发布工作的意见》(国办发〔2011〕33号)出台,对于新时期动员全社会力量,加强气象灾害防御工作进行了明确部署。中国气象局着力推动了文件精神在各级气象部门尤其是基层的贯彻落实,有效带动了“政府主导、部门联动、社会参与”的气象防灾减灾机制作用的发挥。在政府主导方面,各级地方政府结合本地区气象灾害特点,分别下发相应的气象灾害防御文件,完善应急预案,采取针对性措施加强基层防灾减灾能力建设,进一步加强气象灾害监测预警、气象灾害信息发布、气象灾害防御等工作。“十二五”期间,全国31个省(区、市)政府与中国气象局签署合作协议。县、乡、村三级的气象防灾减灾组织管理体系以及横向到边、纵向到底的基层气象灾害应急预案体系基本形成。其中,1593个县由地方人民政府出台了县级气象灾害防御规划,2712个县人民政府出台实施了气象灾害应急专项预案,1559个县的12 224个乡镇建立了气象灾害应急准备制度。气象信息网络延伸到乡镇和农村,一旦台风、暴雨预警发布,基层防灾减灾部门及时根据预警信息情况采取防御措施,组织人员转移,真正把气象防灾减灾的应对行动措施落实到基层。

在部门联动方面,截至2015年底,气象部门与民政、水利、农业、国土资源、环境、交通等29个部门形成了气象灾害预警合作机制以及联络员会议制度,与电力、三峡、移动、联通、电信等多个集团公司建立了合作关系,形成了部门间应急联防网络。

在社会参与方面,截至2015年底,培养气象信息员76.7万余人,在组织防灾减灾工作方面发挥了有效作用,成为基层防御气象灾害的重要力量,提高了基层和社区气象灾害的应急防范能力。同时,通过广泛开展气象灾害防御科普知识宣传,有效提高社会公众防灾避灾意识和能力。

(2)气象预警信息发布能力加强。为全面提高我国突发事件预警信息发布能力,保障国家突发事件预警信息发布系统安全可靠运行,国家预警信息发布中心于2015年2月26日成立,挂靠中国气象局公共气象服务中心,主要承担国家突发事件预警信息发布系统建设及运行维护管理,为相关部门发布预警信息提供综合发布渠道,研究拟订相关政策和技术标准等工作。国家预警信息发布中心利用国家突发事件预警信息发布系统建设成果以及社会媒体信息传播资源,建立预警信息共享发布机制,实现突发事件预警信息的权威统一发布,提高预警信息发布时效性和覆盖面,标志着我国突发事件预警信息发布工作进入常态化运行阶段。到2015年底,国家预警信息发布中心已建立国家、省、地(市)、县四级相互衔接、规范统一、多部门接入的综合预警信息发布业务。同时,国家突发事件预警信息发布系统陆续与民政部、国土资源部、交通运输部、水利部、农业部、国家林业局、中国地震局、国家海洋局等8个部委(局)完成了应用对接工作,初步实现了气象、海洋、地质灾害、森林草原火险、重污染天气等27种自然灾害预警信息的统一权威发布。“十二五”时期,气象预警信息公众覆盖率接近80%。

(3)农业气象保障水平提升。农业防灾减灾、农业生产和粮食安全、产量预测、农业病虫害防治等气象保障水平明显提升，气象为我国粮食实现“十二连增”做出积极贡献。在农业防灾减灾气象服务方面，深化联合会商和产品制作发布机制，加强国家级与省级农业气象业务服务的技术指导和支撑反馈，强化关键农时、重大农业气象灾害实时监测和定量影响评估服务，开发完善主要农业气象灾害监测评估子系统；推进气象灾害影响预报技术发展，初步实现格点化干热风、霜冻等农业气象灾害影响预报；研发中国农业气象业务系统（CAgMSS）作物模型应用平台，建立我国春/夏玉米、冬小麦、双季稻等作物的模型应用分区，初步开发作物模型-冬小麦应用模块；初步建立灾害定损业务规范、流程和服务机制；组织对全国农业气象观测历史数据的信息化处理；组织开展设施农业气象灾害影响预报服务试点，提高了设施农业雪灾、大风、低温寡照等灾害风险预警服务能力；依托“三农”服务专项和相关试点，开发基于移动互联网的农业气象服务平台，为直通式农业气象服务提供技术支撑。

在农业生产和粮食安全气象保障方面，在全国农业气象观测站和农业气象试验站观测地段及重要设施农业生产区建设农业气象自动观测系统，开展小气候自动观测以及作物和林草生长状况实景观测，逐步减少农业气象人工观测任务；根据干旱监测和农业气象服务需求，在粮食主产区、草原主牧区、主要生态系统保护区，补充完善自动土壤水分观测仪建设，有效监测土壤墒情。截至2015年底，全国有653个农业气象观测站，建成2075个自动土壤水分观测站；同时还布局了708个便携式自动土壤水分观测仪，作为移动观测设施。

在产量预测方面，国家气象中心牵头推进多模型集成产量预报技术、作物模型应用、业务规范化建设、区域特色农业气象服务；利用遥感进行作物长势监测、遥感面积估算，并利用有关作物模型开展相关生物量模拟；建立了国家级主要作物产量动态预报模型和业务流程；研发国家级农业气候年景评价指标，建立基于长期气候预测因子的预评估模型；完善优化作物产量气象预报子系统；完成了加拿大和澳大利亚小麦、南美洲大豆产量预报技术研发模型。各省级气象部门将气象条件分析、农技措施分析、统计模型、农学模型、作物生长模拟模型、田间调查、遥感监测等方法有机结合，促进产量预报业务技术的发展，深入了解农业气象条件对粮油作物生长发育的影响，准确掌握作物种植面积，提高全国粮油作物产量预测准确率，为拟定农产品运输、贮存、进出口计划提供科学依据。主产省级气象部门开展甘蔗、茶叶、烤烟、橡胶、马铃薯、苹果等特色作物监测评估与预报技术研发和服务。

（4）人工影响天气效益显著。“十二五”期间，中国气象局与国家发展和改革委员会联合印发《全国人工影响天气发展规划（2014—2020年）》，进一步健全区域统筹协调机制，国家、区域、省（区、市）、地（市）、县五级人工影响天气业务和管理体系初步形成；进一步建立人工影响天气工作规范，完善了国家人工影响天气协调会议制度，成员单位增加至20个；建立了中国气象局、国务院办公厅共同召集和多部门联动机制。主要围绕农业抗旱防雹、生态环境保护、防灾减灾和水资源开发等重点任务，人工影响天气作业在抗旱防雹、保障生态安全、增加水资源等方面效益显著。在抗御春季北方冬麦区及西南地区旱情、长江中下游春夏连旱中，河北、河南、四川、重庆、江西、广西、湖北、安徽等地及时开展应急抗旱跨区域联合增雨作业，效果明显。在生态重点保护区以及天山、三江源、祁连山等主要河流、湖泊源头，各地连年组织实施人工增雨(雪)作业，有效增加了生态用水和湖泊蓄水。青海三江源人工增雨工程自 2006 年实施以来，增加降水 535 亿立方米，草山草滩得到较好恢复，黄河源头“千湖景观”再度显现。人工增加降水为应对 2013 年南方异常高温干旱、东北森林防火灭火等突发公共事件做出了重要贡献。

(5)气象重大灾害应对及时。“十二五”期间，各级气象部门认真履行灾害监测、预报预警、信息发布及应急联动响应职责，提前部署、严密监视、滚动预报、主动服务，为各级党委、政府提供有力决策支撑，为公众和各行各业提供气象灾害预报预警服务，有效减少了人员伤亡和财产损失，因气象灾害死亡人数从“十一五”时期的年均 2956 人下降到“十二五”时期的 1293 人，灾害损失占国内生产总值(GDP)比重从 1.02%下降到 0.59%。在组织领导方面，各级气象部门细化工作措施，修订完善汛期气象服务方案和各项规章制度，切实加强组织领导。如有效应对了如甘肃岷县特大冰雹山洪泥石流、北京等大城市暴雨内涝、“威马逊”超强台风等气象重大灾害。

有效、有序、有力的应急响应组织工作得到各级领导的肯定。其中，一是为应对超强台风“威马逊”，中国气象局启动近年来首个台风Ⅰ级应急响应，汪洋副总理在当期《中国气象局值班信息》上做出重要批示。二是提供保障有力的决策服务，各级气象部门认真组织上报《气象局值班信息》、《重大气象信息专报》、《气象灾害预警服务快报》、专题报告、专题会议等各类气象信息以及决策服务材料，为各级党委、政府防灾减灾工作部署提供了有力保障。三是及时有效发布预警信息，国家级、省级和地(市)级突发事件预警信息发布系统投入运行，全国 31 个省(区、市)全部完成 12379 电话号码备案，完成中国气象频道滚动字幕与挂图等多种形式的电视预警发布技术研发，气象预警信息对防灾减灾的效益越来越明显。2014 年，气象部门组织调整了山洪灾害气象风险预警国家级业务布局，带动省、地(市)、县级气象台有序开展气象影响预报和风险预警实时业务。2015 年，以气象灾害预警信号为依据的重大气象灾害停课停工应急联动制度初步建立。到 2015 年，暴雨短临预警准确率达到 60%以上，强对流天气预警时间提前到 15～30 分钟。四是进一步加强部际合作，健全与农业、国土、环保、交通、住建、旅游等部门的联合会商和应急联动工作机制，提升重大气象灾害应急应对能力。联合国土、交通等部门开展基层地质灾害气象预警和高速公路气象灾害监测预警，实现了全国地质灾害易发区、全国主要高速公路气象灾害预警全覆盖。全国森林草原火险气象服务保障效果显著。与国土资源部联合组织开展地质灾害预警示范基地建设。联合环境保护部上报空气质量监测和信息发布情况以及沙尘天气对京津冀空气质量影响等报告。

2. 应对气候变化支撑和生态文明服务能力不断提升

为应对气候变化提供科学支撑，服务国家生态文明建设，是“十二五”时期气象发展的重要任务。过去5年，气象部门全面参与国家应对气候变化政策部署和务实行动，有效发挥在国家应对气候变化战略决策中的咨询和支撑作用，气象科技服务在国家经济建设和生态文明建设中发挥了重要保障作用。

(1)气候变化科研业务水平显著提升。“十二五”期间，中国气象局立足基础性科技型部门的定位，创新机制、统筹资源，开展了气候变化科学事实基础研究、模式研发、气候监测、影响评估、预测预估等工作。

一是积极提供决策支撑，牵头或参与国家气候变化方面的战略决策。党的十八大以来，中国气象局作为国家气候变化工作领导小组成员单位和协调联络办公室副主任单位，全面参与国家应对气候变化的政策部署和行动。“十二五”期间，牵头完成2015年发布的《第三次气候变化国家评估报告》，总结和评估了中国气候变化的事实与归因、影响与风险、减排与适应、政策与谈判等内容；牵头完成2015年发布的《中国极端天气气候事件和灾害风险管理与适应国家评估报告》，基于最新科学研究成果，全面系统地分析了我国极端天气气候事件的变化、成因及未来趋势，评估了天气气候灾害对不同领域和区域的影响与风险，总结了我国在极端天气气候事件的风险管理、实践及适应措施方面的进展，提出了我国应对极端天气气候事件和适应气候变化的策略选择与行动措施。

“十二五”期间中国气象局参与完成2013年发布的《国家适应气候变化战略》，这是我国第一部专门针对适应气候变化方面的战略规划，在充分评估气候变化当前和未来对我国影响的基础上，明确了国家适应气候变化工作的指导思想和原则，提出了适应目标、重点任务、区域格局和保障措施，为统筹协调开展适应工作提供指导；参与完成2014年出台的《国家应对气候变化规划(2014—2020年)》，明确了2020年前我国应对气候变化工作的指导思想、主要目标、总体部署、重点任务和政策导向。由中国气象局组织出版的《气候变化研究进展》《气候变化动态》也为国家领导人及各有关部门掌握最新信息、及时做出决策提供了重要参考。

二是积极推进科研与业务相结合，有效促进中国气候变化监测、预估、评估工作，依托重大科技项目和行业专项提升气候变化研究水平和业务能力，不断提高针对极端天气气候事件的监测预警和灾害风险管理能力。利用中等分辨率气候系统模式，初步形成以客观化气候预测为核心的气候业务技术体系，第二代短期气候预测模式系统也投入准业务化运行；利用气候信息交互显示与分析平台(CIPAS)建立气候业务内网，形成国家级和省级统一的气候业务平台；建立逐年更新发布中国地区气候变化预估数据集制度，为国内气候变化科学研究提供基础数据。利用国家“973”科技计划项目“气候变暖背景下我国南方旱涝灾害的变化规律和机理及其影响与对策”，建立了南方旱涝灾害对农业影响的定量评估模型，分析重大旱涝灾害对农业和水资源的影响。自2002年开始设立气候变化专项，长期以来支持气象部门参与IPCC和《联合国气候变化框架公约》有关活动，开展基础事实分析、对策分析和关键技术研究。此外，气象部门还稳定支持对温室气体及气溶胶的相关研究，开展中国旱涝影响的机理研究、短期预测服务、大气灰霾预报以及气候变化数据集建设等，为我国温室气体本底浓度业务化观测、气候变化业务服务系统建设打下基础。

（2）为全球气候治理提供科技支撑。“十二五”期间，中国气象局有效发挥了在国家应对气候变化战略决策中的“智囊”作用，圆满完成政府间气候变化专门委员会（IPCC）第五次评估报告的政府评审、谈判和宣讲，在IPCC第五次评估报告第一工作组报告中，中国作者参与的文献为415篇（去重后为373篇），约占总引文数的3.9%（而第四次评估报告中国作者引文数为88篇，占1.41%），且第五次评估报告第一工作组报告的每一章都有中国作者参与，为中国参加全球气候治理提供了积极的科技支撑。与相关部门和单位保持密切合作，推进国家应对气候变化相关工作，包括：联合中国社会科学院城市发展与环境研究所出版年度《气候变化绿皮书》；积极参与北极事务及部际协调会和中国清洁发展机制基金理事会工作；与科技部、中国科学院联合组织编写第二次、第三次《气候变化国家评估报告》，参与科技部组织的《中美化石能技术开发与利用合作议定书》协调会议等年度活动；参与应对气候变化南南合作等有关工作。此外，中国气象局还协助组织了以“气候变化科学认识及其应对”为主题的香山科学会议，会议提出了对国家发展有充分借鉴价值的建议。

（3）为生态文明建设做出积极贡献。气候变化影响评估和气候资源开发利用为推动生态文明建设做出积极贡献。针对重点行业及特色产业的气候变化评估，中国气象局编写完成《气候影响评价培训教材》和《气候影响评估业务技术手册》，并与住房和城乡建设部联合印发《关于做好暴雨强度公式修订有关工作的通知》（建城〔2014〕66号）和《城市暴雨强度公式编制和设计暴雨雨型确定技术导则》。中国气象局还大力推进气候可行性论证工作，加强气候可行性论证技术体系建设，建立论证技术集成系统，出台了城市规划、能源、交通、化工等领域的12项气候可行性论证技术指南，顺利完成多项气候可行性论证（2011—2014年共完成1843项）。同时，大力提升综合监测能力，拓展气候安全服务领域，开展气候变化对国家粮食安全、水安全、生态安全、人体健康安全等方面的影响评估工作。“十二五”期间，中国气象局建立了全球气候观测系统（GCOS）中国委员会数据共享组和观测能力建设组，完善基本站网布局；整合气候数据资源，建设国家气候观象台数据共享系统；开展大气本底站主要温室气体浓度监测及数据分析工作，自2012年起每年发布年度《中国温室气体公报》和《中国气候变化监测公报》；利用资料融合技术，建立基于卫星和模式融合的高精度和高覆盖的全球大气二氧化碳数据集。强化全国环境气象业务，积极参与《大气污染防治行动计划》（国发〔2013〕37号）在国家防治空气污染和推行节能减排行动中发挥积极作用，并以重污染天气监测预警体系建设为抓手，以京津冀、长三角等区域为重点，强化环境气象预报预警和大气污染减排效果评估，着力提升大气污染防治气象保障水平。2013年组建的中国气象局环境气象中心及京津冀、长三角和珠三角环境气象预报预警中心，实现了区域大气环境监测数据共享、信息通报和联合会商。此外，中国气象局雾、霾数值预报系统实现业务化运行，组织完善国家、区域、省、地四级环境气象业务体系；成立雾、霾监测预报创新团队；组织编写《环境气象业务指导意见》；加强重污染天气预报预警部门联动，联合开展重污染天气预报预警及面向高层的决策服务。另外，在开发清洁能源工作中，2012—2014年，全国气象部门共为531个风电场提供了选址气象服务，为89个太阳能电站选址进行了气候评估。建立风能、太阳能数值天气预报服务平台，建成风电场、太阳能电站功率预测系统。

3. 重大活动和突发事件气象保障水平大幅提高

气象条件是各项重大活动成功与否的重要影响因素。随着我国经济社会的快速发展和国际地位的不断提升，我国举办或承办的国际性和全国性的经济、文化、体育等重大活动增多，气象服务已成为各项重大活动组织实施和运行体系中不可或缺的重要内容。

(1)重大活动保障有力。“十二五”期间，气象部门圆满完成2011年建党90周年系列庆祝、深圳大运会、2014年亚太经合组织领导人非正式会议(APEC)、南京青奥会、2015年中国人民抗日战争暨世界反法西斯战争胜利70周年纪念、冬奥会申办等重大活动，以及2011年“天宫一号”“神舟八号”发射，“天宫一号”2012年与“神舟九号”、2013年与“神舟十号”载人飞船交会对接等多项重大工程的气象服务保障，在重大活动气象服务组织、管理和运行等方面积累了宝贵的经验。2015年，中国气象局应急减灾与公共服务司制定并印发了《重大活动气象保障服务组织实施工作指南》，主要适用于由各部委和省级以上人民政府举办或承办的有重大政治影响的国际性和全国性的经济、文化、体育等重大活动的气象服务组织实施，亦可作为各省人民政府举办的地方各项重大活动的气象保障服务工作的参考。

(2)应急气象保障服务到位。气象部门长期以来一直注重多措施加强应急气象保障能力建设，完善保障服务流程，对应急气象保障设施和装备实行定期检查制度，开展好应急演练，确保发生突发事件后，人员出得去，装备用得上，保障有效果。“十二五”期间，应急气象保障服务做到了：快速反应，多方面保障服务；沟通协作，有针对性加强服务；总结经验，提高服务技术能力。主要为“东方之星”客轮翻沉事件调查、天津港特别重大火灾爆炸事故等救援处置，以及云南鲁甸地震、尼泊尔特大地震的抗震救灾等提供优质应急气象保障服务。

(三)现代气象业务发展取得新成就

现代气象业务由公共气象服务业务、气象预报预测业务、综合气象观测业务和气象信息网络与资料业务构成。“十二五”期间，全国气象部门不断推进现代气象业务发展，气象服务业务水平稳步提升，预报预测精准化水平不断提高，观测自动化和观测站网布局实现了优化调整，气象信息网络与资料业务集约化、标准化取得新的进展。

1. 气象预报预测准确率不断提升

到 2015 年，已经建立形成了以多源资料综合分析应用为基础，以集合预报、概率预报、集成预报、模式解释应用等关键技术研发为核心，以现代化人机交互气象信息处理和天气预报制作系统（MICAPS）专业化业务平台为支撑，以精细化预报产品制作为特征的专业化预报技术体系。基本建立了从短临、短期、中期到延伸期，精细到乡镇的监测预报业务，业务精细化水平大幅提升，台风、暴雨等灾害性天气监测预警能力显著增强，建立形成了省级实时天气监测和短时临近预报业务，监测预警业务进一步完善，实现了“十二五”气象发展规划的目标（表 2-1）。与“十一五”时期相比，24 小时晴雨、温度预报准确率分别提高了 1.8％和 13％；台风路径预报误差缩小 26％，达到同期国际先进水平；我国自主研发的全球数值天气预报模式北半球可用预报时效达到 7.3 天。

表 2-1　气象预报预测水平规划内容与重点指标完成情况对比

规划内容	规划目标	2015 年实际情况	完成情况对比
数值天气预报（以“数值天气预报发展规划”为主）			
全球数值天气预报同化技术	实现全球三维变分同化业务运行，全球四维变分同化准业务运行	全球三维变分同化业务运行，GRAPES_4DVAR 四维变分同化系统开展了批量试验	基本完成
全球数值天气预报系统	水平分辨率 25 千米的 GRAPES 全球数值天气预报系统业务运行	水平分辨率 25 千米的 GRAPES 全球数值天气预报系统通过业务评审	完成
全球数值天气预报模式北半球可用预报时效（天）	GRAPES：7.5	GRAPES：7.3	基本完成
全球数值天气预报系统卫星遥感资料占所同化观测资料总量百分比（％）	80 以上	69	接近完成
区域数值天气预报系统	建成国家级和八个区域级水平分辨率为 3～5 千米级的高分辨率数值模式及 1～3 小时间隔的快速循环三维变分资料同化系统	区域特色的台风、海洋模式水平分辨率达到 5 千米，湖北和四川搭建起了 3 千米分辨率的区域快速更新循环预报系统；北京、上海、广东开展了多源资料的同化应用	完成

续表

规划内容	规划目标	2015年实际情况	完成情况对比
台风数值预报系统	研制新的台风数值预报初始化技术，改进GRAPES模式系统台风涡旋初值质量；改进GRAPES模式系统物理过程，提高GRAPES对台风强度及降水预报能力；开展GRAPES台风路径集合预报系统扰动方法研究；优化海洋模式，改进海气耦合模式系统耦合技术，实现海气耦合模式在业务中应用	开展了相应工作，支持台风路径预报水平的明显提高	完成
集合数值预报系统	建立基于奇异向量初值扰动的水平分辨率达50千米、30个样本的GRAPES全球集合预报研究系统，并实现试验运行；建立基于奇异向量初值扰动和模式物理扰动的水平分辨率为15千米左右、样本数不少于30个的GRAPES区域集合预报系统	开展GRAPES全球集合预报试验；建立了GRAPES区域集合预报系统（水平分辨率为15千米左右、样本15个）	基本完成
业务应用系统	建立包括常规要素检验、空间检验方法和面向目标的检验方法的GRAPES模式检验分析系统；开展GRAPES模式实时天气学跟踪检验	完成了检验业务系统整合，开展多种检验方法研究，建成区域模式统一检验平台，制定了高分辨率数值模式检验规范等	完成
	建立完善的GRAPES产品后处理系统，开发MICAPS格式的产品	产品进一步丰富	完成
软件开发支撑保障系统	建立业务同化和预报监视信息系统，建立较完整的数值天气预报业务支持系统及软件技术工具，实现完善的版本管理制度	完成了气象要素客观预报集成系统（MEOFIS）升级，建立了基于多模式集成、模式解释应用等技术的精细化气象要素预报业务支撑系统（FUSE系统）等	完成
短期气候预测模式和气候系统模式	第二代月动力延伸预测模式（DERF2.0）和季节预测模式（基于BCC_CSM1）业务运行；研发T266高分辨率气候系统模式BCC_CSM3，2015年实现业务化应用	第二代月动力延伸预测模式（DERF2.0）和季节预测模式（基于BCC_CSM1）投入业务运行；全球45千米高分辨率气候系统模式完成了研究版本定型	完成

续表

规划内容	规划目标		2015年实际情况	完成情况对比
天气预报预测（以“现代天气业务发展指导意见”为主）				
台风路径预报误差（千米）	24小时	100	66	完成
	48小时	175	119	完成
台风强度预报误差（米/秒）	24小时	4.5	4.3	完成
	48小时	6.5	6.3	完成
暴雨预报准确率（%）	24小时	18	18.6	完成
	48小时	15	15	完成
晴雨预报准确率（%）	24小时	保持在85以上	87.3	完成
暴雨短临预警准确率（%）		—	60以上	完成
温度预报准确率（%）（24小时绝对误差≤2℃站点比率）	最高温度	70	80.6	完成
	最低温度	75	85.4	完成
气象要素预报空间分辨率	格点5千米、乡镇		格点5千米、乡镇	完成
气象要素预报时间分辨率	24小时内3小时		5个省达到24小时内3小时	基本完成
灾害性天气预警时效（分钟）	15～30		15～30	完成
气候监测预测（以“现代气候业务发展指导意见”为主）				
新一代气候系统模式	完成研发		完成	完成
针对月、季内强降水、强变温等事件的预测和关键农事、重大活动期间的气候预测业务	基本建立		基本建立	完成
月、季气候预测准确率（%）	3～5		4	完成
月降水预测准确率（近5年平均）（分）	65（2010年）		67.5	完成
月温度预测准确率（近5年平均）（分）	77（2010年）		77.5	完成
气候影响定量评估	实现		实现	完成

续表

规划内容	规划目标	2015年实际情况	完成情况对比
暴雨、干旱、台风、冻雨等气象灾害风险区划和风险评估业务系统	完成建设	实现	完成
气候业务平台和中国气候服务系统（CFCS）	完成研发并在国家级和省级业务中应用	基础气候业务平台和客观预测技术在省级推广应用；CIPAS2.0系统已在国家级业务中试用；完成《中国气候服务系统（CFCS）建设实施计划》，新增能源和城镇化两个优先领域，湖北省构建特色服务体系	基本完成

2. 综合气象观测系统更加完善

“十二五”时期，综合气象观测能力显著提高。综合气象观测设施不断完善（表2-2），天气雷达、风廓线雷达布局得到了完善、调整和优化，181部新一代天气雷达组网运行；农业、交通、环保、旅游、林业、电力、风能、太阳能等专业气象观测站网的建设力度明显加大；气候观测能力得到较大提升；空间天气观测和全球定位系统气象观测站建设进展明显；气象卫星实现多星在轨和组网观测，形成了我国静止气象卫星“多星在轨，统筹运行，互为备份，适时加密”的业务格局；逐步建立健全了气象观测专用技术装备标准序列，制定完善业务规范、数据格式、检验测试等标准；国家级地面气象观测站基本实现观测自动化，区域自动气象站乡镇覆盖率从85％提高到96％。

表2-2 综合气象观测设施对比表

序号	站点（设施）		数量		变化量	完成情况
			2010年	2015年		
1	国家级地面气象观测站	基准站	143	212	69	站网调整，基准站增加
2		基本站	684	634	－50	
3		一般站	1591	1577	－14	
4		小计	2418	2423	5	
5	国家级无人自动气象站		346	463	117	增加33.8％
6	浮标		18	28	10	增加55.6％
7	区域自动气象站		30347	55680	25333	大幅增加
8	L波段高空气象观测站		120	120	0	
9	新一代天气雷达		130	181	51	增加39.2％
11	农业气象观测站		653	653	0	

续表

序号	站点(设施)		数量		变化量	完成情况
			2010 年	2015 年		
12	自动土壤水分观测站		1210	2075	865	大幅增加
13	雷电观测站		425	391	−34	
14	风能观测站		400	345	−55	出于安全拆除
15	太阳辐射观测站		100	100	0	
18	大气本底观测站		7	7	0	
19	沙尘暴观测站		29	29	0	
20	风廓线雷达		24	69	45	增加 187.5%
21	GNSS/MET 观测站(含陆态网)		433	950	517	增加 119.4%
22	空间天气观测站		5	44	39	大幅增加
23	卫星资料接收站	静止气象卫星中规模利用站	342	342	0	
24		EOS/MODIS 接收站	19	22	3	
25		小计	361	364	3	
26	气象卫星	风云二号	3	4	1	C 星离轨，发射 F 星和 G 星
27		风云三号	2	3	1	发射 C 星
28	移动观测设施	L 波段探空	—	2	2	移动设备大幅增加
29		天气雷达	23	45	22	
30		风廓线雷达	15	31	16	
31		便携自动气象站	156	241	85	
32		便携式自动土壤水分观测仪	—	708	708	
33		小计	194	1027	833	

3. 气象信息业务能力进一步强化

“十二五”时期，重建了 1951 年以来高质量基础气象数据集。地面、高空、辐射等基础气象资料是区域乃至全球气候变化与预测、天气动力分析、数值天气预报模式研究等业务的基础，并为雷达与卫星定标、水文设计、农业决策提供重要依据。“十一五”时期，气象资料存在的质量问题成为现代气象业务发展的“瓶颈”之一。2011 年，中国气象局启动基础气象资料业务发展与改革专项工作，指导全国各省(区、市)气象局开展基础气象资料建设。经过近 3 年努力，该项工作解决了 2474 个国家级地面气象站、241 个高空气象站以及 130 个辐射站自建站以来基础气象资料中存在的数字化数据质量问题，并形成一套高质量的基础气象资料集，实现了现有基础资料源的统一，增强了气象资料的完整性、可靠性和准确性。同时，高质量气象资料数据集的建设在继续推进，目标是努力建成系列化的气象资料数据集，力争使我国气象资料质量达到国际先进水平。

高性能计算机系统投入业务运行。2013 年中国气象局引进的 IBM 高性能计算机系统分 7 个子系统，分别安装在国家气象信息中心及沈阳、上海、武汉、广州、成都等 5 个区域中心，总体峰值计算能力达 17 000 000 亿次/秒左右，这是我国气象高性能计算机发展史上的又一个里程碑，将满足未来一段时期气象业务和科研工作对高性能计算的需求，这也是气象部门提升数值预报能力必不可少的一项任务，更是实现气象现代化的重要举措之一。气候变化应对决策支撑系统工程高性能计算机系统与 2004 年引进的高性能计算机系统相比，总计算能力较原系统提升 24 倍，存储能力提升 16 倍，位居世界前 100 名之内，可使天气预报应用模式运行性能得到明显提升，而用电量仅增加 29%，更加符合绿色节能的理念。

（四）气象科技创新和人才队伍建设稳步推进

“十二五”期间，全国气象部门坚持深入实施创新驱动发展战略，以深化科技体制改革，加快推进气象科技创新体系建设，不断强化科技创新对气象现代化的支撑和引领为主线，大力实施国家气象科技创新工程和《气象部门人才发展规划（2013—2020 年）》，气象科技和人才工作取得了新进展。

1. 国家气象科技创新工程启动实施

2012 年，党的十八大和全国科技创新大会以后，中国气象局印发了《关于强化科技创新驱动现代气象业务发展的意见》（气发〔2012〕111 号），提出加快完善创新驱动现代气象业务发展机制。2014 年，中国气象局编制并实施了《国家气象科技创新工程（2014—2020 年）实施方案》（气发〔2014〕98 号）、《气象科技创新体系建设指导意见（2014—2020 年）》（气发〔2014〕99 号），围绕国家级气象业务现代化重大核心技术突破，明确了三大攻关任务，提出通过实施国家气象科技创新工程等举措，力争到 2020 年建成适应气象现代化发展需求、支撑有力的气象科技创新体系。2015 年，中国气象局全面启动实施国家气象科技创新工程。出台了《国家气象科技创新工程支持保障措施》，探索建立第三方评估机制，进一步强化了攻关主体责任，推动完成攻关团队组建和攻关实施方案制定，高分辨率资料同化与全球模式、气象资料质量控制及多源数据融合与再分析、次季节至季节气候预测和气候系统模式三大攻关任务取得积极进展。

（1）高分辨率资料同化与全球模式。全球大气数值预报模式 GRAPES-GFS V2.0 取得了突破性进展，7 天预报空间距平相关系数（ACC）平均为 0.613，均高于 T639 和 GRAPES 准业务模式的预报水平；模式预报有效时效达 7.3 天，均高于

T639 和 GRAPES 准业务模式预报时效；降水、湿度以及强降水影响系统的预报能力都有明显提高。改进了模式的动力框架，发展了阴阳网格，改进了物理过程，为模式的进一步发展提供了较好的技术储备。建立了全球 GRAPES-4Dvar 基础版本，具备了批量试验能力；解决了微波湿度计同化和探空温度直接同化的技术问题，已具有同化更多卫星资料的能力，并发展了新一代 Hybrid 同化技术。发展了对流尺度数值模式；建立了 GRAPES 全球集合预报系统的试验版本，GRAPES 中尺度集合预报系统升级，预报支撑系统建设取得明显进步。

(2)气象资料质量控制及多源数据融合与再分析。确定了全球和东亚地区大气再分析技术路线，并凝练了项目内部共同涉及的研究工作及其公用技术的集中攻关，进展显著。建立了更加完整的全球陆地、高空、海洋定时值数据集。深入开展气象资料质量控制与评估技术研发。开展 T639/GSI-3Dvar 循环同化系统升级和试验产品研制。升级多卫星集成与多源降水融合技术和中国气象局陆面数据同化系统(CLDAS)陆面数据同化技术，定型海洋要素多源数据融合方案。初步确立了东亚区域资料再分析框架，研发了东亚区域大气再分析评估系统。

(3)次季节至季节气候预测和气候系统模式。进一步改进了高分辨率气候系统模式，尤其是几个关键物理过程参数化方案的改进，明显提高了全球气候系统模式的气候模拟能力。基本建成了地球系统模式 BCC-ESM1 试验版本。初步建立了次季节-季节气候一体化预测系统的流程。建立了全球主要气候现象的动力预测系统及利用气候现象和模式信息的降尺度预测模型。建立了面向两类厄尔尼诺-南方涛动(ENSO)现象的物理统计预报模型。发展了热带大气低频振荡(MJO)监测预测一体化技术，实现了我国 MJO 监测预测的完全自主业务能力。我国和东亚地区高影响天气的次季节-季节气候预测理论和方法达到国际先进水平。

2. 气象科学试验取得积极进展

气象科研试验基地是开展气象科学技术研究的重要场所。到 2015 年，中国气象局“一院八所”联合省级气象科学研究所在灾害性天气、大气成分与大气化学、生态与农业气象、气候与气候变化等 14 个优势领域建成野外观测试验基地 35 个。第三次青藏高原大气科学试验、西北干旱气象科学试验、南海季风强降水科学试验取得积极进展。

(1)第三次青藏高原大气科学试验。提出了西藏强降水过程的预报概念模型和高原东侧暴雨灾害天气中尺度概念模型。研制了青藏高原区域暴雨过程环流系统配置、水汽输送流型和湿度综合相关判据等暴雨预报指标，为开展极端气候事件预估提供了分析依据。

(2)西北干旱气象科学试验。完成综合观测试验布点，建成陆气相互作用综合观测系统。

(3)南海季风强降水科学试验。深化了对华南前汛期暴雨多尺度作用机理的认识,尤其是对流过程和中尺度过程的认识。评估了同化风廓线雷达、天气雷达等设备观测资料影响定量降水预报的效果,启动了以显式对流集合模拟试验为主要手段的可预报性研究。

此外,区域大气科学试验在华北开展京津冀城市群强降水及雾霾观测试验、华中组织暴雨外场观测试验、西南开展西南涡大气科学加密观测试验,均取得较大进展。

3. 科技成果中试平台和转化机制建设取得明显成效

推进气象科技体制改革,推动科技成果中试平台和转化机制建设,建立科技成果从认定登记到转化推广的全过程管理流程,科技评价和成果转化激励机制不断完善。印发《中国气象局科学技术成果认定办法(试行)》(气发〔2015〕47 号),突出科技创新对业务核心技术的实际贡献,激励科研业务人员投身气象现代化建设和核心技术突破。修订《气象科技成果登记实施细则》,推进行业科技成果登记和管理,完善登记流程,提高登记质量,强化及时登记和公开公示。

印发《中国气象局关于加强气象科技成果中试基地(平台)建设的指导意见》(气发〔2015〕80 号),中试基地(平台)试点建设取得积极进展。印发《中国气象局国家级气象科研机构和平台评估办法》(气办发〔2015〕46 号),进一步强化评价激励导向,突出科研机构支撑和引领气象现代化的实际贡献。发挥第三方机构在科技奖励和成果评价中的作用,推动中国气象学会秘书处深化改革,有序承接转移职能,支持设立“大气科学基础研究成果奖”和“气象科技进步成果奖”。“十二五”期间,5 项科技成果获国家科学技术进步奖(表 2-3),10 项成果获气象科技成果转化奖。

表 2-3 “十二五”期间中国气象局获得的 5 项国家科学技术进步奖

序号	项目名称	主要完成单位	奖项	年份
1	现代化人机交互气象信息处理和天气预报制作系统(简称 MICAPS)	国家气象中心	二等奖	2011
2	《防雷避险手册》及《防雷避险常识》挂图	气象出版社	二等奖	2011
3	中国遥感卫星辐射校正场技术系统	国家卫星气象中心	二等奖	2012
4	Argo 大洋观测与资料同化及其对我国短期气候预测的改进	中国气象科学研究院	二等奖	2012
5	中国西北干旱气象灾害监测预警及减灾技术	中国气象局兰州干旱气象研究所	二等奖	2013

4. 气象人才队伍建设取得进展

加强人才工作顶层设计,初步形成了较为完备的气象人才政策体系。制定并实施了《气象部门人才发展规划(2013—2020 年)》(气发〔2013〕1 号),确定了“服务发展,人才优先”的基本原则,提出并通过实施“高层次人才培养与引进计划”“骨干人才培养计划”“青年英才培养计划”等六大人才工程,建立健全“岗位管理机制”“开放合作机制”“激励保障机制”等人才工作机制，打造了高素质的气象人才队伍。初步形成了较为完备的气象人才政策体系，出台了《中国气象局“双百计划”管理办法(试行)》(气发〔2010〕153 号)、《中国气象局创新团队建设与管理办法(试行)》(气发〔2015〕152 号)、《气象部门青年英才培养计划实施办法(试行)》(气发〔2013〕109 号)等一系列旨在加快高层次人才队伍建设、提升人才队伍整体素质的人才政策措施。建立了人才重大政策落实办法和实施情况跟踪机制，各省(区、市)气象局和中国气象局各直属单位也先后出台了相应的配套人才政策和措施。

深入实施人才工程，气象人才队伍建设取得良好成效。着力实施中国气象局“双百计划”、首席科学家制度、项目总工程师制度等等，推进科技领军人才和创新团队建设与重点研发任务的紧密结合。入选国家级人才计划的科技骨干明显增多，“双百计划”被中共中央组织部等三部委确定为第一批全国重点海外高层次人才引进计划。启动了中国气象局青年英才遴选工作，重点支持 100 名左右科技骨干人才。与教育部联合印发《加强气象人才培养工作指导意见》(教高〔2015〕2 号)，组建气象人才培养联盟。与中国科学院及有关院校建立核心技术协同攻关、联合培养气象人才机制。中国气象局培训中心转建成中国气象局气象干部培训学院，并建立了 8 个干部培训分院，形成了“1＋8”的国家级气象培训机构布局，气象教育培训核心能力取得了突破性进展。

气象人才队伍不断优化。全国气象部门在职国家编制人员中的大学本科以上人员比例达到 74.9％，高级专业技术人员比例达到 16.8％。中国气象局在聘首席预报员 60 人、首席气象服务专家 26 人、科技领军人才 35 人、正研级专家 698 人。气象部门有“两院”院士 9 人，有 13 人入选“百千万人才工程”和“新世纪百千人才工程”国家级人选，6 人入选国家“千人计划”，28 人被确认为中央直接联系专家，543 人先后享受国务院政府特殊津贴。

(五)气象发展环境明显改善

“十二五”期间，全国气象部门通过不断推动气象社会管理，注重加强以气象灾害防御为重点的气象法规、政策、标准建设，积极推进气象行政制度改革，气象发展环境得到明显改善。

1. 气象法律法规和标准体系逐步完善

“十二五”时期，气象部门全面推进气象法治建设，气象立法、气象执法和气象标准化建设取得新进展。气象法律法规和标准体系逐步完善，公共气象服务和气象社会管理职能明显增强，多边和双边气象科技合作与交流活动更加活跃。

气象法律法规体系方面，以气象法律为依据，由若干气象行政法规、部门规章、地方性气象法规、地方政府气象规章和国际气象公约构成的相互联系、相互补充、协调一致的气象法律体系已初步形成。《全面推进气象依法行政规划(2011—2015

年）》（气发〔2011〕62 号）出台，气象立法、气象执法、气象法治宣传教育等均取得了重要进展，为气象事业科学发展提供了坚强的法治保障。

气象标准体系方面，中国气象局为进一步加强气象标准化工作，2015 年下发了《中国气象局关于贯彻落实国务院〈深化标准化工作改革方案〉的实施意见》（气发〔2015〕71 号），明确了加强气象标准化工作重点任务分工及进度。强调完善标准体系要着眼于气象改革发展的战略目标，围绕气象现代化和气象法治建设的目标任务，组织开展各领域标准体系框架研究和设计，加强与国际先进标准和国家基础性标准对接，建立标准修订计划项目库，构建有机统一、相互衔接的气象标准体系。加快推进气象信息化、公共气象服务、气象预报预测、综合气象观测等基础业务领域标准建设。支持气象相关社会组织制定满足气象行业自律和市场需求的团体标准。鼓励省（区、市）气象部门制定具有地域气候特点和气象专业特色的更严格、更细化的地方标准。支持技术成熟、适用性好、需求性强的团体标准、地方标准和企业标准上升为气象行业标准或国家标准。

截至 2015 年底，以《中华人民共和国气象法》（以下简称《气象法》）为依据，由 3 部气象行政法规、16 部现行有效部门规章、88 部地方性气象法规、112 部地方政府气象规章以及若干规范性文件组成的气象法规体系，以及由 54 项气象国家标准、258 项气象行业标准和 270 多项气象地方标准组成的气象标准体系已初步形成。全国气象部门高度重视科学决策、民主决策、依法决策，健全了各项民主决策、科学决策机制。气象法制工作机构进一步完善，执法队伍进一步壮大，依法行政能力进一步提高，违法案件查处力度明显加大，气象法治环境明显改善，气象法治体系基本形成。

2. 气象行政审批制度改革取得重要进展

气象行政审批制度改革取得明显成效。2013 年以来，中国气象局认真贯彻落实国务院简政放权总体部署和推进职能转变的具体要求，到 2015 年底，全面深化气象行政审批制度改革取得重大进展。一是简政放权力度大。清理规范了 12 项行政审批中介服务事项，其中取消 4 项，8 项转为受理后的技术性服务。二是明晰权责进展快。与中央机构编制委员会办公室联合印发了《地方各级气象主管机构权力清单和责任清单指导目录》，完成了 15 个省（区、市）气象局权责清单的审查批复，14 个省（区、市）气象局对外公布了权责清单，完成了《气象部门市场准入负面清单（草案）》的编制上报。三是强化监管有手段。健全年度报告和定期备案统计制度，建立了双随机抽查监管机制，完善资料汇交和共享机制。四是优化服务见实效。12 项气象行政审批事项已全部形成服务指南和审查工作细则，精简环节，规范行为，方便群众。完成中国气象局行政审批服务大厅和网上行政审批平台（一期）建设任务。

3. 防雷减灾体制改革全面展开

气象防雷减灾体制改革取得明显成效。到 2015 年底，气象部门强化了防雷改革的顶层设计和试点先行，努力在转型发展、依法履职、放开市场、创新体制等方面实现新突破。一是率先取消“雷评”等中介服务。中国气象局党组根据国家改革的总体形势和要求，果断决策率先取消“雷评”中介服务事项，各省坚决落实，不再向企业收费，受到国务院领导和有关部门的充分肯定。二是加强顶层谋划。印发《防雷减灾体制改革意见》，召开防雷改革工作座谈会和研讨会，明确转型发展、依法履职等改革任务。三是推进先行先试。浙江、广东、重庆三个省(市)防雷改革试点依法有序推进，在强化防雷减灾职能、优化业务布局和机构设置、完善配套政策、健全标准制度等方面取得进展。四是完善相关制度。制定《雷电防护装置检测资质管理办法》(中国气象局令 31 号)1 部部门规章，《防雷装置检测质量考核通则》(QX/T 317—2016)、《防雷装置检测文件归档整理规范》(QX/T 319—2016)和《防雷装置检测机构信用评价规范》(QX/T 318—2016)等 3 个配套标准，以及《雷电防护装置检测资质评审细则》(气发〔2016〕29 号)、《防雷装置检测资质信息公开办法》(气发〔2016〕28 号)等 2 个配套文件，形成《防雷机构编制和人员调整指导意见》。

4. 气象业务科技、服务和管理等多项改革深入推进

(1)气象业务技术体制改革持续推进。到 2015 年底，气象部门按照信息化、集约化、标准化要求，在优化业务布局、改革业务体制、创新业务流程上下功夫，着力提升气象业务技术的效率和水平。

一是强化顶层设计。印发《关于规范全国数值天气预报业务布局的意见》(气发〔2015〕63 号)，提出《综合气象观测业务改革方案》(气发〔2016〕81 号)等制度性文件。

二是推进信息化。制定基本气象资料和产品共享目录，分别与环境保护部、国家测绘地理信息局签署了共享合作协议，制定了《CIMISS 系统业务化指标》。

三是推进集约化。初步建立了精细化气象格点预报产品业务体系。完成县级综合观测业务平台开发并开展试点，完成全部国家级地面气象观测站技术体制统一。

四是推进标准化。着手构建气象信息化标准体系，加快推进气象数据格式标准化。印发《综合观测标准化工作方案(2015—2017 年)》(气办函〔2015〕175 号)，制订《气象观测专用技术装备标准专项工作方案》。

五是推进改革试点。国家卫星气象中心组建了卫星用户办公室、遥感应用服务中心、国家空间天气预报台，并制定了相关制度，进一步完善了卫星工程建设运行机制。

(2)气象科技体制改革加快推进。到 2015 年底，气象部门围绕国家科技体制改革进展，坚持科技引领、创新驱动，以突破重大气象业务核心技术为主线，切实推进气象科技体制改革。

一是注重顶层设计。成立国家气象科技创新工程领导小组，制定印发创新工程支持保障措施，从攻关团队建设、条件保障、支持激励、经费统筹、考评激励等方面明确任务和责任。

二是注重科技支撑。打造联合研究中心和开放创新平台，出台《中试基地建设指导意见》，印发《科学技术成果认定办法》，强化科技成果从认定、登记到转化、推广、激励的全过程管理。

三是注重试点带动。印发《“一院八所”优化学科布局方案》（气办发〔2015〕29号），积极推进中国气象科学研究院改革试点，探索推进专业所和省所体制改革，提升科研院所对气象现代化的引领和支撑能力。中国气象科学研究院凝练调整了重点研究方向，整合了机构，建立完善了人员管理和考核制度。

(3)气象服务体制改革有效推进。到 2015 年底，全国气象部门坚持公共气象发展方向，气象服务体制改革试点单位在创新完善气象服务业务体制、事企分开运行机制、气象服务市场监管等方面迈出了重要步伐。

一是体制机制有创新。颁布《气象预报发布与传播管理办法》（中国气象局令 26 号），鼓励社会媒体依法传播气象预报。出台《气象信息服务管理办法》（中国气象局令 27 号），全面开放气象信息服务市场，向社会公布基本气象资料和产品共享目录。

二是试点效果明显。推进公共气象服务中心改革试点，优化调整了组织机构，对中国气象局公共气象服务中心和华风气象传媒集团的事权进行了划分，制定了公共气象服务中心优化运行机制调整思路，组建了中国气象服务协会。推进了省级气象服务改革试点，取得了一些可复制、可推广的经验成果，上海自贸区气象服务市场管理体系初见雏形。

三是市场监管有新举措。加强了气象信息服务市场管理标准体系和气象信息服务市场监管制度体系建设，组织制定了《气象信息服务市场管理监管体系建设专项工作方案》（气发〔2015〕45 号）和《气象信息服务市场管理标准体系建设工作方案》（气办发〔2015〕32 号），采取“众包”方式加快标准制度建设。

四是政府主导防灾减灾体系有新手段。建设完成国家突发事件预警信息发布管理平台，成立了国家预警信息发布中心，8 个省（区、市）成立省级工作机构，国务院秘书局正式印发《国家突发事件预警信息发布系统运行管理办法（试行）》（国办秘函〔2015〕32 号），实现 27 种自然灾害预警信息的统一权威发布。

(4)气象管理体制改革有序推进。到 2015 年底，气象部门及时跟踪和贯彻落实国家关于人事制度、财税制度、标准化工作等的改革政策，扎实推进相关工作。

一是推进人事制度改革。确定了省及省以下事业单位分类原则，指导开展模拟分类，推进广东省气象局试点分类后相关配套改革工作。执行县以下机关公务员职务与职级并行制度、县处级女干部和具有高级职称的女性专业技术人员退休年龄政策、机关事业单位工作人员养老保险制度，推进企业负责人薪酬制度改革。

二是推进财政制度改革。继续推进预算管理体制改革，建立气象部门全口径预算单位名录。积极推进中央财政落实地、县两级事业单位在职人员津补贴缺口，推动各省（区、市）气象局争取地方财政解决省级事业单位职工的地方性津补贴。探索建立政府购买服务机制，形成了《关于推进气象部门政府购买服务工作的通知》(气发〔2016〕7号)。气象财政投入机制更加完善，“十二五”时期，中央财政对气象部门的累计投入较“十一五”时期增长81%，地方财政投入增长110%。

三是推进标准化工作改革。印发实施《中国气象局关于贯彻落实国务院〈深化标准化工作改革方案〉的实施意见》(气发〔2015〕71号)，明确国家级气象标准化工作职责分工，积极构建制度完善、广泛参与、协同推进的标准化工作格局。

四是县级气象机构综合改革取得积极进展。2013年，中国气象局做出实施县级气象机构综合改革的战略部署，这是完善气象领导管理体制的又一重要举措。2013年2月，国家公务员局批复县级气象管理机构参照公务员法管理。以此为契机，结合推进基层气象现代化工作，全国气象部门实施了以强化基层气象公共服务和社会管理职能为主线、以提高气象综合业务服务能力和增强发展活力为重点的县级气象机构综合改革工作。截至2014年底，全国49%以上的县成立了气象防灾减灾机构，55%以上的县成立了人工影响天气机构，37%以上的县成立了雷电灾害防御机构，17%以上的县成立了气象为农服务机构；县级气象工作在纳入政府安全管理体系、绩效考核、应急考核以及政府公共服务体系方面进展明显，59%以上县级气象机构将气象工作纳入当地政府安全管理体系，54%以上的县级气象机构将气象工作纳入政府绩效考核，62%以上的县级气象机构将气象工作纳入政府应急考核，45%以上的县级气象机构将公共服务纳入政府公共服务体系；县级气象机构综合业务建设逐步推进，综合业务平台建设进展顺利，各地把基层台站改造、平台建设、装备升级等气象现代化建设项目纳入地方政府或上级部门支持项目，为推动基层气象现代化建设提供了保障。

二、“十三五”时期气象发展面临的形势

“十二五”期间，气象发展虽然取得了显著的成绩，但仍然存在着一些亟待解决的突出问题。气象关键领域核心技术薄弱，科技创新能力有待加强，科技领军人才不足；预报预测准确率和精细化水平有待提高；气象综合观测能力和自动化水平、气象资料标准化和共享能力仍不够强；气象业务服务能力与经济社会发展和人民生产生活日益增长的需求不相适应的矛盾依然存在；气象管理体制还未达到转变政府职能和创新行政管理方式的要求，全面推进气象现代化的挑战和压力依然很大。

“十三五”时期，是气象保障我国顺利实现全面建成小康社会伟大目标的关键阶段，也是我国基本实现气象现代化目标的决胜阶段。在我国经济发展进入新常态背景下，气象发展将面临新的挑战和机遇，天气气候复杂多变对气象防灾减灾提出新挑战；经济社会发展和人民生活水平提高对气象服务提出新需求；气象现代化跟上科技发展新步伐亟须新突破；全面深化改革进入深水区对气象改革提出了新要求。

(一)天气气候复杂多变对气象防灾减灾提出新挑战

“十三五”实现全面建成小康社会目标,广大人民群众追求的生活品质和幸福指数越来越高,对蓝天绿水、健康身心、福祉安康的保障需求越来越迫切。可以预见,气象防灾减灾、应对气候变化、保障气候安全、推进绿色发展等要求也将越来越高,进一步提升气象服务保障能力的挑战和压力很大。

1. 极端天气气候事件频率和强度不断增加

我国是世界上气象灾害最严重的国家之一,灾害种类多、分布地域广、发生频率高、造成损失重,与极端天气气候事件有关的灾害占自然灾害的70%以上,近年来极端天气气候事件呈现频率增加、强度增大的趋势。例如,2015 年是有气象记录数据135 年来全球平均气温最高的一年,也是我国自 1951 年有完整气象记录以来平均气温最高的一年。未来,受全球气候变化影响,我国区域气温将继续上升,暴雨、强风暴潮、大范围干旱等极端事件的发生频次和强度还将增加,洪涝灾害的强度呈上升趋势,海平面将继续上升,引发的气象灾害及次生灾害所造成的经济损失和影响不断加大。

2. 气候安全形势日益复杂多变

当前人类活动和经济发展与天气气候关系更加紧密,全球气候正经历着以变暖为显著特征的变化,由此带来的气候安全问题严重影响自然生态系统和经济社会发展,严重威胁国家安全。习近平总书记明确提出:“应对气候变化,这不是别人要我们做,而是我们自己要做,是中国国内可持续发展的客观需要和内在要求,事关国家安全。”中国气象局高度重视气候安全问题,2014 年中国气象局郑国光局长就提出应把气候安全纳入国家安全体系。气候安全不仅是外部安全,还是内部安全;不单涉及国土安全,还涉及国民安全;既包括传统安全,又包括非传统安全,在国家安全体系中具有基础性作用。

3. 基于影响的预报预警服务需求增加

气候变化还在增加暴雨和洪水等灾害的风险。利用基于影响的预报预警,我们可以保护生命和财产免受此类灾害的影响。基于影响的预报预警使决策者和公众能够更准确地了解气象事件对当地可能造成的灾害程度,从而制定相应的防御措施,应在传统预报的基础上进一步增强针对性。我国需要努力实现从注重灾后救助向注重灾前预防转变,从应对单一灾种向综合减灾转变,从减少灾害损失向减轻灾害风险转变,全面提升全社会抵御自然灾害的综合防范能力。2014 年开始,我国开始对全国范围内的 2000 多条中小河流域进行灾害普查,搜集包括气象、经济、基础设施、人口发展等方面的资料,确定相应的阈值,结合天气预报和气候预测,给出基于影响的预报。

(二)经济社会发展和人民生活水平提高对气象服务提出新需求

随着经济社会发展和人民生活的提高,人民群众更加注重生活质量、生态环境和幸福指数，对高质量气象服务的需求愈加迫切。

1. 我国经济发展进入新常态

2014 年中央经济工作会议提出了经济发展进入新常态，这是一个重大的理论创新。我国经济进入新常态，发展方式加快转变，结构不断优化，新型城镇化和农业现代化进程加快，社会财富日益积累，新常态下，经济发展必须遵循新的规律特征，再走过去重投资驱动、轻内涵发展的老路肯定行不通。新常态下，气象工作赖以发展的经济基础、体制环境、社会条件正在发生深刻变化。面对经济发展新常态，应深刻理解和认识推进气象现代化必须适应经济发展新常态下这种发展方式上的根本变化，深刻认识经济发展新常态下气象现代化的新内涵、新特征、新规律、新要求，积极主动创造性地适应经济发展新常态，从全局高度统筹考虑和推进气象现代化，与时俱进抓好各项气象工作。

2. 行业气象发展呈蓬勃之势

气象灾害潜在威胁和气候风险更加突出，各行各业对气象服务的依赖越来越强，行业气象服务发展呈现蓬勃之势。中国气象局一直发挥积极主动性，推动部门合作，探索多部门合作的运行机制和方式。主要是为经济社会高影响相关行业、重点工程建设领域减灾增效提供有专门用途的气象服务，在农业、林业、水利水文、海洋、交通、工业、能源、商业、环保、旅游、航空、医疗、电力、建筑、邮电、体育、保险、盐业、渔业、消防、仓储、物流等行业开展的专业气象服务范围越来越广泛和深入。专业、专项气象服务坚持以各行各业的需求为导向，不断提高服务的针对性和专业化水平。如面向农业和林业生产、农田建设和林业资源保护等，开展农业气象、森林草场火险预警、植被监测等服务；面向航空、水陆运输、旅游等，开展导航、交通安全等天气气候和环境气象服务；面向盐业、渔业和水产养殖业，开展生产调度、存储、运输和销售服务，提供养殖品种、养殖最优时机的信息服务；面向大江大河、湖泊水库水文，提供重点流域面雨量与汇流、重点江河冰情与凌汛监测和预报服务，以及重点城市的积涝预报和地表水资源定期评估分析等服务；面向公共卫生安全，开展流行性疾病预报服务等。专业、专项气象服务产品日益丰富和精细，针对性更强，深受专业、专项用户的欢迎和信赖。

3. 人民群众更加注重高质量的气象服务

"十三五"期间，人民群众对高质量气象服务的需求更加多样化，气象服务需求逐步呈现出多层次、多元化特点，这些都对气象工作的开放和多元化发展，对气象服务供给侧结构适应需求变化等提出了新的更高要求。需求推动公众气象服务飞速发展，继续大力发展现代化的公众气象服务，是公共气象服务发展的核心任务之一。公众气象服务的方式和发布手段应不断完善，信息覆盖面应不断扩大，公众气象服务的内容和产品应不断丰富，进一步实现公众气象服务的多样性和精细化，以及信息发布的高频次和广覆盖等。

（三）气象现代化跟上科技发展新步伐亟须新突破

“十三五”时期，我国基本实现气象现代化到了冲刺阶段，实现这一宏大目标仍然面临诸多现实问题和严峻挑战。

1. 世界信息化步伐明显加快

当今世界科技进步日新月异，信息化步伐明显加快，各国政府和国际组织纷纷将开发利用大数据作为夺取新一轮竞争制高点的重要抓手。美国是大数据的领跑者，2012 年，奥巴马政府推出“大数据研究与开发计划”，政府投入 2 亿美元重点资助大数据分析以及大数据在医疗、天气和国防等领域的应用。德国 2010 年发表了《德国 ICT 战略：数字德国 2015》，提出了数字化带来的新增长和工作机会、未来的数字网络、可靠安全的数字世界、未来数字时代的研发、教育和媒体能力与整合、社会问题电子政务六个方面的目标和解决方案。英国政府对大数据的开放和利用投入大量资金，计划率先开放有关交通运输、天气和健康方面的核心公共数据库，并在 5 年内投资建立世界上首个“开放数据研究所”。法国政府以培养大数据领域新兴企业、软件制造商、工程师、信息系统设计师等为目标，开展了一系列的投资计划。日本总务省于 2012 年发布了以大数据政策为亮点的“活跃 ICT 日本”新综合战略，提出增强信息通信领域的国际竞争力、培育新产业，同时应用信息通信技术应对抗灾救灾和核电站事故等社会性问题。

2. 我国推进科技发展的重大政策举措

党的十八大将信息化纳入“四化”同步发展的战略布局，实施网络强国战略。新一代信息技术与制造业深度融合，正在引发影响深远的产业变革，形成新的生产方式、产业形态、商业模式和经济增长点，我国制造业转型升级、创新发展迎来重大机遇，必须放眼全球，加紧战略部署，着眼建设制造强国。2015 年 5 月 8 日，印发了《国务院关于印发〈中国制造 2025〉的通知》（国发〔2015〕28 号），是中国政府立足于国际产业变革大势，做出的全面提升中国制造业发展质量和水平的重大战略部署。党的十八届五中全会明确提出，要拓展网络经济空间，实施“互联网＋”行动计划和国家大数据战略。2015 年 7 月 1 日，印发了《国务院关于积极推进“互联网＋”行动的指导意见》（国发〔2015〕40 号），要求大力拓展互联网与经济社会各领域融合的深度和广度，促进网络经济与实体经济协同互动发展，并提出了“互联网＋”11 项具体行动。2015 年 8 月 31 日，印发了《关于印发促进大数据发展行动纲要的通知》（国发〔2015〕50 号），提出推动数据开放共享，通过开放促进大众创业、万众创新，实现产业创新发展。2015 年 9 月 23 日，印发了《国务院关于加快构建大众创业万众创新支撑平台的指导意见》（国发〔2015〕53 号），加快众创、众包、众扶、众筹的广泛应用。可以说，我国实施的一系列推进科技发展的重大政策举措，蕴藏着推动科学技术第一生产力的巨大潜能和经济发展、社会变革的巨大动力，有利于激发大众创业、万众创新的巨大活力，这是全面推进气象现代化的新机遇、新动力和新潜力。对气象部门全面发展气象信息化，推进智慧气象的建设有重要的指导作用。

3. 发达国家争夺新的气象科技制高点

当前欧洲中期天气预报中心（ECMWF）和美、英、德、日、韩等各国气象机构都在积极谋划下一轮发展战略，例如，欧洲中期天气预报中心战略（2016—2025年）、世界气象组织战略计划（2016—2019年）、英国气象局战略计划（2016—2021年）等战略已发布，各国都在争夺新的气象科技制高点，我国气象科技创新实现突破面临巨大的压力和挑战。我国自主研发的数值天气预报系统2016年才刚开始业务化，目前可用预报天数仅为7.3天（表2-4），而ECMWF和美国国家环境预报中心（NCEP）2015年的全球数值天气预报北半球可用预报天数均达到8天以上，并且，按照其战略规划部署，到2020年，ECMWF和NCEP都将实现可预报天数达到9天的目标。ECMWF在最新一代战略规划中还提出了到2025年提前两周预测极端天气、提前四周预测大尺度环流型和环流结构转变、提前一年预测全球异常的目标。气象预报正向全球化发展，发达国家气象科技水平对我国气象预报业务科技水平带来了前所未有的压力。

表2-4　各预报模式2015年北半球及东亚地区可用预报天数（天）对比

区域	ECMWF	NCEP	T639	GRAPES_GFS
北半球	8.6	8.3	7.0	7.3
东亚	8.4	8.2	7.1	7.0

注：各模式包括欧洲中期天气预报中心（ECMWF）和美国国家环境预报中心（NCEP）的数值预报产品，以及我国的全球业务模式T639和GRAPES_GFS。

（四）全面深化改革对气象改革提出新要求

“十三五”时期，全面深化气象改革的任务也非常艰巨，国家不断推出的各项改革对气象改革提出了新要求和新任务。

1. 国家各项改革措施深入推进

2013年，党的十八届三中全会审议通过的《关于全面深化改革若干重大问题的决定》，确立了全面深化改革的一个总目标，即完善和发展中国特色社会主义制度，推进国家治理体系和治理能力现代化；明确了一个改革重点，即经济体制改革是全面深化改革的重点，核心问题是处理好政府和市场的关系；形成了一个重大理论观点，即市场在资源配置中起决定性作用。2014年，中央全面深化改革领导小组对全面深化改革的14个领域提出具体要求。随着国家各项改革举措的不断出台和深入推进，将对气象部门现行管理体制、运行机制、服务模式等带来较大冲击，对气象部门最直接的影响可能体现在三个方面：

一是深化行政体制改革可能打破气象部门运行格局。取消和下放行政审批事项将影响气象科技服务支撑事业发展的现行机制，气象管理机构职能转变促使多元气象服务主体构建变得十分紧迫。

二是深化财税制度改革将影响气象管理体制的传统方式。划分地方气象事权的不确定和不平衡，可能扩大东西部气象发展差距；实施综合预算和统一财务制度，将取消气象科技服务自收自支的财务政策；工资政策属地化与气象部门全口径预算的矛盾将更加明显；扩大政府购买公共服务，将打破传统气象服务和管理方式。

三是事业单位分类制度改革可能影响气象队伍的稳定和活力。事业单位分类后将可能影响气象一类事业单位创新活力，同时，法人治理改革也对事业单位管理提出新命题，尤其是涉及气象部门编制外人员安置可能影响职工队伍的稳定。

2. 气象全面深化改革进入攻坚期

“十三五”时期，全面深化改革进入深水区对气象改革提出新要求。随着国家行政审批制度改革、科技体制改革、财政预算体制改革以及国家准备推行的行政职能事业单位改革等的不断深入，改革已进入攻坚期和深水区，要啃“硬骨头”，特别是涉及利益调整的改革，力度和深度会明显加大。一方面，改革将对气象部门的发展带来重大影响，不仅可能直接影响未来气象事业发展格局，而且涉及广大气象干部职工的切身利益。另一方面，改革有利于促进国家行政管理体制更加合理高效，事权与责任体系更加清晰协调，依法治国和服务型政府建设更具成效。这些都对深化气象各项改革和转变政府职能提出更高要求，同时带来提质增效的发展机遇。因此，必须进一步深化气象服务体制改革，创新气象业务科技体制改革和推进气象行政管理体制改革。

参考文献

吴敬琏，厉以宁，林毅夫，等，2016. 读懂十三五[M]. 北京：中信出版社.

徐文彬，2015.“十二五”期间气象部门应对气候变化工作综述：“全链条”式的支撑服务[N]. 中国气象报，2015-11-25(1).

张洪广，姜海如，林霖，等，2015.“十三五”气象发展坚持双引领双驱动双导向指导思想的辨析与建议[J]. 气象软科学，(3)：12-18.

中国气象局发展研究中心气象发展报告编写组，2015. 中国气象发展报告：2015[M]. 北京：气象出版社.

第三章 “十三五”时期气象发展的指导思想与战略目标

气象发展指导思想与战略目标，是气象发展规划的核心组成部分，是统领气象发展规划的灵魂和总纲。《规划》提出的指导思想和战略目标，一方面继承了气象事业发展的成功经验，另一方面结合时代要求又有重大创新和发展，拓展了气象发展战略空间。

一、“十三五”时期气象发展的指导思想

气象规划的指导思想，是气象发展所必须遵循的总原则、总方略、总要求，既是气象发展规划的灵魂，又是设计气象发展具体目标任务、政策措施的总依据和总纲领，还是指导气象规划的编制和实施的总思路与总遵循。

《规划》在第二章开宗明义提出了“十三五”时期气象发展的指导思想，即全面贯彻党的十八大和十八届三中、四中、五中全会精神，深入贯彻习近平总书记系列重要讲话精神，按照“五位一体”的总体布局和“四个全面”的战略布局，牢固树立和贯彻落实创新、协调、绿色、开放、共享的发展理念，坚持公共气象发展方向，坚持发展是第一要务，坚持全面推进气象现代化、全面深化气象改革、全面推进气象法治建设、全面加强气象部门党的建设，突出科技创新和体制机制创新的双轮驱动，以气象核心技术攻关、气象信息化为突破口，以有序开放部分气象服务市场、推进气象服务社会化为切入点，推动气象工作由部门管理向行业管理转变，加快完善综合气象观测系统，全面提升气象预报预测预警水平，不断提高开发利用气候资源能力，构建智慧气象，建设具有世界先进水平的气象现代化体系，确保到2020年基本实现气象现代化目标，不断提升气象保障全面建成小康社会的能力和水平。在这里，《规划》从以下层次表述了“十三五”气象发展的指导思想。

（一）突出气象发展以党的最新理论为遵循

党的十八大以来，在以习近平同志为核心的党中央领导下，形成了一系列重大理论和思想，是中国当代马克思主义的最新成果。这些最新理论成果就反映在党的十八大和十八届三中、四中、五中全会精神之中，反映在习近平总书记系列重要讲话精神之中，其中“五位一体”的总体布局、“四个全面”的战略布局、“创新、协调、绿色、

开放、共享”的五大发展理念，是对最新理论成果的集中凝练。在《规划》提出的指导思想中充分反映了党的最新理论成果，表达了气象发展的总思路。

党的十八大以来形成的最新理论成果，是以习近平同志为核心的党中央，立足于坚持和发展中国特色社会主义全局，立足于实现“两个一百年”奋斗目标和中华民族伟大复兴的中国梦，提出的新形势下新的战略思想、新的战略要求和新的战略部署，开辟了党治国理政的新境界，丰富和发展了中国特色社会主义理论体系，使当前和今后一个时期党和国家各项工作的关键环节、重点领域、主攻方向更加清晰，内在逻辑更加紧密，是推进中国特色社会主义伟大事业和党的建设新的伟大工程的总方略、总框架、总抓手。

中国特色的气象事业是党的事业，是人民的事业。按照党的要求和人民的期待建设气象事业、发展气象事业，是中国特色气象事业发展的一贯宗旨和要求。因此，《规划》应始终以党中央的思想和精神为指导，始终以党的要求和人民的期待为气象事业发展方向。党的十八大以来形成的最新理论成果，对指导中国发展具有普遍性的意义，是指导气象改革发展的重要方针和基本遵循。在气象发展进程中必须深刻认识和准确把握这些重大理论的时代意义和科学内涵，不断增强学习贯彻落实的自觉性和坚定性。

中国气象局党组始终坚持把贯彻党中央、国务院的重大战略部署作为谋划气象事业改革发展的基本前提。党的十八大以来，中国气象局党组深入学习贯彻党的十八大和十八届三中、四中、五中全会精神，以及习近平总书记系列重要讲话精神，从党和国家发展大局和气象事业发展全局出发，审时度势，先后对全面推进气象现代化、全面深化气象改革、全面推进气象法治建设做出重大战略部署，对全面加强气象部门党的建设提出要求，有力地推动了气象事业科学发展，为在“十三五”期间基本实现气象现代化奠定了坚实基础。

（二）反映气象发展形成的最新思想成果

自党的十八大以来，中国气象局党组在中央精神指导下，结合气象发展实际，大胆实践，积极探索，不断总结气象发展新理论，及时提出了全面推进气象现代化、全面深化气象改革、全面推进气象法治建设、全面加强气象部门党的建设，突出科技创新和体制机制创新驱动等重大气象发展思想。这些重大理论思想，不仅对当前更对长远气象发展具有重大指导意义。把这些重大的气象发展理论思想，写进《规划》，对指导气象事业长远发展具有重大现实意义。在《规划》提出的指导思想中较好反映了气象发展的最新理论思想。

1. 气象发展“四个全面”的重要思想，是结合气象发展实践逐步形成的。(1)关于全面推进气象现代化，在2013年春季中国气象局党组中心组学习会议上，中国气象局党组认为，全面推进气象现代化的条件和时机逐步成熟，并做出了气象现代化从试点转向全面推进的重大决策。2013 年 5 月 31 日，召开了全国气象部门全面推进气象现代化电视电话会议，动员和部署全面推进气象现代化。(2)关于全面深化气象改革，十八届三中全会以来，中国气象局党组高度重视深化改革，于 2014 年 5 月印发了《中共中国气象局党组关于全面深化气象改革的意见》(中气党发〔2014〕28 号)，对气象服务体制、气象业务科技体制、气象管理体制改革进行了全面部署。(3)关于全面推进气象法治建设，中国气象局党组历来高度重视气象法治建设，1997 年党的十五大以来，先后制定出台了《关于全面推进气象依法行政的指导意见》和《全面推进依法行政五年规划(2011—2015 年)》(气发〔2011〕62 号)，2015 年 1 月中国气象局党组下发了《关于全面推进气象法治建设的意见》(中气党发〔2015〕1 号)，对构建保障气象改革发展的法律法规体系、提升全面依法履职能力、提高依法管理气象事务水平做出部署。(4)关于全面加强气象部门党的建设，党的领导始终是气象事业不断开创改革发展新局面的核心力量，始终是气象事业不断开拓创新的坚强后盾。中国气象局党组始终把党的建设工作作为中国特色气象事业的重要组成部分，与气象业务服务工作同部署、同推进、同落实，不断推进气象部门党的思想建设、组织建设、作风建设、制度建设和反腐倡廉建设。

在国家“四个全面”的战略布局理论指导下，中国气象局党组对气象发展“四个全面”形成了新认识，做出了新部署。充分认识到气象发展“四个全面”的相互关系，气象发展的“四个全面”是一个有机整体，全面推进气象现代化是气象发展的战略目标，在这个有机整体中处于主导地位；全面深化气象改革是实现战略目标的基本动力，在这个有机整体中处于重要地位；全面推进气象法治建设是实现战略目标的基本保障，在这个有机整体中处于法治保障地位；全面加强气象部门党的建设是完成战略目标任务的政治和组织保证，在这个有机整体中处于领导保证地位。这四个方面相辅相成、相互促进、相得益彰、相互贯通，既有全局又有重点，既有目标又有行动，与国家“四个全面”战略布局在思想和行动上具有一致性。

2. 把“突出科技创新和体制机制创新双轮驱动”列为“十三五”气象发展重要指导思想内容，也是长期以来逐步形成的重要气象发展思想。气象部门是一个科技部门，20 世纪 90 年代就提出了实施“科教兴气象”的发展战略，一直十分重视科技对气象业务发展的支撑作用。但是，在新的发展形势下，国际气象领域综合实力竞争日益激烈，如何占据气象核心技术高地，引领气象现代化发展，是摆在气象发展面前最为突出的问题。尤其进入“十三五”时期，世界气象科技发展孕育新的重大突破，如何成功地将以云计算、大数据、物联网、移动互联、智能化为代表的信息化技术，与气象科技高度融合，通过实施国家气象科技创新工程、推进气象信息化、发展智慧气象，从而打造更加智能、高效、精准的现代气象业务体系，提供更加及时、普惠、智能的气象服务，是气象发展必须思考的重大战略问题。

因此，在 2015 年夏季中国气象局党组中心组学习会议上，明确提出了科技引领和创新驱动发展问题。提出科技引领，就是将气象发展要最大限度地实现现代科技成果为我所用，跨越性地提高气象综合实力；就是要求气象发展要牢固树立和深刻认识科技是引领未来发展的决定性因素，让科技引领气象业务服务的布局、结构、模式、方式。这与过去提出的让科技研发促进气象业务服务能力的提升和让科技成果充分应用于气象业务服务发展具有高度统一性。

强调气象发展以科技引领，就是要求气象发展要瞄准世界先进水平，大力实施国家气象科技创新工程，着力提升气象科技水平，实现核心业务技术重大突破；要加强气象科技基础和应用研究，提高气象科技成果在气象业务、服务中的转化和应用；要坚持效益优先，全面落实国家气象科技创新工程核心攻关任务，大力提升科技自主创新能力，争取在关键领域科研创新和装备技术等方面取得新突破；要加强国际交流与合作，吸收借鉴国际先进科技成果；要健全科技成果转化奖励机制，激发科技创新活力，持续提高综合业务能力和科技内涵。

突出气象发展创新驱动，就是要求把创新驱动作为全面推进气象现代化的强大动力，既要加强气象科技创新，也要突出气象发展理念、方式、模式和制度创新，加快形成有利于气象事业科学发展的体制机制环境，大力实施气象人才工程，全力提升气象人才素质。

（三）丰富气象现代化发展的时代内涵

由于科学技术快速发展，国家现代化发展进入到一个崭新阶段，特别是从 20 世纪 90 年代中期，随着我国网络社会开始崛起，互联网进入经济社会的各个领域，信息化对我国经济社会发展正在产生深刻影响。当前，新一轮科技革命和产业变革的不断兴起，大大推进信息技术创新应用，信息化加速向互联网化、移动化、智慧化方向演进，"互联网＋"引发经济社会结构、组织形式、生产生活方式发生重大变革，以信息经济、智慧工业、智能城市、网络社会、在线政府、数字生活等为主要特征的高度信息化将从支撑我国经济社会发展向引领我国迈入转型发展的新时代转化。

气象部门是一个信息部门，气象信息化是气象事业适应信息技术革命的必然选择，是现阶段气象现代化发展的重要特征。气象信息化是在全球信息化的大背景下产生的，伴随改革开放的大潮不断发展，信息技术已全面渗透并正在深刻影响着气象事业发展理念、发展方式，气象业务服务结构、服务模式，以及气象管理工作方式，气象事业改革发展必须适应信息化时代的特征。

中国气象局党组高度重视气象信息化工作，曾在 2014 和 2015 年两次全国气象局长会议上都对大力推进气象信息化做出部署，并明确提出了加快推进气象信息化既是落实国家信息化发展战略、顺应现代气象科技发展和信息技术变革新形势的迫切需要，也是应对气象改革发展和外部挑战、全面推进气象现代化的迫切需要，以及没有气象信息化就没有气象现代化等重要气象发展思想。因此，《规划》非常明确地把以“气象信息化为突破口”作为“十三五”气象发展指导思想的重要内容。

除气象信息化外，有序开放部分气象服务市场，推进气象服务社会化，推动气象工作由部门管理向行业管理转变，构建智慧气象等内容，都是近些年来，气象发展为适应经济社会发展和科学技术发展而形成的新的思想成果，对指导“十三五”时期气象发展具有非常积极的意义。因此，也被作为“十三五”气象发展指导思想的重要内容。

（四）进一步坚定基本实现气象现代化战略目标

在《规划》提出的指导思想中，继承和保持了气象发展过去长期形成的重要经验，这些内容包括“坚持公共气象发展方向，坚持发展是第一要务”“加快完善综合气象观测系统，全面提升气象预报预测预警水平，不断提高开发利用气候资源能力”“建设具有世界先进水平的气象现代化体系”“确保到2020年基本实现气象现代化目标，不断提升气象保障全面建成小康社会的能力和水平”等。

从以上分析内容看，“十三五”气象发展的指导思想，是一个以党的最新理论成果为指针，体现了全面贯彻中央精神的指导思想；是一个很好地继承了气象现代化发展历史经验的指导思想；是一个体现了时代创新精神、坚定跟进科学技术发展步伐、不断适应经济社会发展需要的指导思想。

二、气象发展遵循的基本原则与理念

在发展规划中提出的基本原则，一般既是对发展规划指导思想的延伸和展开，又是对发展规划思想和遵循的特别强调。《规划》强调提出了“十三五”气象发展必须坚持的四条基本原则和必须遵循的五大发展理念。

（一）气象发展坚持的基本原则

为确保到2020年基本实现气象现代化的目标，《规划》提出了必须“坚持公共气象发展方向，坚持气象现代化不动摇，坚持深化改革，坚持统筹开放”等四条基本原则，进一步突出了指导思想的有关重点内容，进一步强调了气象发展必须坚持的方向、目标、动力和根本方法，并成为引领发展气象事业发展的行动指南。

1. 坚持公共气象发展方向

《规划》提出：“把增进人民福祉、保障人民生命财产安全作为谋划气象工作的根本出发点，把服务国家重大战略、气象防灾减灾、应对气候变化作为气象发展的重要着力点，坚持大力发展公共气象、安全气象、资源气象，更好地发挥气象对人民生活、国家安全、社会进步的基础性作用。”

气象服务是气象工作的出发点和归宿，是气象事业发展的立业之本。防灾减灾、应对气候变化，服务经济社会发展和人民安全福祉，既是党和政府对气象工作的总体要求，也是公共气象服务的主要任务。新中国成立以来，中国特色社会主义气象事业始终坚持为社会主义建设服务、为人民大众福祉安康服务的根本宗旨，不断扩大服务领域，不断提高服务效益，气象服务取得举世瞩目的巨大成就，并以服务牵引气象事业不断向前发展。“十三五”期间，要继续坚持公共气象发展方向，始终坚持面向民生、面向生产、面向决策，着力发挥气象基础保障作用。

2. 坚持气象现代化不动摇

《规划》提出：“发展是第一要务，要将气象现代化作为气象改革发展各项工作的中心，始终发挥科技第一生产力、人才第一资源的巨大潜能，持续推进气象业务现代化、气象服务社会化、气象工作法治化，加快转变发展方式，实现气象发展质量、效益和可持续的有机统一。”

气象现代化是一个发展的过程，这个过程就是遵循气象科学自身发展规律，对现代新思想、新科学、新技术、新成果的吸收、应用和创新的过程。气象现代化也是一个发展的目标，这个目标就是在更好地适应经济社会发展对气象需求的同时，实现自身的发展和完善。国务院3号文件提出了我国气象事业发展的奋斗目标，即到2020年，要建成结构完善、功能先进的气象现代化，使我国气象整体实力接近同期世界先进水平。因此，“十三五”时期是全面推进气象现代化的冲刺期，必须坚持气象现代化不动摇，以科技创新和体制机制创新为双轮驱动，不断提升气象保障全面建成小康社会的能力和水平。

3. 坚持深化改革

《规划》提出：“围绕气象服务保障国家治理体系和治理能力现代化的总目标，全面深化气象改革，发挥好改革的突破性和先导性作用，增强改革创新精神，提高改革行动能力，加快完善适应全面推进气象现代化的体制机制，破解影响和制约气象发展的体制机制难题，着力激发气象发展活力和内生动力，为气象发展提供持续动力。”

全面深化气象改革不是目的，是全面推进气象现代化的手段和途径。当前，随着国家各项改革的不断深入，全面深化改革进入了“深水区”，行政审批制度改革、财政预算体制改革等，对推进气象服务市场开放和解决气象部门事业经费不足、事权与支出责任不匹配、体制机制不顺等问题都带来了机遇。“十三五”时期，必须坚持深化改革，通过改革不适应气象事业发展的体制机制，改革阻碍和影响事业发展的各种制度，为全面推进气象现代化提供持续动力。

4. 坚持统筹开放

《规划》提出：“积极主动开展全方位、宽领域、多层次、高水平的国内外务实交流合作，统筹中央、地方、社会和市场的力量，加大‘走出去’发展的开放力度，构建气象发展新格局，推进气象信息资源更好地共享和应用。”

统筹中央、地方、社会、市场和对外开放是适应我国经济发展新形势，全面推进气象现代化的必然要求。当前，我国气象服务能力与日益增长的服务需求不相适应的矛盾、气象科技水平和业务能力与社会要求不相适应的矛盾、气象管理能力与全面履行气象行政管理职能不相适应的矛盾等仍然比较突出。到2020年要基本实现气象现代化的目标，必须冲破思想观念的束缚，突破利益固化的藩篱，加快形成适应气象事业发展的体制机制和发展方式。气象现代化实践充分证明，改革与开放相辅相成、相互促进，是推动气象事业发展的强大动力。“十三五”时期，全面推进气象现代化进入冲刺期，要解决长期积累的体制性障碍和结构性矛盾，既要以深化改革为扩大统筹开放创造条件，又要以更高水平的统筹开放促进更深层次改革，必须坚持把中央、地方、社会和市场的力量统筹起来，坚持立足全球视野不断开创我国对外开放的新局面。

（二）气象发展遵循的发展理念

理念是行动的先导。发展理念管全局、管根本、管方向、管长远，是战略性、纲领性、引领性的东西，事关发展成效乃至成败。党的十八届五中全会通过的《建议》提出了创新、协调、绿色、开放、共享的五大发展理念。这五大发展理念，是“十三五”乃至更长时期我国发展思路、发展方向、发展着力点的集中体现，也是我国气象事业未来发展的方向和引领。为此，《规划》提出，“十三五”时期，气象事业要破解发展难题，厚植发展优势，贯彻落实创新、协调、绿色、开放、共享的发展理念。

1. 突出创新发展，着力激发气象发展的活力

切实把创新作为引领发展的第一动力，坚持科技引领，突出科技创新和体制机制创新的双轮驱动，以科技创新为核心带动全面创新。充分利用云计算、大数据、物联网、移动互联网等技术，大力推进气象信息化，着力构建智慧气象。更加依靠科技和人才，努力在关键科学领域及核心业务技术方面实现新突破。着力构建开放的气象服务体系，培育气象服务市场，优化气象服务发展环境。

“十三五”气象发展，就是要把创新放在气象改革发展全局的核心位置，坚持科技引领、突出创新驱动，更加依靠科技和人才，大力推进气象信息化，创新气象发展体制机制，让气象发展的质量更好、效益更高、结构更优。

2. 推进协调发展，着力补齐气象发展的短板

统筹推进区域、流域和海洋气象协调发展，统筹推进东中西部气象事业协调发展，统筹协调国家、省、地（市）、县气象工作，统筹推进气象业务现代化、气象服务社会化、气象工作法治化，统筹推进气象硬实力与软实力的协调发展。强化气象服务区域发展总体战略，统筹推进行业气象协调发展，统筹推进气象与相关部门协调发展，加快形成气象服务协调发展新格局。

“十三五”气象发展，就是要牢固树立强烈的短板意识，坚持问题导向，切实拉长气象核心业务短板、补齐气象科技人才软实力短板。紧扣气象服务推动协调发展，紧扣解决气象事业发展中存在的一些不平衡、不协调、不可持续问题，加快形成气象服务国家协调发展的格局，统筹协调推进气象业务现代化、服务社会化、工作法治化，统筹协调区域气象事业发展，要坚持“两手抓、两手硬”、推动气象业务服务和气象文化建设协调发展，在服务国家协调发展中拓宽气象发展空间，在加强薄弱领域中增强发展后劲。

3. 重视绿色发展，着力引领气象发展的新领域

把保障生态文明建设、促进绿色发展贯彻到气象发展各方面和全过程。围绕加快建设主体功能区、推动低碳循环发展、全面节约和高效利用资源、加大环境治理力度等开展工作，科学应对气候变化，有序开发利用气候资源，高度重视气候安全，为国家应对气候变化和生态文明建设提供坚实科技支撑。

“十三五”气象发展，就是要把服务保障生态文明建设，推动促进绿色发展贯彻到气象事业发展各方面和全过程，拓展气象服务领域，厚植气象服务生态文明建设优势，高度重视气候安全，大力提升气象服务保障绿色发展的能力和水平。

4. 坚持开放发展，着力拓展气象发展的新空间

主动适应、深度融入、全面服务国家对外开放总体战略。以战略思维和全球眼光，加强全球监测、全球预报和全球服务。深化国际双向开放交流合作，发挥科技优势，努力提升我国在气象领域的国际影响力和话语权。

“十三五”气象发展，就是要用战略思维和全球眼光，统筹用好国际国内两种资源、两种力量，主动适应、深度融入国家对外开放战略布局，坚持以我为主，围绕全面推进气象现代化，全面提高国际国内气象科技合作质量和发展的内外联动性，积极参与全球气候治理，深化全方位对外开放，努力形成深化融合的互利合作格局。

5. 强化共享发展，着力增进广大人民群众的福祉

把握公共气象发展方向，牢固树立防灾减灾红线意识，坚持发展为了人民、发展依靠人民、发展成果由人民共享，做出更有效的制度安排。全面加强气象防灾减灾，有力保障国家实施脱贫攻坚工程，加强国民经济重点领域气象服务，加大部门间气象数据共享，推进公共气象服务城乡全覆盖和均等化，让广大人民群众共享更高质量的气象服务成果。

“十三五”气象发展，就是要把握公共气象发展方向，加快构建和发展智慧气象，有力保障国家实施脱贫攻坚工程，切实把增进人民福祉、保障人民生命财产安全作为气象工作落实全心全意为人民服务根本宗旨的重要体现，作为气象工作的根本出发点和落脚点，让人民共享气象发展成果。

三、“十三五”时期气象发展的主要目标

发展规划的总目标，是发展指导思想、发展基本原则和发展理念的具体体现，是发展规划部署任务的依据和指南。《规划》综合考虑未来国际气象发展趋势和我国气象发展的现实基础，围绕确保到2020年基本实现气象现代化目标，提出“十三五”气象发展总体目标和具体目标。

(一)“十三五”气象发展总体目标

《规划》提出:“‘十三五’气象发展的总体目标是,到2020年,基本建成适应需求、结构完善、功能先进、保障有力的以智慧气象为重要标志,由现代气象监测预报预警体系、现代公共气象服务体系、气象科技创新和人才体系、现代气象管理体系构成的气象现代化,初步具备全球监测、全球预报、全球服务的业务能力,气象整体实力接近同期世界先进水平,若干领域达到世界领先水平,气象保障全面建成小康社会的能力和水平显著提升。”

由此可知,《规划》提出的总体目标主要包括:一是构建气象现代化“四大体系”;二是初步具备全球监测、全球预报、全球服务的业务能力;三是气象整体实力接近同期世界先进水平,若干领域达到世界领先水平;四是气象保障全面建成小康社会的能力和水平显著提升。

关于构建气象现代化“四大体系”,《规划》提出了“基本建成适应需求、结构完善、功能先进、保障有力的以智慧气象为重要标志,由现代气象监测预报预警体系、现代公共气象服务体系、气象科技创新和人才体系、现代气象管理体系构成的气象现代化”。《规划》进一步丰富和发展了我国气象现代化内涵,突出了时代特征。

气象现代化是一个随着时代发展而不断发展的概念。构建气象现代化“四大体系”思想,与中国气象局党组各个时期关于气象现代化的战略部署一脉相承,是根据现阶段气象现代化发展形势和内涵的变化所做出的与时俱进的完善和拓展。

(1)从20世纪50年代至改革开放以前,我国气象现代化发展处于起步阶段,这个阶段的气象现代化建设主要从“气象观测、通信、预报、资料”等四个方面展开,是气象现代化打基础的阶段。

(2)1978年改革开放以后,在20世纪80—90年代,中国气象局提出了以“气象信息采集、信息传递、分析加工、预报服务”等四大功能块建设来推进气象现代化,我国气象业务现代化进入快速发展阶段。

(3)21世纪初,中国气象局提出了建设“综合气象观测系统、气象预报预测系统、公共气象服务系统、科技支撑保障系统”的气象现代化发展战略,2007年中国气象局提出了以公共气象服务为引领,建设由现代气象业务体系与国家气象科技创新体系、气象人才体系共同构成的气象现代化体系,其中现代气象业务体系主要由公共气象服务业务、气象预报预测业务和综合气象观测业务构成。

(4)2011年以后,面对新形势新要求,中国气象局对全面推进气象现代化进行了重大部署,进一步提出了全面推进气象现代化包括气象业务现代化、气象服务社会化、气象工作法治化。

(5)近年来,在全面推进气象现代化进程中,中国气象局提出了气象现代化“四大体系”建设,即构建以信息化为基础的无缝隙、精准化、智慧型的现代气象监测预报预警体系；构建政府主导、部门主体、社会参与的现代公共气象服务体系；构建聚焦核心技术、开放高效的现代气象科技创新和人才体系；构建以科学标准为基础、高度法治化的现代气象管理体系。"四大体系"是互为关联、互为促进，以智慧气象为重要标志的整体，必须统筹推进，集约发展。构建"四大体系"的思想是气象现代化内涵的进一步丰富和完善，是持续推进气象业务现代化、气象服务社会化和气象工作法治化的具体体现，成为"十三五"时期全面推进气象现代化的重点任务。

气象现代化"四大体系"

建设以智慧气象为重要标志的气象现代化"四大体系"，这是对新时期气象现代化内涵的进一步丰富和完善。

第一，构建无缝隙、精准化、智慧型的现代气象监测预报预警体系。监测预报预警是气象事业发展的基础，是气象行业赖以生存的根本，是全面推进气象现代化的核心。互联网、大数据、云计算等信息技术的发展为构建无缝隙、精准化、智慧型的现代气象监测预报预警体系提供了坚实的支撑。构建现代气象监测预报预警体系，必须以信息化为基础支撑，推动发展"智能感知"和"智能预报"。既要实现对气象要素、经济社会影响、用户需求和工作运行状态的智能化感知，也要实现对气象要素、气象灾害、气象影响的精准预测。要面向业务和服务需求，抢抓智慧业态发展先机，优化业务布局，创新业务流程。构建天地空一体化、内外资源统筹协作的气象综合观测业务，实现综合气象观测系统自动化、综合化和适度社会化。构建敏捷响应需求、时间空间可调、云计算技术充分利用的智能预报系统，实现气象预报预警的准确率和精细化水平稳步提升。构建资源集约、流程高效、标准统一的气象信息业务，实现气象信息支撑能力、服务社会能力、价值创新能力大幅提升。

第二，构建政府主导、部门主体、社会参与的现代公共气象服务体系。经济社会越进步，人民生活水平越高，对气象服务的需求就越呈现出均等化、个性化、精细化、多元化等特点。构建现代公共气象服务体系，必须坚持以精准、智慧为导向，必须能够敏捷响应和有效适应社会个性化、专业化需求，必须依靠信息化智能技术的广泛深入应用，必须依靠政府、部门和社会的共同参与。要依托大数据和人工智能技术的发展，发展"精准型、个性化、按需响应"的智慧公共气象服务，将智慧气象的元素融入各行各业和人们衣食住行之中，让广大人民群众能够享受到个性、专业、优质的气象服务。要进一步改革完善气象服务体制机制，激发气象服务发展活力，不断提升公共气象服务均等化、普惠化、精准化水平，真正使人民共享气象服务发展成果。

第三，构建聚焦核心技术、开放高效的现代气象科技创新和人才体系。科技创新是气象发展的第一动力，人才是气象发展的第一资源。一要把气象科技创新放到全面推进气象现代化更加重要的位置。要从全面推进气象现代化的高度审视气象科技创新，把创新发展理念贯穿到气象工作的各个方面。面向世界科技前沿，围绕重大气象业务核心技术突破，实施国家气象科技创新工程，调动部门内外科技力量协同创新；面向国家重大需求，围绕国家重大战略、重大工程、重大产业，联合相关部门、科研院所、高校、企业协同创新；面向经济社会发展主战场，围绕“互联网＋”气象、气象大数据应用和专业气象服务，充分利用社会资源、社会力量、社会投资协同创新。二要加快建设国家气象科技创新体系。要根据气象现代化建设的需要，不断丰富拓展国家气象科技创新工程的内涵，充分调动国内外、部门内外资源，激发气象科技创新活力。三要着力突破气象业务核心技术。要根据发展智慧气象和构建“四大体系”的要求，下大力气在智能观测、精准预报、智能服务等方面研发关键技术，大力发展以大数据和人工智能技术为基础的气象应用技术，实现国家级气象业务核心技术的突破。四要大力培育气象科技创新人才队伍。牢固树立人才是第一资源的意识，不断创新气象人才发展体制机制，努力培养一大批善于凝聚力量、统筹协调的科技领军人才，培养一大批勇于创新、善于创新的高技能人才，为实现更高水平的气象现代化提供强有力的人才支撑。

第四，构建以科学标准为基础、高度法治化的现代气象管理体系。现代气象管理体系是全面推进气象现代化的重要内容，应进一步改革完善气象管理体制机制，转变气象发展方式。从注重发展规模、硬件建设，转向更加依靠科技创新、管理创新、队伍素质提高，更加注重提升发展质量和效益；从主要依靠部门管理为主，转向充分融入各级政府管理系统，充分利用社会各类资源，调动各方积极性，共同发展气象事业。健全确保全面正确履职的气象行政管理体制机制，进一步转变管理职能，深入推进简政放权、放管结合、优化服务，全面提高政务服务效能。建立新型的现代气象运行管理机制，全面提高科学化管理水平。建立与气象管理体制相适应的完备的气象法律法规和标准，全面提高气象工作法治化水平。充分利用大数据加强对各类气象业务服务创新主体的服务和监管，利用大数据和移动互联优化决策支持。

气象现代化“四大体系”互为依托，相互支撑，互动发展。我们要坚持服务引领和科技引领，强化问题导向和目标导向，充分利用国内外资源，充分调动政府、部门、社会等多种力量，以创新驱动为重要途径，以人才发展为优先支撑，以深化改革为发展动力，以信息化为基础，以智慧气象为重要标志，统筹推进气象现代化“四大体系”建设。

智慧气象是新时期气象现代化的重要标志

《规划》中首次提出，智慧气象是新时期气象现代化的重要标志。智慧气象是通过云计算、物联网、移动互联、大数据、智能等新技术的深入应用，依托于气象科学技术进步，使气象系统成为一个具备自我感知、判断、分析、选择、行动、创新和自适应能力的系统。智慧气象的内涵包括智能感知、精准预测、普惠服务、科学管理、持续创新五个方面。智能感知包括对气象要素的感知、对经济社会影响的感知、对用户需求的感知、对气象工作运行状态的感知，这些感知是智能化的。精准预测包括气象要素的预测、气象灾害的预测、基于影响的预测三个层次，精准包括精细化和准确率，精细化包括时空分辨率、预报预测的更新频次，在信息技术的支撑下，实现更加精准的预测。普惠服务是指能敏捷响应社会需求，并将“智慧气象”的元素融入各行各业和人们衣食住行之中，让人人都能享受到个性化、专业化的高端气象服务，并在生产生活的决策中获得巨大的经济、社会价值和最佳体验。科学管理是指能智能分析各种业务、服务、管理数据，为气象内部事务、社会事务、行政审批、事中后监管等管理提供辅助决策支撑，提高管理效能。持续创新是指气象部门内外个人、组织能依托气象信息化体系进行科技和业务创新应用，开放的气象数据信息资源为万众创新提供支撑，使得气象事业能获得源源不断的发展动力。

智慧气象是新时期气象现代化的重要标志，智慧气象顺应了科技变革潮流，契合了以气象信息化带动气象现代化的发展内涵，体现了气象科技的时代特征和全面推进气象现代化的新要求，是气象与科技、经济、社会的深度融合，是实现更高水平的气象现代化的生动体现。

第一，从气象工作的根本宗旨来看，发展智慧气象就是要践行“以人为本、无微不至、无所不在”的气象服务理念，更好地服务社会、造福人民。气象服务与人民的生产生活密切相关，提供让人民满意的气象服务是气象工作的根本宗旨，也是气象工作的出发点和归宿。通过发展智慧气象，气象信息获取将更加智能、精准、大众化；气象预报预测将更加准确、精细、多样化；气象服务将更加个性、贴身、敏捷、普惠化；气象观测将更加标准、智能、信息化；气象管理将更加科学、高效、法治化。可以预见，在智慧气象时代，广大人民群众将享有更加丰富多样的气象服务产品选择、更加便捷流畅的气象信息服务、更加愉悦贴心的用户体验，真正使“以人为本、无微不至、无所不在”的气象服务理念落到实处，让人人、时时、处处都能享受到优质满意的气象服务。这与推进气象现代化的目标高度一致，与践行气象工作的根本宗旨高度一致。

第二，从现代信息技术广泛应用趋势来看，现代信息技术的快速发展为发展智慧气象提供了很好的科技基础，以气象信息化带动气象业务智慧、智能化。从全球来看，已经进入高度信息化阶段。信息化和经济全球化相互融合、相互促进，带来了社会方方面面的“智慧”特征。伴随着信息技术的不断进步以及与气象工作的不断融合，气象工作也逐步呈现出“智慧化”特征。在云计算、大数据、物联网、移动互联、智能技术等推动下，信息化已呈现出明显的“智慧特征”，信息技术正在以前所未有的速度广泛应用于人们的日常生活之中，深刻改变着人们的生产生活方式，气象服务必须适应这一发展趋势。现代信息技术也为智慧气象发展提供了坚实的科技基础，给气象数据的采集和气象服务带来相当大的便利，为发展智能观测、智能预报、智能服务提供了可能，是新时期气象现代化的强大驱动力。

第三，从经济社会发展大势来看，发展智慧城市、智慧行业等，不仅为发展智慧气象带来了新理念和新动力，而且也将为气象与各行各业的融合发展带来新机遇和新平台。十八届五中全会提出了实施网络强国战略、实施“互联网＋”行动计划、实施国家大数据战略，强调要拓展网络经济新空间。当前，党中央和国务院以信息化、智慧化推动现代化的战略导向十分明确。各行各业积极跟进，纷纷提出智慧交通、智慧物流、智慧旅游、智慧海洋、智慧林业、智慧卫生、智慧健康等发展战略，有些已经初具规模、初见成效。气象现代化必须适应这一发展趋势，跟上甚至引领“智慧”时代步伐。气象部门应统一认识，深刻理解智慧气象在全面推进气象现代化中的重要作用。应抢抓机遇，系统谋划智慧气象发展，提升新时期气象现代化品质，实现更高水平、更加融入社会的气象现代化。

第四，从世界气象科技发展潮流来看，发展智慧气象将使气象科学与技术更加紧密交融，气象业务与服务更加交互，气象工作与经济社会发展更加融合，有利于促进气象业务核心技术攻关突破。现代气象本质上就是信息获取、加工、处理、分析、发布、应用。从20世纪90年代中国气象局提出“四大功能块”，到2007年提出公共气象服务、气象预报预测、综合气象观测等现代气象业务体系三大系统，再到现在提出构建气象现代化“四大体系”，都遵从着气象发展的规律，紧跟着气象现代化的潮流。近年来，综合气象观测能力、气象预报预测能力、气象服务能力的提升，很大程度上都依赖于以信息技术为代表的现代科学技术的支撑，数值预报模式技术的发展也充分体现着计算机、网络、数据、平台等信息技术的巨大作用。从全球范围看，“智慧”正在引领着各个领域的创新方向。美欧等气象强国非常重视信息新技术的应用，并已用于实践。IBM公司已采用深度学习技术预测天气，尝试制作0.2～1.2英里(1英里＝1069.344米)尺度下的天气预报。英国气象部门利用手机传感器获取的信息，以及互联网社交媒体信息，来追踪降雪天气，弥补传统探测手段的不足。美国天气公司(Weather Company)已经构建了天气大数据获取平台，每秒收集约4000万部移动手机、14.7万个天气观察传感器、5000多个航班等的多来源数据。发达国家在数值预报等气象核心技术方面仍处于领先地位，我国要实现具有世界先进水平的气象业务现代化，关键还是要在气象预报核心技术上实现突破。发展智慧气象，在观测、预报和服务等各领域应用新技术、新方法、新平台，有助于增强创新能力，实现在气象科技领域的新突破。

第五，从气象现代化的实践来看，发展智慧气象已经成为气象与政府部门和社会融合发展、实现更高水平气象现代化的重要推手和助推器。目前，一些省级气象部门已经围绕发展智慧气象进行了有益探索。在2016年5月召开的全国突发事件预警信息发布工作推进会上，与会代表实地考察了广东省突发事件预警信息发布平台，这是广东省率先基本实现气象现代化试点的重要成果。这个平台从理念上、技术上、建设上以及运行管理上，都充分体现了以精准的监测预报预警为核心的业务现代化，体现了以各部门数据集中统一到一张图、一个平台以及充分利用社会资源、社会力量发布各类预警信息为代表的服务社会化，体现了以政府主导规划、建设、运行并实现部门联动制度化为样板的气象管理工作法治化。上海市气象局联合上海超算中心、中科曙光信息产业股份有限公司，在上海共建上海超大城市智慧气象创新中心和智慧气象创新中心理事会，探索以政府和社会资本合作的方式共同入股投资、募集社会资金用于科学研究和技术开发活动，在加强政府购买式服务的同时，通过市场化运作支持创新中心的建设运营。这些都是很好的探索和实践，各地既应避免“等、靠、要”、坐失发展良机，也要避免盲目建设、重复建设、跟风建设，要结合本地特点和需求，因地制宜，主动探索，推动智慧气象本地化特色发展、持续发展、健康发展。

因此，《规划》的战略目标提出，智慧气象是气象现代化的重要标志。“十三五”时期智慧气象的战略目标是，到2020年，基本形成观测弹性化、预报精准化、服务敏捷化、创新便捷化的智慧气象体系框架。气象业务、服务和管理智能化水平明显提升。建成一批特色鲜明的智慧气象示范应用地区。初步构建起系统化的智慧气象业务链、创新链、产业链。智慧气象服务无处不在，在保障和改善民生服务、创新社会管理等方面取得显著成效。我国气象国际影响力和竞争力显著增强。

（二）“十三五”气象发展具体目标

《规划》从预报预测、信息化、防灾减灾、公共服务、生态文明保障、应对气候变化、科技人才和管理等八个方面，将“十三五”时期的发展目标具体落实到气象业务服务各项工作中。

1. 综合先进的现代气象监测预报预警

《规划》提出：“到2020年，综合气象观测系统实现自动化、综合化和适度社会化。气象预报预警的准确率和精细化水平稳步提升。基于影响的预报和风险预警取得明显进展。”

实现以上目标，需要在“十三五”时期建成自动化、综合化和适度社会化的综合气象观测系统，逐步实现天、地、空基相结合的网格化立体探测能力，基本实现大气三维综合状态(准)实时获取能力，逐步实现对全球的综合气象观测。建成从分钟到年的无缝隙集约化气象预报业务体系和以高分辨率数值模式为核心的客观化精准化技术体系，气象预报预警的准确率和精细化水平稳步提升。发展基于灾害性天气的影响预报和基于各类气象灾害的风险预警业务。

2. 集约共享的气象信息化

《规划》提出：“到2020年，气象数据资源开放共享程度和开发利用效益明显提高。气象信息系统集约化水平和应用协同能力显著提升。新一代信息技术在气象领域得到充分应用。”

实现以上目标，需要在“十三五”时期充分利用现代信息技术，落实国家“互联网+”和大数据发展战略，气象数据资源开放共享程度和开发利用效益明显提高。气象信息系统集约化水平和应用协同能力显著提升，基本形成涵盖气象业务、服务和管理全领域，集部门专有和社会公共信息化资源运行维护于一体的气象信息化保障体系，气象信息网络安全性和智能化程度明显提高。新一代信息技术在气象领域得到充分应用，以信息化为基础，满足不同用户需求，加快构建和发展智慧气象，实现观测智能、预报精准、服务高效、管理科学的气象现代化发展模式。

3. 效益显著的气象防灾减灾

《规划》提出：“到2020年，气象防灾减灾机制进一步完善。气象灾害预警精细化水平、及时发布能力和公众覆盖率大幅提高，气象灾害损失占GDP的比重持续下降。气象防灾减灾知识城乡普及。”

实现以上目标，需要在“十三五”时期进一步完善气象防灾减灾机制，基本建成气象防灾减灾体系。气象灾害预警精细到社区和村屯，突发性灾害天气预警精准化水平和及时发布能力大幅提高，气象预警信息公众覆盖率不断提高，气象灾害损失占GDP的比重稳中有降。气象灾害应急避险与自救互救知识城乡普及。

4. 高效普惠的公共气象服务

《规划》提出：“到2020年，公共气象服务效益显著提高，公民气象科学素养明显增强，全国公众气象服务满意度稳中有增。气象保障国家重大发展战略能力明显提升。”

实现以上目标，需要在“十三五”时期显著提高公共气象服务效益，使公民气象科学素养明显增强，全国公众气象服务满意度稳中有增。重大活动和重大突发事件气象保障能力达到世界领先水平。环境气象、生态气象和海洋气象等科研与业务服务能力显著增强。气象保障国家重大发展战略能力明显提升。构建现代公共气象服务体系,公共气象服务多元供给格局逐步形成,市场机制作用得到有效发挥。

5. 功能完善的生态文明保障

《规划》提出:“到 2020 年,环境气象观测体系和区域生态气象观测布局不断完善。生态气象灾害预测预警水平明显提升。人工增雨(雪)、防雹作业能力及效益进一步提高。”

实现以上目标,需要在“十三五”时期完善环境气象观测体系,建立和完善国土气候容量和气候质量监测评估。完善重点生态功能区、生态环境敏感区和脆弱区等区域生态气象观测布局,建立生态气象灾害预测预警系统。构建生态安全体系,建立气候资源环境承载能力监测预警机制。提升气象干预能力,人工增雨(雪)、防雹作业能力及效益进一步提高。

6. 科学应对和适应气候变化

《规划》提出:“到 2020 年,气候变化科学研究取得明显进展,极端天气气候事件应对能力和气候安全、粮食安全保障能力不断提升。气候资源开发利用效率明显提高。在适应方面深度参与全球气候治理支撑保障能力不断增强。”

实现以上目标,需要在“十三五”时期加强气候变化系统观测和科学研究,气候变化事实分析、检测归因等关键科学领域取得明显进展,具备对中国和亚洲区域气候变化进行系统监测、预测和综合影响评估的能力。增强深度参与全球气候治理、深化气候变化多双边对话交流与务实合作支撑保障能力。建成并完善中国气候服务系统,提高极端天气气候事件应对能力、灾害风险管理能力。参与国际气候变化科学评估和制度建设的能力不断提升。

7. 优先发展的科技人才体系

《规划》提出:“到 2020 年,气象科技创新驱动业务现代化能力显著增强,重大气象科技创新取得明显突破,科技对气象现代化发展的贡献率显著提高。气象教育培训能力明显增强,气象人才素质显著提高,高层次领军人才的科技影响力稳步提升。”

实现以上目标,需要在“十三五”时期显著增强气象科技创新驱动业务现代化能力,重大气象科技创新取得明显突破,数值预报和气象资料同化应用水平取得显著提升。科研业务融合更加紧密,科技成果转化应用水平明显提升,科技对气象现代化发展的贡献率显著提高。气象人才素质稳步提高,高层次领军人才的科技影响力显著提高。创新团队在国家气象科技创新工程中发挥重要作用。

8. 科学法治的现代气象管理

《规划》提出:“到 2020 年,气象法律法规体系和标准体系逐步健全。气象标准完备率和应用率稳步提高。与气象管理体制相适应的预算和财务制度进一步健全。气象服务市场管理有序,依法管理气象事务水平明显提升。”

实现以上目标，需要在“十三五”时期逐步健全和完善结构合理、层次分明、科学配套、内容完备的气象法律法规体系和标准体系。气象标准完备率和应用率稳步提高。气象行政管理体制及相应的财务体制进一步完善。气象服务市场管理有序，依法发展气象事业政策环境优化，依法履行气象职责基础坚实，依法管理气象事务水平明显提升。

（三）“十三五”气象发展主要指标

“十三五”时期，气象发展主要指标是对主要目标的具体量化，对加强全国气象现代化进程的监测评价、推动气象事业发展有重要的导引作用。《规划》指标体系的设立，综合考虑了以下几方面因素：

第一，能够体现导向性。指标的设立能够有效引导和激励各地树立科学发展理念，坚持科技创新、人才优先，把工作重点切实引导到推动气象核心技术突破、提升气象核心业务能力的实践上来。

第二，指标数据具有可获得和可比较性。指标的设立考虑了历史数据的可获得和可量化性，能够实现逐年数据的对比。

第三，体现系统性和全面性相结合。指标的设立统筹考虑了现有的气象业务技术基础，统筹考虑了与《纲要》和各项专业规划的指标，以及与国家级和省级气象现代化指标相衔接，做到统筹兼顾，体现系统性和全面性的良好结合。

第四，能够体现气象强国的主要特征。指标的选取，既反映了气象核心业务技术的主要特征，又借鉴参考了国外的评价指标，形成与国际之间具有可比性的指标体系。

基于上述考虑，《规划》确立了“十三五”时期13项主要指标（表3-1），涵盖公共气象服务、气象防灾减灾、应对气候变化、气象预报预测、科技人才等气象工作的核心指标。

表3-1　“十三五”时期气象发展主要指标

序号	指标		现状值	目标值
1	全国公众气象服务满意度（分）		87.3	＞86
2	气象预警信息公众覆盖率（%）		83.4	＞90
3	人工增雨（雪）作业年增加降水量（亿立方米）		502	＞600
4	人工防雹保护面积（万平方千米）		47	54
5	全球气候变化监测水平（%）		46.9	80
6	24小时气象要素预报精细度	空间分辨率（千米）	5	1
		时间分辨率（小时）	3	1
7	24小时气象预报准确率	晴雨（%）	81	88
		气温（%）	72	84

续表

序号	指标		现状值	目标值
8	24小时台风路径预报误差(千米)		75.3**	<65
9	24小时暴雨预报准确率(%)		56	65
10	强对流天气预警提前量(分钟)		15～30	>30
11	气候预测准确率	汛期降水(分)	69.4***	80
		月降水(分)	67.5***	72
		月气温(分)	77.5***	80
12	全球数值天气预报水平	可用预报时效(天)	7.3	8.5
		水平分辨率(千米)	25	10
		气象卫星资料同化量占比率(%)	70	80
13	国家人才工程人选(人次)		26	35

注：**为近三年平均值，***为近五年平均值。

1. 全国公众气象服务满意度

公共气象服务是气象工作的出发点和归宿，是气象事业发展的立业之本。本指标采用第三方机构开展的公众对气象服务调查的满意度结果表征。从2010年起，中国气象局与国家统计局以较为固定的方式、指标和方法每年合作开展全国公众气象服务满意度调查工作。2012年以来全国公众气象服务满意度不断提升，2015年达到87.3分。考虑到随着经济社会发展和人民生活水平以及受教育程度的不断提高，人们对气象服务的需求和要求也会随之提高，因此满意度不会一直持续上升。所以，未来应尽量使公众对气象服务的满意程度保持在一个较高水平。因此，到2020年全国公众气象服务满意度的目标定为保持在86分以上。

2. 气象预警信息公众覆盖率

预警信息发布手段包括电视、手机、网络等多种方式。目前手机已经成为预警信息发布的最主要手段之一。该指标计算预警信息10分钟社会公众覆盖率，把手机发布作为核心，同时扣除手机发布与电视、网络及其他途径发布预警信息覆盖率的重复部分。2015年气象预警信息公众覆盖率达到83.4%，到2020年目标值是达到90%以上。

3. 人工增雨(雪)作业年增加降水量

研究表明，我国大陆上空平均水汽输入总量约为182 000亿立方米，输出总量约为158 000亿立方米，每年净输入量约为24 000亿立方米，约占输入总量的13%。在现有技术条件下，我国人工增雨潜力每年约为2800亿立方米，而目前实际年增雨量仅为500亿立方米左右。当前[①]人工增雨(雪)作业年增加降水量现状值为502亿

---

① 当前指截至《规划》印发时间(2016年8月)，下同

立方米，到 2020 年目标值为 600 亿立方米以上。

4. 人工防雹保护面积

人工防雹保护面积的现状值是 47 万平方千米，到 2020 年的目标值为 54 万平方千米。

5. 全球气候变化监测水平

通过统计我国开展气候变化监测要素（气候变量）的数量变化和收集到并开展均一性检验的 WMO 公布的全球地面观测站点资料量，评估对全球气候变化事实的监测水平，同时隐性评估在应对气候变化工作中，国内部门的信息共享水平、国际合作和资料交换能力。包含全球气候变量监测率（$V/51$）（GCOS 51 个气候变量见表 3-2）和全球均一性检验站点覆盖率（Sh/St）两项内容。计算公式为：

$$C=\left(\frac{V}{51}\times 0.5+\frac{Sh}{St}\times 0.5\right)\times 100\%$$

式中：C 为全球气候变化监测水平；V 为开展监测的气候变量数量；St 为 WMO 公布的全球站点数；Sh 为均一性检验的站点数。

表 3-2　GCOS 51 个气候变量

领域	基本气候变量(Essential Climate Variables)	
大气领域	地表观测(6)	气温；风速、风向；水汽；气压；降水；地表辐射平衡
	高层大气(5)	气温；风速、风向；水汽；云的性质；地球辐射收支（包括太阳辐照度）
	大气成分(5)	CO_2；CH_4；其他长寿命温室气体（N_2O，SF_6 等）；臭氧；气溶胶
海洋领域	海面观测(10)	海面温度；海面盐度；海平面；海况；海冰；洋流；海色；CO_2 分压；海洋酸度；浮游植物
	次表层观测(9)	温度；盐度；洋流；营养化；CO_2 分压；海洋酸度；浮游植物；含氧量；海洋示踪物
陆地领域(16)		径流；水利用；地下水；湖泊；积雪；冰川和冰帽；冰盖；冻土；反照率；土地覆盖（包括植被类型）；光合有效辐射吸收系数；叶面积指数；生物量；土壤碳；火干扰；土壤湿度

注：源自 GCOS 执行计划（GCOS-138，2010 年 8 月）。

2015 年全球气候变化监测水平达到 46.9%，到 2020 年目标值为 80%。

6. 24 小时气象要素预报精细度

该指标包括空间分辨率和时间分辨率两个子项，当前现状值分别为 5 千米和 3

小时，到 2020 年目标值分别为 1 千米和 1 小时。

7. 24 小时气象预报准确率

该指标包括晴雨和气温两项，当前 24 小时晴雨和气温的预报准确率现状值分别为 81%和 72%，到 2020 年目标值分别为 88%和 84%。

8. 24 小时台风路径预报误差

24 小时台风路径预报误差近三年平均值为 75.3 千米，到 2020 年目标值为小于 65 千米。通过和美国、日本等国的对比，2015 年我国台风路径预报处于世界先进水平，24 小时台风路径预报误差为 66 千米，优于美国和日本（75 千米）。到 2020 年我国 24 小时台风路径预报误差的目标是小于 65 千米。

9. 24 小时暴雨预报准确率

该指标计算 24 小时暴雨公众预报准确率，当前现状值为 56%，到 2020 年目标值为 65%。

10. 强对流天气预警提前量

该指标通过统计强对流天气预警发布的提前时间，评估强对流天气的临近预报能力。当前现状值为 15～30 分钟，到 2020 年目标值分别为 30 分钟以上。

11. 气候预测准确率

该指标包括汛期降水、月降水和月气温三个子项。该指标依据《月、季气候预测质量检验业务规定》（气预函〔2013〕98 号）进行评价。当前汛期降水、月降水和月气温的预测准确率近五年平均值分别为 69.4，67.5 和 77.5 分，到 2020 年目标值分别为 80，72 和 80 分。

12. 全球数值天气预报水平

该指标包含可用预报时效（北半球）、水平分辨率和气象卫星资料同化量占比率三个子项。当前现状值分别为 7.3 天、25 千米和 70%，到 2020 年目标值分别为 8.5 天、10 千米和 80%。

13. 国家人才工程人选

该指标当前现状值为 26 人次，到 2020 年目标值为 35 人次。

参考文献

陈鹏飞，2016. 坚持开放发展拓展气象发展新空间[N]. 中国气象报，2016-01-19(3).

李博，2016. 深化协调发展全面推进气象现代化[N]. 中国气象报，2016-01-19(2).

李博，陈鹏飞，朱玉洁，等，2016. ECMWF 战略规划 2016—2025：一个共同目标的力量[N]. 中国气象报，2016-10-12(3).

李仙，刘勇，2016. 五大理念领航中国[M]. 北京：中国计划出版社.

林霖，2016. 践行绿色发展服务生态文明建设[N]. 中国气象报，2016-01-19(2).

刘冬，2016. 坚持共享发展强化民生气象保障[N]. 中国气象报，2016-01-19(3).

王喆，2016. 坚持创新发展激发气象发展新动力[N]. 中国气象报，2016-01-19(2).

中国气象局,2009. 中国气象现代化60年[M]. 北京:气象出版社.

朱玉洁,张洪广,王世恩,等,2016. 气象践行国家五大发展理念的战略思考[J]. 中国软科学,(增刊上):27-35.

DOC, 2015. U. S. Department of Commerce. http://www.osec.doc.gov/bmi/budget/FY15-SummaryofPerformanceAndFinance-Final.pdf.

NOAA,2011. NOAA's National Weather Service Strategic Plan: Building a Weather-Ready Nation. http://www.new.noaa.gov/com/weatherreadynation/files/strategic-plan.pdf.

Met Office Science Strategy 2016—2021. http://www.metoffice.gov.uk/media/pdf/t/e/MetOffice.Science.Strategy-2016-2021.pdf.

第四章　改革创新　提升气象现代化水平

《规划》，既是一个发展的规划，也是一个改革创新的规划。“十三五”时期，面向实现气象现代化的发展目标，需要借助改革和创新的强大动力来解决我国核心业务技术能力存在的问题，以提升我国气象现代化水平。因此，《规划》提出了将“改革创新，提升气象现代化水平”作为“十三五”时期气象事业发展的五大任务之首，旨在强调通过全面深化气象改革积极营造良好的内外部创新环境，以气象核心业务技术攻关、气象信息化为突破口，以科学技术为第一生产力，以人才为支撑，全面提升气象现代化水平。

一、“十三五”时期突出改革创新的重大意义

改革创新是气象事业发展不竭的动力源泉，既是我国气象现代化发展过去取得重大成功的经验，也是推动“十三五”气象发展取得更大成就的根本动力。

（一）改革推动气象发展

改革开放是坚持和发展中国特色气象事业的必由之路，是实现气象现代化的重要途径。“十三五”时期，面对国家全面深化改革的新形势和全面提升气象服务保障能力的新要求，必须在新的历史起点上全面深化气象改革，着力解决影响和制约气象事业发展的体制机制弊端，更好地发挥政府、市场和社会力量的重要作用，更好地发挥气象工作在经济社会发展中的职能作用，为全面建成小康社会做出新的更大贡献，具有重大而深远的意义。

当前，气象发展环境和条件正在发生深刻变化，国家全面深化改革、新技术和市场开放带来的挑战不断加大，我国气象科技与国际先进水平仍有很大差距。气象服务能力与日益增长的服务需求不相适应的矛盾、气象科技水平和业务能力与社会要求不相适应的矛盾、气象管理能力与全面履行气象行政管理职能不相适应的矛盾、人才队伍素质与全面推进气象现代化要求不相适应的矛盾还比较突出，亟须通过全面深化气象改革加以解决。“十三五”时期是全面推进气象现代化的冲刺期，需要通过全面深化气象改革积极营造良好的内外部创新环境，为气象事业发展提供持续动力。全国气象部门对全面深化气象改革已经达成以下共识。

一是全面深化气象改革是全面推进气象现代化的手段和途径。十八届五中全

会把“国家治理体系和治理能力现代化取得重大进展”作为全面建成小康社会的一项重要目标要求。气象现代化是国家现代化的重要标志之一，是国家治理体系和治理能力现代化伟大实践的重要组成部分和推动力量。为了气象更好地服务经济社会发展、保障人民群众安全福祉，为了实现我国从气象大国向气象强国迈进的愿景，“十三五”时期，我们必须要全面推进气象现代化。

全面深化气象改革不是目的，是全面推进气象现代化的重要手段和途径，要服务服从于气象现代化工作。在全面推进气象现代化的征程中遇到了一系列不适应发展的体制机制障碍。全面深化气象改革就是要破解这些问题，通过改革不适应气象事业发展的体制机制，改革阻碍和影响气象事业发展的各种制度，为全面推进气象现代化提供持续动力。

二是国家全面深化改革进入深水区对气象改革提出了新要求。改革是由问题倒逼而产生的，又在不断解决问题中得以深化。当前，随着国家各项改革的不断深入，全面深化改革进入了“深水区”，要啃“硬骨头”。国务院将把大力推进行政审批制度改革作为“当头炮”，持续推进简政放权，加大取消和下放行政审批事项的力度。清理规范行政审批中介服务的目的是彻底破除垄断，清理红顶中介，斩断利益输送链条，为企业减负清障，激发市场活力。气象部门防雷体制改革是国家行政审批制度改革的必然要求。防雷体制改革涉及简政放权、清理规范中介服务、防雷服务市场开放、事中事后监管等方面的问题，气象部门自觉服从党和国家改革大局，摒弃部门利益，主动作为，在防雷减灾体制改革方面已取得了初步成效，将为气象行业带来提质增效的发展机遇，将有利于促进国家行政管理体制更加合理高效，事权与责任体系更加清晰协调，依法治国和服务型政府建设更具成效。

此外，全面深化气象改革还面临着其他深层次利益格局和体制格局的调整。气象部门双重领导管理体制下的经费来源与人员身份多元化已难以适应国家改革的大形势；中央和地方事权及支出责任划分的确定，对坚持和完善气象部门双重领导管理体制和双重计划财务体制提出了新问题；市场化进程的加快和服务市场的开放，对气象部门在气象服务提供中的主体作用，以及开放气象服务市场和加强市场监管提出了新挑战。这些改革在为气象事业发展带来挑战的同时也带来了新机遇。例如，国家财政预算体制改革对解决气象部门事业经费不足、事权与支出责任不匹配、体制机制不顺等问题有可能是新的机遇。因此，气象部门要紧紧抓住全面深化改革新机遇，认真谋划破解体制难题、制度难题、发展难题的新举措，加快形成有利于全面推进气象现代化的体制机制。

三是全面深化气象改革可以为气象发展提供持续动力。“十二五”期间，气象改革虽然取得了突出成就，但在实际工作中仍然存在着一些突出问题，诸如改革意识不强、推进不均衡、上下协调不一致的问题依然存在；推进改革的相关配套和支持政策仍没有到位；改革试点仍未达到预期效果，全面深化气象改革的挑战和压力依然较大。因此,各级气象部门必须通过全面深化改革为气象事业发展提供持续动力。

中国气象局党组高度重视全面深化气象改革工作,为全面贯彻落实十八届三中全会精神,已经明确提出了全面深化气象改革的指导思想,即以邓小平理论、"三个代表"重要思想、科学发展观为指导,深入贯彻《中共中央关于全面深化改革若干重大问题的决定》和习近平总书记系列重要讲话精神,坚持公共气象发展方向,坚持科技型、基础性社会公益事业定位,坚持全面推进气象现代化,进一步解放思想,不断激发创新动力和发展活力,以提升公共气象服务能力和效益为导向深化气象服务体制改革,以提高气象核心竞争力和综合业务科技水平为导向深化气象业务科技体制改革,以全面履行气象行政管理职能为导向深化气象管理体制改革,加快构建和完善有利于气象事业发展的体制机制,努力开创气象工作新局面。

中国气象局党组已经提出了全面深化气象改革的总体目标,即到 2020 年,在气象服务体制、气象业务科技体制和气象行政管理体制等重要领域和关键环节的改革上取得突破性进展和决定性成果,构建开放、多元、有序的新型气象服务体系,世界先进的现代气象业务体系,以及适应气象现代化的气象管理体系,形成体系完备、科学规范、运行有效的体制机制,为实现气象现代化提供制度保障,为全面建成小康社会提供强有力的气象保障。

(二)创新驱动气象发展

党的十八届五中全会明确提出要把发展基点放在创新上,使之成为引领发展的第一动力。在五大发展理念中,创新居于首位,处在国家发展全局中的首要位置。"十三五"时期是气象改革发展的关键时期,新形势下提高气象现代化发展的质量和效益,需要突出创新发展理念、加大创新力度、转变发展方式、激发气象发展新动力。

1. 创新发展是气象发展动力转换的必然选择

改革开放以来,我国经过大规模台站网建设以及包括数值预报、气象通信、气象卫星、高性能计算、天气雷达等一大批气象现代化重点工程建设,气象综合实力显著增强,服务水平大幅提高,为国家现代化建设做出了重要贡献。但是,应当认识到,我国过去的气象发展更多依靠的是"投资驱动""要素增长"与物质资源消耗,通过较大的资金投入进行系统建设是一种较为粗放的传统发展方式,气象发展过于依赖规模、硬件、投入,其发展的质量和效益还有待更好发挥,发展方式已经不适应,发展的动力需要转换。当前,我国虽已迈入气象大国行列,但距离气象强国还有较大差距,特别是随着国际科技竞争日趋激烈,近些年来在核心业务技术方面与国际先进水平的差距仍有拉大趋势。因此,我们对气象发展方式必须要有新的思考。

当前,我国经济发展进入新常态,经济增长调速换挡,发展动力需要进行转换和重塑。新形势下,气象事业发展也面临一些困难和挑战。过去主要依靠资金投入扩大规模的发展方式已经不适应,在现行条件下只有也必将依靠创新,把创新作为激发气象转型发展与提质增效的第一动力，从“要素驱动”“投资驱动”转向创新驱动，由主要依靠增加物质资源消耗向主要依靠科技进步、人员素质提高、管理创新转变，以转变气象发展方式，才可能提高气象发展质量和效益。

2. 气象创新发展是以科技创新为引领的全面创新

创新发展的目标，是要塑造更多依靠创新驱动、更多发挥先发优势的引领型发展，并形成促进创新的体制架构，通过紧紧抓住科技创新这个“牛鼻子”，发挥科技创新在全面创新中的引领作用。气象事业是一项科技事业，科学技术引领气象事业发展是其应有之义。科技引领是指由科学技术带动或导引气象事业发展，通过不断的创新带来科技水平的进步，由技术进步带来整体突破性变化，既包括核心技术突破，也包括事业结构调整、业务体制的改革、服务渠道的拓宽、管理方式的革新、人员素质的提高等等。因此，从要素驱动、投资规模驱动发展为主向以创新驱动发展为主的转变，既包括气象科技创新，充分发挥科技的支撑和驱动作用，也包括气象发展方式、制度、管理等方面的创新，通过全面创新加快转变气象发展方式，破解气象发展深层次矛盾和问题，增强气象发展内生动力和活力，以驱动气象事业可持续发展。

气象科技创新应更加依靠科技和人才，利用科技进步引领气象业务技术发展，强化原始创新、集成创新和引进消化吸收再创新，努力在关键科学领域及核心业务技术方面实现新突破，追赶国际先进水平；创新发展方式，应围绕公共气象发展方向，由过去粗放式、“撒胡椒面”式的发展方式转变为更加统筹、更加集约的发展方式，充分利用“互联网＋”等连接“必要需求”和“有效供给”的信息技术途径，大力推进气象信息化，实现气象与新技术、新业态、新产品的深度融合，实现开放、融合式发展；通过科技快速发展带动业务服务体制的变化，通过创新体制机制，充分利用社会资源和力量发展现代气象服务业，破除制约气象事业发展的体制机制障碍，提高气象发展的质量和效益。

3. 践行创新发展关键是转观念、抓落实、促开放

“十三五”时期气象发展践行创新发展理念，需要在以下方面重点把握：

一是创新观念。应牢固树立和深刻认识科技引领创新驱动是未来发展的决定性因素，全面实施科技引领、创新驱动气象事业发展战略，让科技引领不断提高气象事业发展的效率、水平和质量，让科技引领气象业务服务的布局、结构、模式、方式调整，让科技引领气象发展理念的变化、业务服务方式手段的变化，促进气象现代化不断向更高水平迈进。

二是推动创新落实。应保持创新的定力，形成创新的自觉和自信，即不动摇、不懈怠、不折腾地把创新任务落实到位，把好的制度执行到位，实现创新应有的价值，特别是在气象核心业务技术攻关过程中，针对一些基础差、难度大、见效慢的工作，要防范因难度太大导致丧失信心和决心的风险，避免因为见效慢而盲目转向；应重视创新的成效，注重成果转化应用，建立健全科技成果转化机制、成果收益分配机制、众智创新业务转化机制等。

三是实现开放融合式创新发展。气象核心技术要实现突破，就应有开放发展理念，由"封闭式创新"转变为"开放式创新"，构建创新要素整合、共享和创新的网络。大力鼓励全员创新，树立"人人创新"的众创新观念；充分利用社会创新，通过开放气象服务市场，充分利用信息化先进技术，完善气象数据与资源的开放，建立创新成果转化应用与技术产品平台，鼓励和调动社会资源和力量参与气象创新；应深化国际开放合作，实现"双向开放"，加大智力引进和人才交流培养力度，提升开放合作的质量和效益。

（三）改革创新与气象现代化的关系

气象事业是经济建设、国防建设、社会发展和人民生活的科技型基础性公益事业，在我国经济社会发展中的地位和作用日益重要。改革开放30多年来，我国气象事业发展取得了长足发展，业务服务水平不断提升，应对复杂天气气候的能力明显提高，综合实力显著增强，发展环境和条件不断优化。但是，气象事业发展中还存在着综合气象观测体系尚未形成、科技自主创新能力不强、预报预测水平亟待提高、气象灾害预警发布体系不完善等突出问题。为更好地服务保障经济社会和人民生活，2006年，国务院3号文件提出了我国气象事业发展的奋斗目标，即到2020年，要建成结构完善、功能先进的气象现代化，使我国气象整体实力接近同期世界先进水平。因此，"十三五"时期，对国家而言，是我国全面建成小康社会的决胜阶段和全面深化改革的攻坚期；对气象事业而言，是全面推进气象现代化的冲刺期。

气象现代化是一个发展的过程，这个过程就是遵循气象科学自身的发展规律，对现代新思想、新科学、新技术、新成果的吸收、应用和创新的过程。气象现代化也是一个发展的目标，这个目标就是在更好地适应经济社会发展对气象需求的同时，实现自身的发展和完善。气象现代化是"十三五"时期气象事业发展的目标，改革和创新都是气象事业发展的强大动力。改革侧重于调整生产关系，清除体制机制障碍，侧重于调动组织的积极性、人的积极性和社会的积极性，降低组织和制度成本；创新侧重于调整生产力，发挥科技要素的作用和创新发展要素，侧重于激发科技生产和科技应用活力、提高人的素质和能力、发挥人的创造性，提升生产效率、效益和质量。因此，要提升气象现代化水平，必须坚持改革和创新。如果只有创新而不进行改革，创新就可能受固有的体制机制束缚，很难激发出创新活力和创造潜能，创新就难以推进；同样，创新不仅仅驱动发展，还驱动改革，如果只有改革而没有创新支撑，发展就可能缺乏先进理念和先进生产力的支撑，发展的效率、效益和质量就难以从根本上提升，气象现代化发展就难以实现预期的目标和效果。

二、"十三五"时期全面深化气象改革的主要任务

根据中国气象局总体部署，"十三五"时期全面深化气象改革，包括深化气象服

务体制改革、创新气象业务科技体制改革、推进气象行政管理体制改革等。《规划》将全面深化气象改革作为提升气象现代化水平的主要任务之一进行了部署。

（一）深化气象服务体制改革

《规划》提出："深化气象服务体制改革。以提升公共气象服务能力和效益为导向，创新气象服务体制，建立开放、多元、有序的气象服务体系，推进气象服务社会化。积极培育气象服务市场，制定气象服务负面清单，明确气象服务市场开放领域，加强基于信用评价的气象信息服务管理与监督。引导和规范气象增值服务。规范全社会气象活动，制定鼓励气象中介组织发展的政策措施，规范和引导中介组织参与气象社会管理。"《规划》提出的气象服务体制改革任务，重点突出了以下内容。

1. 强化政府在公共气象服务中的主导作用

一是将公共气象服务纳入各级政府基本公共服务体系。制定《全国公共气象服务发展规划（2016—2020年）》，推动将公共气象服务纳入国家基本公共服务体系"十三五"规划，纳入各级政府国民经济和社会发展规划。强化规划的贯彻落实，推动将气象防灾减灾和公共气象服务纳入各级政府的绩效考核。推动建立基本公共气象服务均等化制度，实现公共气象服务标准化、规范化和均等化。

二是建立气象服务事权和支出责任相适应的制度。按照国家财税体制改革关于事权和支出责任相适应的要求，列出公共气象服务事权清单，明确中央、地方公共气象服务事权及相应的支出责任，以及中央、地方共同事权范围和支出分担比例。推动建立与经济发展和政府财力增长相匹配，与公共气象服务需求相适应的公共气象服务财政支出保障机制。

三是利用市场机制，改进气象服务供给方式。推行政府购买、附加商业价值开发等气象服务供给方式，实现气象服务供给主体和供给方式多元化。推动将公共气象服务纳入各级政府向社会力量购买公共服务的指导性目录，制定政府购买公共气象服务管理办法，开展政府购买公共气象服务。制定鼓励和支持社会资本参与公共气象服务提供、参与公共气象服务设施建设和运营的相关政策，探索建立公共气象服务设施社会化运营管理机制。

2. 更好发挥气象事业单位在公共气象服务中的主体作用

一是构建新型公共气象服务业务体制。建立适应需求、快速响应、集约高效的新型公共气象服务业务体制。坚持公众气象预报和灾害性警报统一发布制度，以及面向各级党委与政府部门的决策气象服务和气象防灾减灾的属地原则。国家和省级气象服务单位应在基本气象预报预测产品基础上，形成精细化气象预报服务产品加工制作能力，面向公众的基本气象服务产品加工制作应逐步向国家和省级集约。建立统一品牌、上下协同、分工合作的基本气象服务信息传播机制。打破面向专门用户的专项气象服务属地原则，鼓励专项气象服务跨区域、规模化发展，建设若干特色鲜明、布局合理的全国性或区域性专项气象服务中心，建立有利于促进核心技术研发、资源共享、服务组织和利益协调的工作机制。

二是建立新型公共气象服务运行机制。建立事企共同承担、分工合理、权属清晰、分类管理、协调发展的新型公共气象服务运行机制，强化气象服务事业单位的公益性服务职能，鼓励和支持国有气象服务企业的经营性服务，切实发挥气象服务事业单位和国有气象服务企业在公共气象服务中的重要作用。建立和完善气象事业单位与国有气象服务企业以资本为纽带的产权关系，加强监管，确保国有资本保值增值。建立社会效益和经济效益相结合的激励机制，形成针对企事业的不同的考核评价体系和薪酬体系。

三是健全公共气象服务科技创新机制。强化气象服务事业单位和企业技术创新主体地位，构建需求牵引、技术驱动的公共气象服务科技创新机制。依托国家和省级气象服务企事业单位，建立气象服务技术研发和创新转化平台，推动高时空分辨率精细化气象服务数值模式应用技术、基于影响的预报预警技术、气象信息产品加工技术等关键技术创新，以及基于大数据、物联网、云计算、新媒体等新技术新手段的应用技术创新。完善协同创新机制，引导和利用国内外高校、科研机构和企业的优势资源，联合开展气象服务技术创新。探索建设全国气象服务技术推广交易平台，提供创新需求发布、技术推介及推广交易等服务，充分挖掘气象信息和技术等资源的价值。

四是加强气象事业单位对全社会气象服务的支撑。制定基本气象资料和产品面向社会开放目录和使用政策，完善基本气象资料和产品开放共享平台，促进气象信息资源共享和高效应用。建设面向全社会的全国气象服务大数据平台，提高全社会气象服务信息利用能力和水平。建立气象观测资料获取、存储、使用监管制度，维护国家气象数据安全。制定气象信息资源产权保护和激励政策，加强气象信息资源产权保护。

3. 创新气象服务体制，积极培育气象服务市场

一是培育气象服务市场主体。支持和鼓励企事业单位和其他社会力量以及公民个人组建气象服务企业和非营利性气象服务机构，保障各类气象服务市场主体在设立条件、基本气象资料和产品使用以及政府购买服务等方面享有公平待遇。依法有序、积极引导各类市场主体开展除涉及重大国计民生和国家安全之外的气象服务。培育和发展气象服务市场中介机构，开展气象服务知识产权代理、市场开发、市场调查、信息咨询等专业化、社会化服务。统筹相关资源，推动国有气象服务企业集团化、规模化发展。开展国有气象服务企业股份制改造探索，建立和实行现代企业制度，逐步推动国有气象服务企业上市融资。

二是促进气象服务产业发展。积极引导气象信息服务、防雷技术服务、气象技术产品等气象服务消费，形成不同层面、不同群体的气象服务市场消费主体。推动出台促进气象服务产业发展的政策，将气象信息服务、防雷技术服务纳入国家《产业结构调整指导目录》鼓励类别。探索气象服务产业示范园或示范基地建设，鼓励和引导各类市场主体参与气象服务产品市场和气象服务技术、资本、人才、信息、产权、版权等要素市场竞争。建立气象服务产业发展情况统计和信息发布制度。

三是加强气象服务市场监管。健全气象服务市场监管法规和标准体系，制定完善国家和地方性气象信息服务、防雷技术服务等法规和标准，强化气象服务标准实施应用。会同国家有关部门，分类制定出台气象服务市场准入退出、登记备案、服务监管、奖励惩罚等市场规则和制度。强化气象服务市场监管职能，健全国家、省、地（市）监管机构和队伍，建立多部门联合监管机制，加强事中事后监管。加强气象服务信用体系建设，建立全国气象服务市场主体信用信息，实施信用信息披露制度。引入第三方评价机制，健全社会公众监督渠道，完善气象服务社会监督和评价制度。

4. 激发社会组织参与公共气象服务的活力

一是健全气象防灾减灾社会组织。推动将气象防灾减灾组织体系更好地融入地方社会治理体系建设，建立健全气象防灾减灾社会组织。推动《中华人民共和国气象灾害防御法》的制定出台，明确政府、公民、法人和社会组织的责任和义务，规范和引导社会各方面力量自发参与气象防灾减灾活动。充分发挥基层社区在气象防灾减灾中的作用，形成"部门指导、社区组织、社会参与、公民自救"的社区气象防灾减灾机制，提高基层社区对气象灾害的自我管理能力。结合基层网格化社会管理，建立基层气象防灾减灾"网格化管理、直通式服务"模式。促进企业和慈善机构等社会组织参与气象防灾减灾。

二是发展气象服务行业协会。组建完善中国气象服务协会、中国人工影响天气协会、中国防雷技术服务协会等全国性行业协会，以及地方性气象服务行业协会。转移适合由行业协会承担的职能，发挥行业协会在气象服务准入、协调、监管、服务、维权等方面的作用。发挥已有各类防灾减灾社会组织的作用。

三是调动公众参与公共气象服务的积极性。探索建立白皮书制度，制定和发布《公共气象服务白皮书》，定期开展公众气象服务满意度调查，完善公众气象服务需求表达机制，强化社会公众对公共气象服务供给决策的知情权、参与权和监督权。开展大城市气象防灾减灾志愿服务，制定志愿服务管理办法，建立健全激励机制。积极推动气象信息员融入基层政府防灾减灾组织体系，充分发挥气象信息员在气象防灾减灾中的作用。推广气象信息员和大城市气象志愿者建设经验，完善志愿服务管理制度和服务方式，促进志愿服务经常化、制度化和规范化。鼓励公众积极参与气象科普工作，促进全民防灾减灾和应对气候变化能力提升。

以上深化气象服务体制改革的任务，充分体现了"十三五"气象服务提高有效供给、不断满足人民群众日益增长的需求，也是落实中央关于供给侧结构性改革精神的充分体现。在全面深化气象改革中,气象服务体制改革是重点,对气象业务科技体制改革和气象管理体制改革具有牵引和传导作用。

(二)创新气象业务科技体制改革

《规划》提出:“创新气象业务科技体制改革。以提高气象核心竞争力和综合业务科技水平为导向,深化气象业务科技体制改革。以突破重大气象业务核心技术为主线深化气象科技体制改革,建立长期稳定的财政投入机制、有序竞争的人才保障机制、科学合理的考核评价机制,调整优化气象业务职责,建立集约高效的业务运行机制,完善科技驱动和支撑现代气象业务发展的体制机制。”《规划》提出的气象业务科技体制创新改革任务,重点突出了以下内容。

一是围绕核心技术突破深化气象科技体制改革。以突破重大气象业务核心技术为主线,推进国家气象科技创新工程建设,建立长期稳定的财政投入机制、有序竞争的人才保障机制、科学合理的考核评价机制。优化“一院八所”学科布局,建立科研业务有机结合、以核心任务为导向的学科体系和创新团队,针对重大业务技术集中力量联合攻关。加大开放合作力度,完善共建共享共赢机制和协同创新机制,引导和利用国内外高校、科研机构和企业的优势资源,参与重大核心任务协同攻关。健全科技成果转化奖励机制,完善以技术突破和业务贡献为导向的评价制度,着力发挥评价激励导向作用。

二是创新人才发展机制。完善局校合作机制,推动大气科学学科建设,建立高校教材合作开发、高校师资与业务科研骨干顺畅交流机制,促进气象高等教育与现代气象业务有效衔接。建立公开、平等、竞争、择优选人用人机制,严把人才入口关。完善人才培养选拔机制,建立按需设岗、按岗聘用、人岗相适的激励机制,激发人才创新活力。完善以需求为导向的气象业务培训机制,推进基本气象业务岗位持证上岗制度。完善以提高核心科技水平和实际业务能力为导向的人才考核评价机制,改进气象专业技术职称评聘制度。健全人才开放合作长效机制,有效吸引海内外优秀人才和智力,促进人才有效流动。

三是建立集约高效的业务运行机制。优化业务布局与业务分工,实现气象业务的集约高效。完善业务流程,实现气象业务各系统之间的有效衔接和有机互动。优化资源配置,完善业务运行制度,统一数据格式、技术标准和业务要求,提高业务运行效率。建立健全业务管理体系,完善以业务质量和服务效果为核心的业务考核评价机制,推进业务管理由分项运行管理向综合质量标准管理转变。建立企业和社会力量承担气象业务运行的工作机制,推进气象技术装备和信息网络运行保障、气象信息传播、灾害性天气辅助观测等工作社会化。

四是完善现代气象业务发展的体制机制。建立完善科技驱动和支撑现代气象业务发展的体制机制,运用现代信息技术,以数值预报为核心,以预报精准为目标,构建集数据获取、分析和应用为一体，技术先进、功能完善、综合集约的现代气象业务体系。调整优化气象业务职责，国家级应着力强化核心气象业务研发，加强对全国气象业务指导和技术支撑。省级应着力加强对所属气象台站业务产品的支持和技术支撑。改革县级气象业务体制，建立业务一体化、功能集约化、岗位多责化的综合气象业务。

《规划》提出的气象业务科技体制创新改革任务，是中央关于创新改革精神在气象领域的充分体现。创新需要良好的环境和氛围，我们要通过改革积极营造良好的内外部创新环境，激发创新活力。科技创新非常重要的一点是要深化科技体制改革，形成充满活力的科技管理和运行机制。要构建激励创新的体制机制，深化科技管理体制改革，完善科技成果转化和收益分配机制，构建普惠性、创新性支持政策体系。为贯彻落实中央关于改革创新的精神，《规划》重点针对气象业务科技创新存在着的一些体制机制障碍，明确提出了推进气象业务科技体制改革任务，以突出创新发展，充分激发气象发展的活力。

（三）推进气象行政管理体制改革

《规划》提出："推进气象行政管理体制改革。全面正确履行气象行政管理职能，推进机构、职能、权力、责任、程序法定化，实现由部门管理向行业管理转变，建立市场准入制度、负面清单制度等，提高气象管理效能。坚持和完善双重计划财务体制，进一步明确气象事权和相应的支出责任，建立完善与之相适应的财政资金投入机制。"

中国气象局十分重视气象行政体制改革，一直把气象行政管理体制改革作为气象部门贯彻落实国家深化改革的一项重要举措，作为全面深化气象改革的重要保障。因此《规划》明确提出，一是推进机构、职能、权力、责任、程序法定化，实现由部门管理向行业管理转变；二是坚持和完善气象部门与地方政府双重领导、以气象部门领导为主的管理体制，完善与之相适应的双重计划财务体制。同时，根据气象行政体制改革要求，中国气象局对以下行政改革已经进行了部署：

一是完善市场监管法规标准。制定和完善国家和地方性气象信息服务、防雷技术服务等法规。健全气象服务标准体系，制定和完善国家和地方性气象信息服务、防雷技术服务技术标准以及资质管理、信用评价等标准，强化气象服务标准实施应用。

二是强化市场事中事后监管。建立气象服务市场监管专门机构、专职化队伍、先进技术手段，实现气象服务市场事中事后监管常态化，以及监管效能最大化。建立多部门联合监管机制，联合相关部委开展执法和监管，实现部门合作从服务向管理的延伸。

三是推进市场信用体系建设。以防雷技术服务为试点，强化气象服务市场行业自律，建立全国气象服务市场基础数据和信用信息，建立不良执业记录“黑名单”制度、失信惩戒和强制退出机制以及信用信息披露制度，引导企业、相关从业人员自觉开展诚信服务。

四是建立社会监督机制。完善气象服务社会监督制度，引入第三方评价机制，健全网络、电话、微博、微信等气象服务社会公众反馈渠道，发挥媒体网络作用，制定社会公众和媒体参与监督的激励机制，构建气象服务第三方监管体系。

三、实现气象核心业务技术新突破

气象业务现代化水平的高低直接关系到气象支撑经济社会发展、生态文明建设和保障人民安全福祉的能力和水平。提升包括数值预报模式、气象预报业务、气象服务技术、综合气象观测系统的气象核心业务技术水平是全面推进气象现代化建设的重中之重。“十三五”时期是全面建成小康社会的决胜阶段，也是实现气象现代化的攻坚阶段，面对新形势，加快发展现代气象业务的机遇与挑战并存。

（一）“十三五”重在突破核心技术

从总体上分析，我国气象科学技术发展已经达到了新高度，气象现代化发展的内涵和规模在国际上已经具有很高地位，我国气象现代化有多项关键业务达到或超过国际先进水平，但核心技术仍然有待突破。

1. 气象核心技术突破是提高全面建成小康社会气象保障水平的客观需要

党中央、国务院高度重视和关心气象工作，从根本上来说是因为保障经济社会发展需要准确的气象预报和优质的气象服务。我国经济发展进入新常态，全面建成小康社会对气象监测预报预警工作提出了很高要求。党和国家宏观经济决策、战略性产业发展、经济结构调整、重大灾害应对防范、大气污染防治、生态环境建设、应对气候变化等都需要更精准、更及时的灾害监测、天气预报和气候预测。人们的衣、食、住、行与气象息息相关。人民群众关心气象工作，实际上关心的还是气象预报是否准确、及时。随着人民群众生活质量和水平的提高，对气象预报服务的要求也将越来越高。气象预报作为国家气象事业发展的重要成果，已经成为广大人民群众日常生活的“必需品”和“公共品”。“十三五”时期，加快推进气象业务现代化，不断提高气象监测预报预警的准确率和精细化水平，让广大人民群众共享气象业务现代化成果，任务艰巨、责任重大。

2. 世界气象科技迅猛发展对我国气象核心业务技术提出了新挑战

我国虽然已经迈入气象大国行列，但距离气象强国还有较大差距，特别是随着国际科技竞争日趋激烈，近年来在核心业务技术水平上与国际先进水平的差距有可能出现拉大趋势。

(1)在数值预报方面，欧美等发达国家已经建立气象资料四维变分同化系统，卫星观测资料的数值预报模式同化率已经达90%以上，各主要国家的全球数值预报模式水平分辨率都将提高到10千米以内，区域模式分辨率将小于500米，预报将实现不同时间尺度无缝隙集合预报。欧洲中期天气预报中心(ECMWF)作为全球天气预报机构中的佼佼者，其天气预报业务已经覆盖了全球。2015年，ECMWF的数值预报对北半球和东亚的可用预报时效已经分别达到8.6和8.4天，而我国自主研发的GRAPES-GFS仅分别为7.3和7.0天。国际上数值天气预报模式的发展基本规律是大约10年提高1天(可用预报天数)，也就是说我国数值预报水平落后ECMWF至少10年。

(2)在综合观测方面，美国、欧洲、日本等国家已相继建成高水准的地面基准气候观测网，将更加注重基于卫星的新型观测仪器设备的使用和观测数据的融合分析技术研究。欧洲、美国、日本等发达国家均制定了未来的卫星发展计划，相关数据分析技术及卫星搭载的探测器性能水平越来越高。

(3)在气象服务方面，发达国家私营气象公司及贴身气象服务发展迅速，可以提供全球范围精细化、网格化的预报服务产品，这些服务产品可通过网站、终端应用程序等多种形式以多种语言向用户提供。

(4)在气象科技方面，气象科技与相关领域科技的快速发展，为气象事业的跨越发展奠定了重要的技术基础和发展机遇，发达国家在气象科技方面的预算投入也越来越高。总之，我国面临着发达国家气象科技长期占据优势并有可能与我国拉大差距的严峻挑战。

3. 落实创新发展理念对实现气象核心业务技术突破提出了新目标

改革开放以来，我国气象现代化经过大规模站网建设以及包括数值预报、气象通信、气象卫星、高性能计算、天气雷达等一大批气象现代化重点工程建设，使气象综合实力显著增强，业务服务水平大幅提高，为国家现代化建设做出了重要贡献。但是，过去的气象业务现代化发展更多依靠的是“投资驱动”“要素增长”与物质资源消耗，通过较大的资金投入进行系统建设，是一种较为粗放的传统发展方式，气象发展过于依赖规模、硬件、投入，其发展的质量和效益亟待提高。当前，需要将创新作为激发气象转型发展与提质增效的第一动力，气象业务现代化发展从“要素驱动”“投资驱动”转向创新驱动，由主要依靠增加物质资源消耗向主要依靠科技进步、人员素质提高、管理创新转变。

基础科学决定了事业发展的整体水平，核心技术的掌握标志着在国际科技竞争中的优势地位，这种优势地位的取得关键是要确保科研力量和投入要聚焦核心关键领域。具体来说，就是要选准能够真正体现气象科技实力、影响气象事业发展水平的战略性气象科技支撑领域，抓紧抓牢。我们要实现具有世界先进水平的气象业务现代化，就是要在气象核心业务技术上实现创意突破，增强气象发展的内生动力和活力，实现气象发展质量和效益的提高。

(二)"十三五"时期主要任务

气象核心业务技术水平是衡量气象现代化整体能力和水平的关键，是气象强化科技引领、落实创新驱动发展战略的重要抓手和主要目标要求之一。抓住气象核心业务技术的突破就等于抓住新时期气象现代化改革发展的"牛鼻子"。为此，《规划》将气象核心业务技术突破作为提升气象现代化水平的主要任务之一进行部署。

1. 推进数值预报自主研发实现突破

《规划》提出："发展全球/区域数值模式动力框架等核心技术，改进全球和区域高分辨率资料同化业务系统，完善高分辨率数值天气预报业务系统。大力发展面向台风、环境、海洋和核应急响应等的专业数值预报业务系统，建成基于GRAPES的全球/区域集合数值预报业务系统。完善月-季-年预测一体化的海-陆-冰-气耦合的高分辨率气候预测模式，建立耦合物理、化学、生态等多种过程的地球系统模式。"

提高数值模式能力和水平是实现气象核心业务技术突破的重中之重。我国数值天气预报业务经过多年发展，逐步从引进吸收与自主研发并重转入了自主研发、持续发展的新格局。在国家级构建了包括全球和区域模式预报系统、集合预报系统及专业数值预报系统在内的较为完整的数值预报体系。但作为我国重大气象核心科技水平标志之一的数值预报模式与国际先进水平的差距依然明显。从数值天气预报模式可用性和分辨率指标来看，可用预报天数国际先进水平现状为8.5天，全球模式分辨率为13～16千米，区域模式分辨率为1.5～3千米，而我国数值天气预报模式当前可用预报天数为7.3天，全球模式分辨率为25千米，区域模式分辨率为10千米，差距较大。2020年国际预期先进水平是北半球可用预报天数达到9天，为追赶国际先进水平，我们制定了到2020年GRAPES北半球可用预报天数达到8.5天的发展目标，另外全球模式水平分辨率要达到10千米，区域模式水平分辨率要达到3千米。这就迫切需要我国在模式的动力框架、资料同化等重点领域组织科技攻关，努力提高模式的可用性和精细化水平。

气候系统模式的发展和完善，对提供可靠的气候预测，从容应对气候变化给人类社会带来的影响非常重要。当前，次季节至季节气候预测和气候系统模式被列为核心攻关任务之一。从预报要素来说，要实现月内强降水、强降温过程、气候现象、气候事件、气候灾害和极端事件以及面向行业的预测；在时间尺度上，要实现延伸期(11～30天)至年的无缝隙连接；在空间尺度上，全国实现分县预报，实现针对亚洲区域的降尺度预测。此外，现有的气候预测模式没有考虑人类活动的影响，对于人类活动造成的温室气体排放变化对气候预测的影响还难以在模式中客观反映。因此，要增加碳循环、氮循环、大气化学和气溶胶等过程，建立耦合多种过程的地球系统模式。

2. 构建无缝隙精细化气象预报业务

《规划》提出:"完善一体化现代天气气候业务,推进现代天气气候业务向无缝隙、精准化、智慧型方向发展。建成从分钟到年的无缝隙集约化气象监测预报业务体系,发展精细化气象格点预报业务,强化短时临近预警和延伸期到月、季气候预测业务,提升灾害性天气中短期预报和气候事件预报预测业务能力。提高台风、暴雨(雪)、寒潮、大风(沙尘暴)、低温、高温、干旱、雷电、冰雹、霜冻和大雾等灾害性天气的预报准确率。发展基于影响的预报和气象灾害风险预警业务,实现从灾害性天气预报预警向气象灾害风险预警转变。建立以高分辨率数值模式为基础的客观化精准化技术体系。"

"十二五"期间,全国精细化监测预报预测业务体系不断完善,专业化客观化气象预报技术体系初步形成,气象预报准确率稳步提升。但在新形势下,对提高气象预报精准化水平提出了新需求,信息技术快速发展为转变气象预报业务发展方式增添新动力,全面推进气象现代化对加快气象预报业务发展改革提出新要求,气象预报业务能力和水平与日益增长的经济社会需求不相适应的矛盾更加突出。"十三五"时期,瞄准上述问题和目标要求,建成预报预测精准、核心技术先进、业务平台智能、人才队伍强大、业务管理科学的现代气象预报业务体系,使气象预报业务整体实力达到同期世界先进水平。

无缝隙、精准化是"十三五"气象预报业务发展关键的目标要求。无缝隙是指时间尺度上,从短时临近预警、短期中期预报到延伸期和长期气候预测的无缝隙。"十三五"时期,建立无缝隙的气象预报业务,可从以下三点进行把握:一是发展更长预报时效的11~30天的延伸期预报,这是当前国际关注的研究热点之一,对于气象防灾减灾和经济社会的稳定发展具有重要意义,也是填补1~3天短期天气预报和3~10天中期天气预报与月和季节气候预测之间的时间缝隙及构建完备性预报体系的要求;二是强化短时临近预报预警,重点是监测和预警台风、暴雨、飑线、冰雹、雷雨大风、龙卷、雷电、下击暴流、雪暴等灾害性天气;三是进一步提升次季节至季节气候预测能力。实现无缝隙气象预报预测业务的重要抓手是发展天气-气候一体化数值模式,目前部分国家的新一代一体化模式已经业务运行,如英国Met Office的天气模式和Hadley环流中心的气候模式。

精细化主要是指空间尺度上千米级别格点化预报的精确和精准。精细化格点预报是目前国际上精细化预报的发展趋势,与以往预报相比,格点化预报有两大优点:一是预报的精细化程度大大提高,进一步满足了日益发展的社会需求,实施精细化格点预报系统,可在预报范围内实现定点、定时、定量的精细化预报;二是格点化预报系统还全面实现了数字化预报制作,改变了预报员的工作方式、预报产品制作和显示方式,这一系统将预报员从烦琐的预报产品编辑制作中"解放"出来,集中精力跟踪思考预报本身。因此,要不断完善精细化格点预报业务,实现气象预报的"全面升级”。

“基于影响的预报预警”是一种新型交互式预报服务，即在气象灾害来临前，提前预估各个方面可能产生的影响，并通过部门联动，积极采取有针对性的防范措施，达到减灾的目的。这种预报使决策者和公众能够更准确地了解气象事件对当地可能造成的灾害程度，从而制定相应的防御措施。提供基于影响的预报应是“十三五”时期气象发展努力实现的目标之一。

3. 发展精细化气象服务技术

《规划》提出：“建立集高时空分辨率天气实况和天气预报、点对点预警推送、基于用户请求响应、自动适配、人工智能为一体的精细化气象服务系统。研发集气象灾害区划、灾情收集与监测、灾害风险预估与预警、灾害风险转移以及气象防灾增效服务效益评估为一体的灾害风险管理业务系统。研发精细化的专业气象服务数值模式、多种类数值模式产品的解释应用等核心技术，建立一体化的专业气象服务指标、模型、典型案例和相关技术方法等的知识库，实现专业气象服务的互动性、融合式和可持续发展。”

气象服务业务现代化是现代气象服务体系的基础支撑。“十二五”时期，公共气象服务业务体系基本建成，气象服务科技内涵得以提高，气象灾害风险预警业务以及农业气象、环境、水文、交通、地质灾害防治、城市运行保障等重点领域气象服务关键技术得到快速发展。但是，仍然面临着科技支撑和创新能力不强，气象服务的技术、产品不适应气象服务多元化、精细化和专业化的发展要求，气象服务的手段不适应信息技术及新媒体的快速发展和广泛应用等问题。“十三五”时期，需要适应气象科技和信息技术发展的新趋势，以科技创新为驱动，以人才队伍建设为保障，发展先进的气象服务技术，完善气象服务业务体系，大力推进气象服务业务现代化。

一是要发展高分辨率精细化的气象服务技术。基于多模式集成和订正技术，发展响应用户请求的精细化气象预报服务业务，建立集高时空分辨率天气实况和天气预报、点对点预警推送、基于用户请求响应、自动适配为一体的精细化气象服务系统，逐步实现面向公众每10分钟更新天气实况服务信息，滚动提供从短时临近到次季节时效的无缝隙预报服务信息，重点区域天气预报服务信息时空分辨率达到1千米和逐小时，提升精细化气象服务的支撑能力。

二是要发展气象影响预报预警和气候影响评估技术。建立动态致灾临界阈值计算方法和定量化气象灾害风险评估模型，发展基于量化影响的预报和基于风险等级的气象预警业务，促进气象要素预报业务向客观定量影响预报业务的延伸，以及灾害性天气预警向基于风险的气象灾害预警的延伸。建立气候对农业、水文、生态等领域的影响评估模型，发展定量化气候影响评估技术，实现气候影响的预评估、实时评估和事后评估。

三是要发展专业化的专项气象服务技术。以用户需求为导向，推动用户全程互动参与，基于大数据技术促进气象数据和相关行业数据的融合，开发农业、交通、水文、海洋、能源、卫生等专业气象服务指标，研发精细化的专业气象服务数值模式和基于影响的专业气象预报预警等核心技术，加强专业气象服务指标库、技术库、知识库和案例库的建设，实现专业气象服务的互动性、融合式发展。

4. 发展先进高效的综合气象观测系统

《规划》提出："构建全社会统筹气象观测、天地空一体、实现'一网多用'的综合气象观测网。建立健全观测标准质量体系，加强气象观测质量管理，推进气象观测标准化。发展智能观测，推进观测装备的智能化和观测手段的综合化，实现观测业务的信息化。增强观测业务稳定运行能力，提升观测业务运行保障能力，加强计量检定能力建设，完善观测业务运行机制，实现观测业务运行集约化。提升观测数据质量和应用水平，加强观测数据质量控制业务，完善观测产品加工制作业务，提升遥感数据综合应用能力，建立观测数据质量与应用评价制度。"

综合气象观测是现代气象业务体系的重要组成部分，是气象预报预测和气象服务的基础。"十二五"规划实施以来，综合气象观测系统得到快速发展，质量效益得到进一步提升，观测仪器和观测方法研发取得重要成果，有力支撑了现代气象业务发展。气象卫星实现了多星在轨和组网观测，新一代天气雷达网基本建成，国家级自动气象站基本实现观测自动化，观测系统运行稳定，观测质量效益明显提升。

当前，综合气象观测的发展呈现出如下几个特点：一是随着现代科学技术的发展，气象观测的自动化水平不断提高，新设备、新方法的观测手段和应用越来越多，原有以人工观测为主的业务体系已发生根本性变革；二是观测系统发展更加注重发挥综合效益，"综合"的内涵更加丰富，既包括地基、空基、天基的多种技术和观测方式的综合，也包括从初始观测、数据采集、信息产品加工到观测资料应用整体流程的综合，更是观测、预报与服务之间的融合交互；三是随着国家信息化步伐明显加快，发展"智慧气象"成为现阶段全面推进气象现代化的重要内容和标志，实现集约高效、智能精准、协同共享的综合气象观测系统既体现了现代气象科技的基本特征，也体现了全面推进气象现代化的目标和要求。

可以预见，综合气象观测系统将更加先进和高效，并将加快实现"智能化"、"集约化"、"标准化"。通过努力，未来要在气象探测装备、气象观测方法、综合观测产品、观测系统的计量和保障等方面接近或达到世界先进水平，观测数据质量明显提高，技术装备水平显著提升，核心业务技术实现重大突破，综合气象观测能力大幅跃升，观测业务稳定运行能力全面增强，初步形成智能观测体系，从而建立布局合理、技术先进、装备精良、运行稳定、保障有力、满足需求的中国特色综合气象观测系统，基本具备全球气象监测能力，实现更高水平的观测现代化，为建设气象探测强国和智慧气象奠定坚实的基础。

四、提高气象信息化水平

信息化是当今世界经济社会发展的大趋势。信息技术革命持续深入发展，物联网、移动互联、大数据、社交媒体、云计算、3D打印等新技术不断涌现。信息技术发展趋势是数字化、网络化、智能化。信息技术革命引发了人们思维方式、生产方式、生活方式的变革，开启了新的产业革命。信息化与工业化、城镇化和现代农业发展的深度融合，深刻影响着产业形态、产业结构、产业分工和组织方式。信息化发展也正在改变气象发展方式，在国内有一些气象敏感性行业开始出现购买欧洲数值预报中心的数值预报产品开展相应的专业气象预报的现象。

气象信息化赋予了气象现代化新的内涵

面向未来，气象现代化在战略上要有新格局，体现全球化、全方位、无缝隙、宽领域的新特征，这些都与信息化密不可分。智慧气象、数字气象，都是气象信息化的重要内容。国家正在实施的“互联网＋”计划为推进气象信息化工作注入了新内涵、新机遇和新动力，也丰富了气象现代化的内涵。因此，气象信息化不仅仅是一项建设任务，也是一项发展任务、现代化任务。气象部门应把信息化的理念、思维、技术、模式等融入全面推进气象现代化中，把信息化的内涵和要求注入气象业务、服务、管理等各个方面。

经济发展进入新常态，气象发展方式要转变。“互联网＋”对推进气象业务与互联网融合，对推进气象业务标准化、集约化，对实现气象核心业务技术的突破，都是一种重要的手段。“互联网＋”将推进气象服务与互联网融合，推进气象数据开放与应用，推进精细化气象预报、个性化气象服务，改变传统的气象服务形式，实现人人参与气象工作，人人享受气象服务。“互联网＋”也将会推进气象管理与互联网融合，转变职能、简化程序、信息公开，提升气象政务、气象社会管理和公共气象服务等水平，真正促进气象业务现代化、气象服务社会化、气象工作法治化。

（一）提高气象信息化水平是进入信息时代的要求

气象信息化是国家信息化重要组成部分，是现阶段实现气象现代化的重要手段，是气象现代化适应信息时代必然要求，也是不断提升气象事业发展质量和效益的重要途径。

1. 国家信息化战略对提高气象信息化水平提出了新要求

信息化是当今世界经济社会发展的大趋势，是推动经济社会变革的重要力量，是我国全面建成小康社会和实现社会主义现代化的必然选择。党的十八大强调，坚持走中国特色新型工业化、信息化、城镇化、农业现代化道路，促进工业化、信息化、城镇化、农业现代化同步发展。习近平总书记在中央网络安全和信息化领导小组第一次会议上指出："没有信息化，就没有现代化。"十八届五中全会明确提出，要拓展网络经济空间，实施"互联网＋"行动计划和国家大数据战略。2015 年以来，国家连续印发了《国务院关于积极推进"互联网＋"行动的指导意见》《促进大数据发展行动纲要》《国务院关于加快构建大众创业万众创新支撑平台的指导意见》《国家信息化发展战略纲要》等文件。这些政策的出台，充分体现了国家在战略性、全局性的高度重视信息化对经济社会发展的推动作用。气象部门是一个典型的信息部门，从气象信息收集、传递、处理、分析，再到气象预报产品形成的过程，就是一个从气象原始资料到气象科技知识产品形成的过程。加快推进气象信息化是落实国家信息化发展战略的迫切需要。

全球信息化发展特点及趋势

当今世界各国信息化建设成为热点。各国政府和国际组织纷纷将开发利用大数据作为夺取新一轮竞争制高点的重要抓手。美国是大数据的领跑者，2012 年，奥巴马政府推出"大数据研究与开发计划"，政府投入 2 亿美元重点资助大数据分析以及大数据在医疗、天气和国防等领域的应用。德国 2010 年发表了《德国 ICT 战略：数字德国 2015》，提出了数字化带来的新增长和工作机会、未来的数字网络、可靠安全的数字世界、未来数字时代的研发、教育和媒体能力与整合、社会问题电子政务六个方面的目标和解决方案。英国政府对大数据的开放和利用投入大量资金，计划率先开放有关交通运输、天气和健康方面的核心公共数据库，并在 5 年内投资建立世界上首个"开放数据研究所"。法国政府以培养大数据领域新兴企业、软件制造商、工程师、信息系统设计师等为目标，开展了一系列的投资计划。日本总务省于 2012 年发布了以大数据政策为亮点的"活跃 ICT 日本"新综合战略，提出增强信息通信领域的国际竞争力、培育新产业，同时应用信息通信技术应对抗灾救灾和核电站事故等社会性问题。

在互联网时代，信息传输无国界，IBM 公司提出"智慧地球"的愿景之后，一直在布局大数据战略，先后和 Twitter、苹果、强生等公司展开合作以不断丰富数据源；2015 年出资 20 亿美元收购 Weather Company 数字业务，看中的是 Weather Company 的天气数据和数据分析产品对 IBM 的人工智能以及愿景实现的重要作用。NOAA 在 2015 年 4 月公布了一个大数据工程，通过融合 NOAA 大容量、高质量的环境数据及分析产品，私人企业强大的基础设施和技术力量，以及美国经济的革新与驱动力等三大力量，来打造一个可持续发展的、以市场为导向的数据生态系统。

2. 气象信息化是气象现代化的重要标志

新时期全面推进气象现代化，必须坚持围绕国家需求、世界科技前沿、气象发展自身客观规律和具体实际。如果没有实现气象信息化，那么气象信息作为资源的价值就得不到有效开发，气象服务就难以适应日益增长的服务需求，气象预报预测水平也难以得到有效提高。信息技术，尤其是移动互联网、大数据、云计算、物联网等发展可以说是日新月异，今后的发展仍然大可预期。各个行业，甚至是传统的老字号都在搭着这趟"快车"转型发展。如果没有实现气象信息化，或者误了这趟信息化"快车"，气象现代化就会大打折扣。因此，气象部门必须把气象信息化放到全面推进气象现代化中更加突出的位置，作为气象现代化的重要标志和重点方向，加快推进。

3. 气象信息化是实现气象现代化的重要途径

信息技术快速发展为转变气象预报业务发展方式增添了新动力。信息化已成为社会变革的强大推动力，是创新气象预报业务发展新模式和新机制、构建气象预报发展新业态的大好时机。气象信息化是实现气象现代化的重要途径，对推进气象业务与互联网融合，对推进气象业务标准化、集约化，对实现气象核心业务技术的突破，都是一种重要的手段。气象信息化将推进气象服务与互联网融合，推进气象数据开放与应用，推进精细化气象预报、个性化气象服务，改变传统的气象服务形式，实现人人参与气象工作，人人享受气象服务。气象信息化也将会推进气象管理与互联网融合，转变职能、简化程序、信息公开，提升气象政务、气象社会管理和公共气象服务等水平，真正促进气象业务现代化、气象服务社会化、气象工作法治化。

4. 不断解决气象信息化发展中的问题

当前，在气象信息化过程中还可能存在认识不到位、组织管理比较分散、业务系统不够集约等问题，其主要表现：(1)对"气象信息化"内涵认识不到位。有的单位对信息化概念的理解还停留在过去形成的"自成体系""自建自用"的传统方式上，对集约化、标准化、规范化的信息化要求认识还不够到位。(2)气象信息化组织管理比较分散。气象业务和科研中与信息化相关的发展规划、项目建设分别由不同的职能部门负责，各管理机构之间横向沟通有限，整体协调能力不足。(3)业务系统发展统筹有待加强。在气象信息化进程中，各气象业务系统过去形成的"自成体系""信息孤岛""应用烟囱"等现象有待解决。(4)信息新技术应用有限。气象部门在物联网、云计算、大数据、移动互联网等新兴信息技术方面的技术跟踪不够、储备不足，气象现代化发展前瞻性有待加强。(5)信息网络系统融入气象业务的程度还有待提高。气象信息化对气象业务的支撑有时还停留在被动状态，其主动服务、主动引领和主动推进有待加强。"十三五"时期，在全球信息化发展加快和国家信息化政策背景下，气象信息化面临新的挑战和机遇。

(二)“十三五”时期主要任务

信息化是当今世界经济社会发展的大趋势,是推动经济社会变革的重要力量,是我国全面建成小康社会和实现社会主义现代化的必然选择。提高气象信息化水平是落实国家信息化发展战略、顺应现代气象科技发展和信息技术变革新形势的迫切需要,也是全面推进气象现代化的迫切需要。因此,《规划》将提高气象信息化水平作为提升气象现代化水平的主要任务之一进行了部署。

1. 加强气象数据资源整合与开放共享

《规划》提出:“加强气象数据资源整合与开放共享。统一观测设备数据格式标准,制定统一的各类观测数据传输及存储规范,建立健全覆盖气象数据全流程的标准化体系。完善气象数据资源开放机制,构建国家级数据资源共享体系。依托国家数据共享开放平台,建设面向民生的公共气象数据资源池,定期更新基本气象资料和产品共享目录,制定基础气象数据服务开放清单。建立与政府部门、科研机构、企业、社会间数据共享协作体制机制,满足跨学科、跨行业的数据融合、综合分析及信息服务的需求。”

“十三五”时期,气象信息化建设的一个重要原则是:坚持开放合作,积极利用社会资源,结合气象部门特色,面向民生,推进气象大数据普惠共享,推动气象与经济社会的深度融合。

具体的做法是:依托社会公有云提供的统一资源服务,按照服务领域、数据特征的不同,垂直整合各省(区、市)分散气象数据服务资源,加强公有云应用设计(图 4-1),全面开展基于云计算、大数据等的互联网新技术应用,为气象专有云建设提供示范,同时研究专有云和公有云的统一资源管理系统。面向民生需求,构建公共气象数据资源池,提供权威统一的气象数据服务;面向社会服务,为精细化、个性化气象服务提供产品应用的全媒体开放平台,减少各级气象部门的重复研发;通过统一标准的气象信息云资源服务接口,实现气象大数据普惠共享应用,推动融入国家战略和社会发展的智慧气象(表 4-1)。

按照“谁租用,谁负责”的原则,加强对公有云租用的管理。国家和省两级按照统一的设计和规范,分别租用统一的公有云,避免出现资源浪费和新的信息孤岛现象。

2. 建立安全集约的气象信息系统

《规划》提出:“建立安全集约的气象信息系统。建设资源集约、流程高效、标准统一的信息化业务体系。按照气象信息化标准规范,构建统一架构、统一标准、统一数据和统一管理的集约化气象云平台,增强对气象业务、服务、科研、教育培训、政务和综合管理的支撑,提升气象信息化技术水平。建立符合国家要求的安全可控的电子政务内网和基于互联网的集约型门户网站群。提高气象信息网络安全性和智能化程度。”

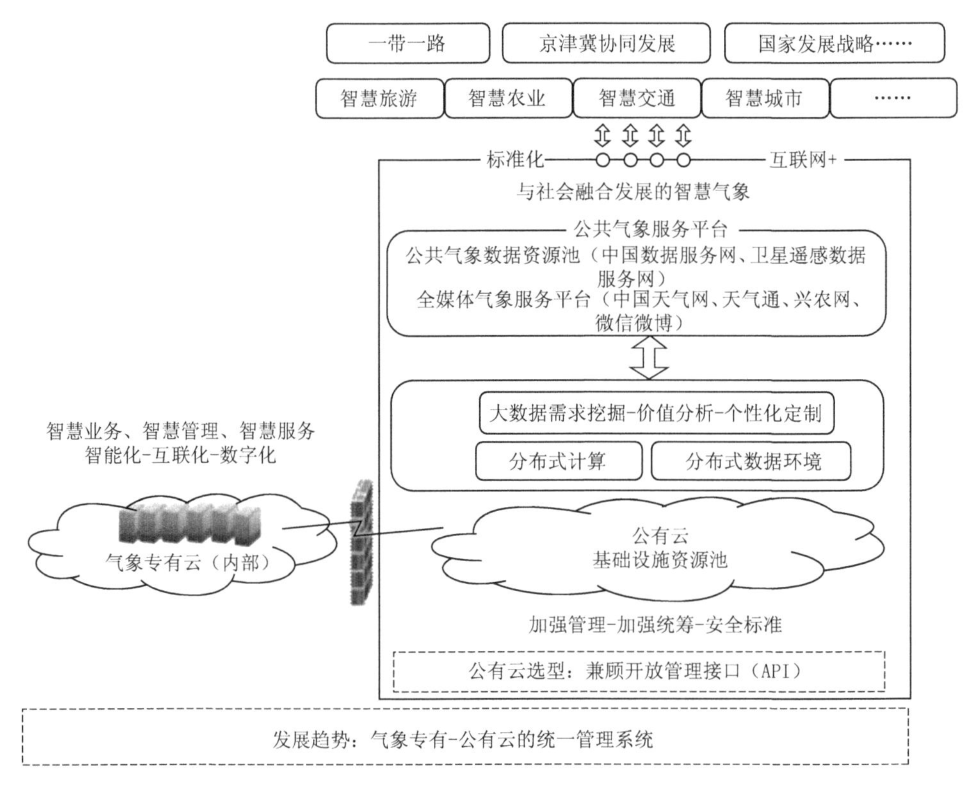

图 4-1　依托社会资源构建公共气象服务平台

表 4-1　智慧气象的内涵

智慧气象			
完全透彻的感知	精准智能的预测	敏捷开放的服务	持续生动的创新
1. 完善的气象要素感知； 2. 全面的社会需求感知； 3. 透彻的自身状态感知	1. 精准的气象预报； 2. 全面的服务需求预测； 3. 智能化的系统状态预测	1. 敏捷的响应； 2. 个性化的服务； 3. 灵活的业务系统； 4. 开放的社会服务平台	1. 持续生动的业务创新； 2. 先进长效的管理创新

“十三五”时期，要在气象业务信息流、服务产品信息流和管理信息流梳理和重构的基础上，实施观测、天气、气候、卫星、气象服务等核心业务系统集约化整合，建立起以全国综合气象信息共享平台(CIMISS)为统一信息源的应用生态，并以整合过程中形成的标准规范系统的未来发展(图 4-2)。2015—2016 年先按业务领域进行内

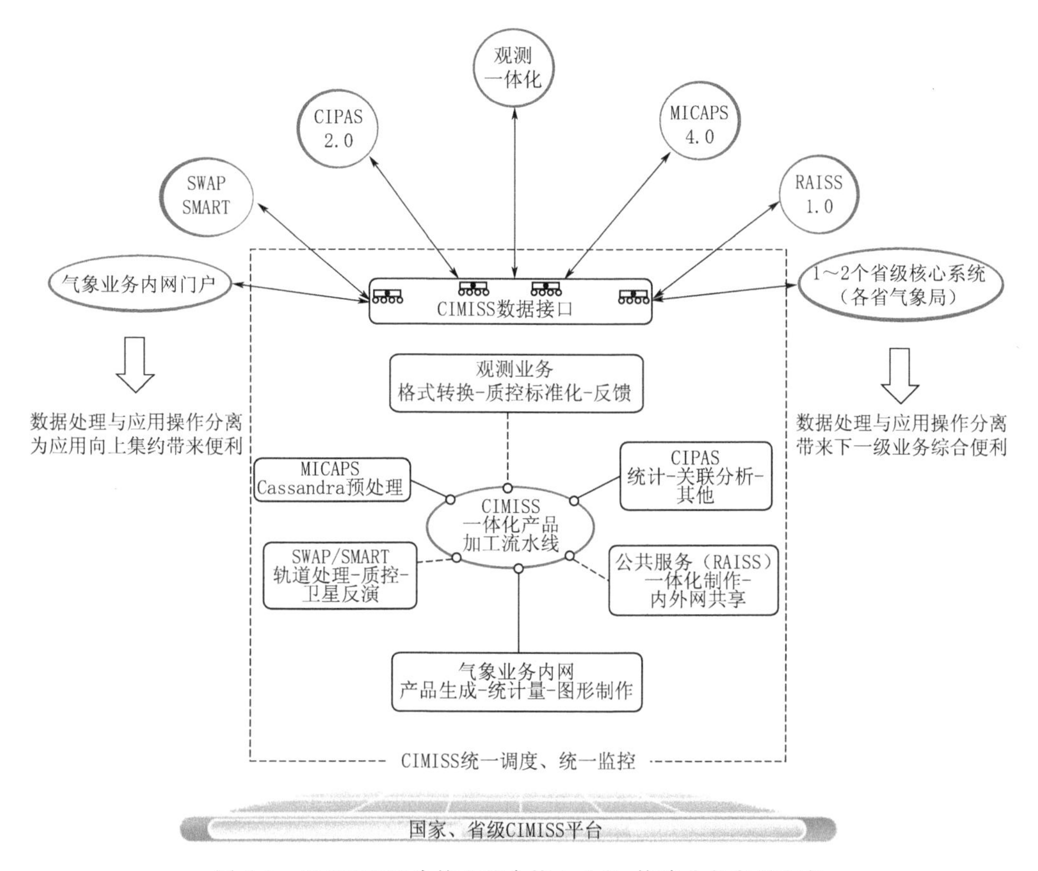

图 4-2　以 CIMISS 为核心整合核心业务，构建业务应用生态

部整合，同时提出应用模块开放调用的要求，为 2017—2020 年气象云工程的统一平台下云应用服务奠定基础。

此外，按照国家电子政务信息化发展要求和建设规范，建设安全可靠的气象部门电子政务内网系统，主要包括：屏蔽机房、综合布线、网络资源平台、应用系统、安全保障系统、分级保护管理体系等。完善国家和省两级气象部门政府门户网站，构建国家和省两级部署以及国家、省、地(市)、县四级应用的政务管理共享应用基础平台，为决策和管理提供信息化支撑，同时满足各级气象部门及时准确的政务信息发布、依法行政网上审批、与地方政务办公系统协同审批，以及互动交流和宣传科普的需要。

3. 推进信息新技术在气象领域应用

《规划》提出："推进信息新技术在气象领域应用。积极跟踪国内外信息新技术进展，注重新技术的应用效益，落实国家'互联网＋'行动和大数据发展战略，推进云计算、大数据、物联网、移动互联网等技术的气象应用。构建数据产品加工处理流水线，实现集约发展。基于标准、高效、统一的数据环境，建立天气预报、气候预测、综合观测、公共气象服务、教育培训以及行政管理等智能化、集约化、标准化的气象业务和管理系统。以信息化为基础，满足不同用户需求，加快构建和发展智慧气象，实现观测智能、预报精准、服务高效、管理科学的气象现代化发展模式。”

气象大数据的内涵

就数据本身而言，气象大数据是指所有与气象工作相关的数据总和；从来源渠道划分，气象大数据可分为行业大数据和互联网大数据两类。其中：

“气象行业大数据”由与气象部门各项工作相关且产生自气象及相关部门内部的所有数据组成，包括：由气象部门建设的具有国内最高专业水准的气象探测体系所产生的气象专业探测数据；其他部门自行采集、通过数据共享/交换等方式汇聚到气象部门且经过气象部门严格质量控制的气象要素探测数据；由气象业务部门和业务系统产生的各类气象服务产品数据、派生数据及中间产品数据；职能部门各管理系统（如财务系统、人力资源系统、项目管理系统等）所产生和管理的数据；各业务和管理系统的状态数据和日志数据，等等。

“气象互联网大数据”由互联网上与气象相关的所有数据所组成，包括：移动终端搭载的气象要素传感设备的探测数据；网友随手拍并上传的天气状态照片；搜索引擎对气象相关敏感词的统计分析数据；其他所有可供气象部门业务和服务应用的互联网数据，等等。

“气象行业大数据”与“气象互联网大数据”间存在很大差异，限于篇幅，难以在此做详细分析。简言之，“气象行业大数据”属于气象业务数据，其生成的直接目标是服务于气象业务和工作的，故其气象信息浓度高，各种技术指标亦最为符合气象业务和工作的各项要求。“气象互联网大数据”则不然，它不是专为气象工作而生成的，它产自于其他非气象部门的行业、企业，是为满足这些行业和企业自身业务目标而生成的。这些数据之所以被纳入“气象互联网大数据”的范围，是因为这些数据包含有与特定气象应用相关的信息内容，而这些内容是气象行业大数据所缺乏的。亦即，这些数据是为弥补气象行业大数据在内容和时空密度等方面的不足而从互联网上收集来的。故其气象信息的浓度、数据质量等参差不齐，各项技术指标也往往差强人意。即便就气象要素而言，两者之间存在的差异也是很明显的，见附表。

附表　气象行业/互联网大数据中气象要素之间的差异

分类	气象行业大数据	气象互联网大数据
数据来源	气象及相关部门内部	互联网，众筹
要素内容	专业，全面	简单
时空密度	专业化，均匀	不均匀，极密或极疏
要素精准度	精准	参差不齐
传感器载体	专业探测设备	移动终端、家用电器、交通工具、非气象监测设备等
获取代价	国家财政	免费
体量	较大，可预测	不详，未来巨大

“十三五”时期，气象信息化的设计与实施要充分利用互联网新技术，立足当前，着眼长远，满足各级业务发展的需求。应用快速迭代的互联网思维，跟踪、适应、掌握新技术的发展，保证气象信息化的先进性。气象信息处理既有高频次并发处理，也有海量大数据分析，还有实时交互性很高的数据渲染，各级气象业务单位在适应各自需求场景下开展分布式应用技术的探索性研发。

“十三五”时期，针对气象部门不同地区差异，深入调研分析气象业务、服务、管理的现状和存在问题，梳理“十三五”期间信息化的需求，充分借鉴信息化建设较为成功部门的成熟经验做法，与业界领先的信息化技术厂商全面交流，了解最新的技术趋势和发展方向。在国家、省级集中部署、整合集约数据资源和基础设施资源，提供统一服务，支撑国家、省、地（市）、县级业务、服务、政务、科研、教育培训应用体系。国家和省两级中心按统一标准，采用相同的技术架构，按实际业务需求确定建设规模，实现国—省、省际云节点之间互通互视，并利用软件定义等技术，构建虚拟业务协作区（京津冀一体化、丝绸之路经济带等）。建立物理隔离的气象部门电子政务内网基础平台及涉密信息处理交换系统。通过国家电子政务网络实现国、省互联。

4. 实施气象信息化三大战略

《规划》提出：“实施气象信息化三大战略。实施‘互联网＋’气象战略，构建‘云＋网＋端’的气象信息化发展新形态。实施互联网气象平台战略，为气象领域‘大众创业、万众创新’提供支撑，汇聚众智实现创新发展，提升公共气象服务的有效供给能力。实施气象大数据战略，统筹布局全国气象大数据中心，加强数据安全保障体系建设，充分挖掘和发挥气象数据的应用价值，实现‘用数据说话、用数据管理、用数据决策’。”

“十三五”时期，气象信息化要实施三大战略，即：实施“互联网气象＋”战略、气象大数据战略、互联网气象平台战略。（1）实施气象大数据战略，是适应大数据发展趋势、落实国家大数据战略的迫切要求，是促进气象与经济社会融合的强大引擎，是强化气象事中事后监管的有力手段，为促进预报准确率的提高带来了另外一种思路，是实现智慧气象的核心基础。(2)实施互联网气象平台战略，目的是充分发挥互联网平台在资源配置、协同创新、数据沉淀中的独特作用，来推动气象大数据体系建设，为气象协同创新注入强劲动力，不断提升气象社会影响力。(3)实施“互联网气象＋”战略，目的是贯彻落实国家“互联网＋”行动计划，借助“互联网＋”的技术和平台，在数据信息充分开放共享的基础上，发挥大众创业、万众创新的作用，真正让气象成为一种生产要素，促进气象与经济社会发展的深度融合。

实施三大战略不仅是从基础设施、数据资源、信息应用层面落实智慧气象的三大支柱，同时对接了国务院出台的“互联网＋”、大数据、“大众创业、万众创新”支撑平台等三大政策。

五、强化科技引领和人才优先发展

“十二五”期间，气象科技创新和人才建设虽然取得了明显成效，但仍然存在着科技创新能力不强、科技领军人才不足、人才流失等突出问题。“十三五”时期，在国家实施创新驱动发展战略和世界气象科技迅猛发展的背景下，我国气象科技创新和人才建设面临着新的挑战和机遇。在新的历史起点上，要从国家现代化建设的高度审视全面推进气象现代化。科技创新是提升气象现代化水平的第一生产力，而科技创新的根基是人才，这就要求完善创新驱动体制机制，组织重点领域科技攻关，实施气象人才优先发展战略。

(一)科技引领是实现气象科学发展的关键

党的十八大强调，“科技创新是提高社会生产力和综合国力的战略支撑，必须摆在国家发展全局的核心位置”。全面推进气象现代化，必须依靠科技创新来驱动。人才是气象科技创新的主体，是提高气象综合实力和核心竞争力的第一宝贵资源。推进气象科学发展既要有强有力的科技支撑，更需要强有力的人才保障。

1. 科技创新是提升气象现代化水平的第一生产力

党的十八届五中全会提出的五大发展新理念，排在首位的就是“创新发展”，注重的是解决发展动力问题。抓创新就是抓发展，谋创新就是谋未来。创新是推动一个国家和民族向前发展的重要力量，也是推动整个人类社会向前发展的重要力量。气象事业发展建立在气象科学研究的基础上，作为一项科技型基础性工作，科技创新是推动其向前发展的重要力量，是全面推进气象现代化的第一生产力。而人才是创新的根基，是创新的核心要素。特别是在国际气象科技竞争愈发激烈的今天，科技领军人才和高层次人才资源是科技竞争的有力资源。因此，要提升气象现代化水平，必须坚持科技引领和人才优先发展。

2. 国家实施创新驱动战略为气象科技创新指明了方向

近年来，国家围绕创新驱动发展战略出台了一系列政策文件。2012 年 7 月，全国科技创新大会提出创新驱动发展战略，并明确写入党的十八大报告，科技创新已被摆在国家发展全局的核心位置。2016 年国务院印发《“十三五”国家科技创新规划》(国发〔2016〕43 号)，强调坚持创新是引领发展的第一动力，以深入实施创新驱动发展战略、支撑供给侧结构性改革为主线，全面深化科技体制改革，确立了“国家科技实力和创新能力大幅跃升，国家综合创新能力世界排名进入前 15 位，迈进创新型国家行列”等“十三五”科技创新的总体目标。《“十三五”国家科技创新规划》为全国气象部门贯彻落实好创新驱动发展战略，强化气象科技创新，全面推进气象现代化指明了方向。

3. 世界气象科技迅猛发展为我国气象科技创新带来巨大压力

当前欧洲中期天气预报中心(ECMWF)和美国、德国等发达国家的气象机构都在积极谋划下一轮发展战略，争夺新的气象科技制高点。以数值预报为例，欧美等发达国家已经建立气象资料四维变分同化系统，卫星观测资料的数值预报模式同化率已经达 90%以上，而我国仅为 70%；各发达国家的全球数值天气预报模式水平分辨率都将提高到 5 千米，区域模式分辨率将小于 500 米，预报将实现不同时间尺度无缝隙集合预报，而我国要实现到 2020 年全球数值天气预报模式水平分辨率达到 10 千米已经很艰难。ECMWF 在最新一代战略规划中还提出了到 2025 年提前两周预测极端天气、提前四周预测大尺度环流型和环流结构转变、提前一年预测全球异常的目标。此外，在综合气象观测方面，美国已经实现了双偏振雷达升级，欧美、日本等国家的气象卫星已经采用了下一代新技术。从各方面来看，我国气象科技水平和发达国家相比还有很大的差距，特别是近年来国际气象科技竞争愈发激烈，国际气象科技迅猛发展，对我国气象预报业务科技水平带来了前所未有的压力。

(二)“十三五”时期主要任务

科技创新是提高气象业务服务能力和水平的第一生产力，人才是创新的根基。我国气象科技创新正步入面向世界先进水平攻坚克难的新阶段，应坚持科技引领，强化人才优先发展，提高气象现代化水平。因此，《规划》将强化科技引领和人才优先发展作为“十三五”时期的主要任务之一进行部署。

1. 完善创新驱动体制机制

《规划》提出：“完善创新驱动体制机制。把科技创新作为推进现代气象业务发展的根本动力，贯穿到气象现代化建设的全过程，加快推进适应气象现代化发展需求、支撑有力的气象科技创新体系建设。健全以科技突破和业务贡献为导向的科技分类评价体系，完善有利于激发创新活力的科技激励机制，营造良好的科技创新环境。加强评价专家队伍建设，积极探索并加快实施第三方气象科技评价。着力发挥评价激励导向作用，引导和激励创新主体、科技人员通力合作、协同创新。加强知识产权创造、运用、保护和管理。建立健全科技成果认定和业务准入制度，完善科技成果、知识产权利益分享机制，促进自主创新和成果转化。推进气象重点领域科技成果转化中试基地建设，建立科技成果管理与信息发布系统，建立气象科技报告制度。打通科技成果向业务服务能力转化通道，提升科技对气象现代化发展的贡献度。”

一是推进科技成果转化应用。国家级业务单位要在主要业务领域建设国家级科技成果转化中试基地（平台），组建由业务、科研人员共同构成的成果中试团队，对成果进行系统化、配套化和工程化改进，对成果转化应用情况进行反馈。发挥中试基地（平台）在引领研发任务、引导资源配置和成果评价中的重要作用，并对中试基地（平台）给予稳定支持。探索建立重要技术报告认定制度，制定科研成果业务准入办法。搭建科技成果管理、信息发布和推广交流平台，加强核心共性技术成果培训。注重知识产权保护和成果推广应用，推动科技成果向技术标准和技术规范的深度延伸。

二是健全气象科技评价机制。对科研机构的评价以解决核心技术的能力、科技成果实际使用情况和对业务发展实际贡献为重点，注重发挥业务用户单位、成果中试基地（平台）的评价作用；对业务单位的科技评价以建立核心任务协同攻关机制、实现成果转化和共性技术推广为重点。对科技人员的评价要加大解决业务核心技术实际贡献等评价指标的比重，发挥创新团队首席专家的评价作用。对科技成果进行分类评价，应用研究和技术开发转化类成果评价以成果的突破性和带动性、业务转化应用前景及效益等为重点；基础性研究类成果评价以成果的科学价值、国内外学术影响力以及对业务可持续发展的储备性为重点。积极探索并加快实施第三方气象科技评价与国际同行专家评价，将评价结果作为科技资源配置、绩效考核等的重要依据。

三是完善有利于激发创新活力的激励制度。设立重大核心攻关专项激励经费，对核心攻关骨干成员给予年度绩效津贴，对任务牵头单位和创新团队给予目标考核奖励。优先推荐气象业务现代化重大成果申报国家科技奖励。充分发挥气象科技成果转化奖的引导作用以及中国气象学会相关奖项的积极作用。各省（区、市）气象部门应结合当地实际情况，建立和完善相应的科技奖励和激励制度。

2. 组织重点领域科技攻关

《规划》提出：“围绕气象业务发展需求聚焦主攻目标，集中资源，凝聚力量，组织协同攻关，实现高分辨率资料同化与数值天气模式、气象资料质量控制及多源数据融合与再分析、气候系统模式和次季节至季节气候预测及天气气候一体化数值预报模式系统等重大关键技术的突破。组织台风、暴雨、强对流等高影响天气监测预报预警、中期延伸期预报、极端天气气候事件监测预测等关键领域研发。开展气候变化影响、农业气象灾害防御、人工影响天气、气候资源开发利用、环境气象监测预报、空间天气监测预警等重点领域研发，形成一批集成度高、带动性强的重大技术系统。”

一是实施国家气象科技创新工程突破重大核心技术。高分辨率资料同化与数值天气模式、气象资料质量控制及多源数据融合与再分析、气候系统模式和次季节至季节气候预测是气象预报的三大核心技术，必须集中资源，凝聚力量，组织协同攻关，部署重大攻关研发任务，实现这三大核心关键技术的突破。

高分辨率资料同化与数值天气模式。GRAPES全球模式动力框架更加完善，复杂地形描述和关键物理过程参数化得到明显改善。集合与变分混合同化技术得到应用，卫星资料同化取得突破性进展。全球大气模式分辨率达10千米，预报时限达8.5天，集合预报能力接近同期国际先进水平。覆盖整个中国区域1～3千米分辨率、典型区域1千米分辨率的精细化区域数值预报模式系统性能优越，实现业务应用。天气气候一体化数值预报模式系统发展取得明显进展。

气象资料质量控制及多源数据融合与再分析。各类探测系统、不同类型数据的质量控制技术和误差分析订正方法更加完善，多圈层、多要素、长序列，高分辨率、高精度、高质量的数据和分析产品更加丰富。我国气象卫星定标、定位和高精度反演技术接近国际先进水平，遥感资料质量和应用水平大幅提升。建成我国第一代变分与集合卡尔曼滤波混合同化系统，完成30千米分辨率40年(1979—2018年)全球大气再分析数据集，质量接近欧洲中期天气预报中心等国际第三代大气再分析水平，东亚和中国区域高于国际第三代大气再分析水平。

气候系统模式和次季节至季节气候预测。建成我国候—月—季节—年—年际尺度无缝隙、一体化气候模式预测系统，月降水、汛期降水和西太平洋副热带高压预测达到国际先进水平。改进模式降尺度释用、多模式集成和动力统计相结合的客观预报技术，实现预报要素从常规温度、降水拓展至月内强降水、强降温过程和极端灾害事件，预报空间尺度精细到县级。建成包括完整的碳、氮循环和大气化学、气溶胶等过程的地球系统模式，总体性能接近国际先进水平。

二是围绕天气气候重点研究领域开展科技研发。着力在台风、暴雨、强对流等高影响天气监测预警预报、中期延伸期预报、极端天气气候事件监测预测等关键领域，取得显著进展。

提高灾害性天气预报能力。台风预报：西北太平洋和南海台风路径、强度预报时效延长至7天，开展72小时内逐12小时的台风大风圈预报和48小时台风生成预报；发展台风强度突变预报业务；加快提升南海台风监测和预警预报能力；建立全球台风监测预报业务，开展北印度洋风暴0～120小时路径和强度预报；加强台风频数、强度趋势和活跃集中期的月、季预测业务。暴雨预报：重点提升全国暖区暴雨、局地突发性暴雨中短期预报能力；发展1～10天概率定量降水预报(PQPF)业务；开展1～7天逐日极端暴雨指数预报。强对流天气预报：研发外推预报和高分辨率中尺度数值预报融合的短时预报技术，发展基于高分辨率数值模式的强对流天气概率预报和集合预报应用技术；发展分类灾害性天气短时概率预报业务，探索发展龙卷临近预警业务。

强化延伸期重要天气过程预测业务。以延伸期（11～30天）时段内强降水、强降温、高温、台风、沙尘暴等重要天气过程的转折期预测为重点，加快发展全国精细到县的延伸期重要天气过程预测业务，逐旬制作发布预测产品；发展灾害性天气过程延伸期集合预报和概率预测业务。

三是建立极端气候事件监测预报业务。

气候异常监测诊断。建立我国全球资料再分析业务，逐步建立基于日尺度资料的全球气候系统监测业务，提高北半球陆面、生态和冰雪圈的气候监测业务能力。重点提高厄尔尼诺-南方涛动（ENSO）、热带大气季节内振荡（MJO）、北极涛动（AO）等气候现象的监测能力，加强我国典型气候事件和气象灾害的监测评估业务。建立大气、海洋和下垫面对我国极端或异常气候事件的归因诊断分析业务。

气候现象和气候灾害预测。建立ENSO、MJO、AO等全球主要气候现象的客观预测业务；针对干旱、暴雨洪涝、高温、霜冻、沙尘、低温连阴雨等主要灾害性气候事件，建立月、季、年尺度的定量化预测和概率预测业务，重点开展灾害发生时段、强度和持续时间的预测。

在气候变化影响、农业气象灾害防御、人工影响天气、气候资源开发利用、环境气象监测预报、空间天气监测预警等重点领域，形成一批集成度高、带动性强的重大技术系统。

完善气候变化影响业务。依托气候变化监测数据和气候系统模式，着力开展气候变化特别是极端气候事件的检测归因和预估研究、精细化的气候变化综合定量评估和气候承载力评估以及相应的适应对策研究。针对农业、水资源、生态系统等不同行业，以我国经济社会发展和气候环境变化信息为基础，研发适用于我国经济社会发展和气候环境变化特点的气候变化综合影响评估模式，掌握气候变化对农业、水资源、生态系统等不同行业的综合影响评估关键技术方法，建设我国气候变化综合影响评估业务系统。

加强农业气象灾害防御。农业气象灾害短期预估（致灾等级）细化到乡镇级，48小时平均预估准确率达85%左右；农业病虫害气象等级预报覆盖全国一级监控的病虫害的主要区域与种类，平均预报准确率达80%左右。形成基于作物模型与致灾机理模型的农业气象灾害预警评估业务能力。形成较为完备的农业气象灾害及农林病虫害风险评估体系。建立国家和省级优势互补、上下协调的冬小麦、玉米、水稻、棉花和草原、森林主要病虫害预报业务技术流程。

完善人工影响天气业务。建立较为完善的人工影响天气工作体系，基本形成东北、西北、华北、中部、西南和东南六大区域发展格局（图4-3），基础研究和应用技术研发取得重要成果，基础保障能力显著提升，协调指挥和安全监管水平得到增强，人工增雨(雪)作业效率、人工防雹保护面积有效提升,人工消减雾、霾试验取得成效,服务经济社会发展的效益明显提高。

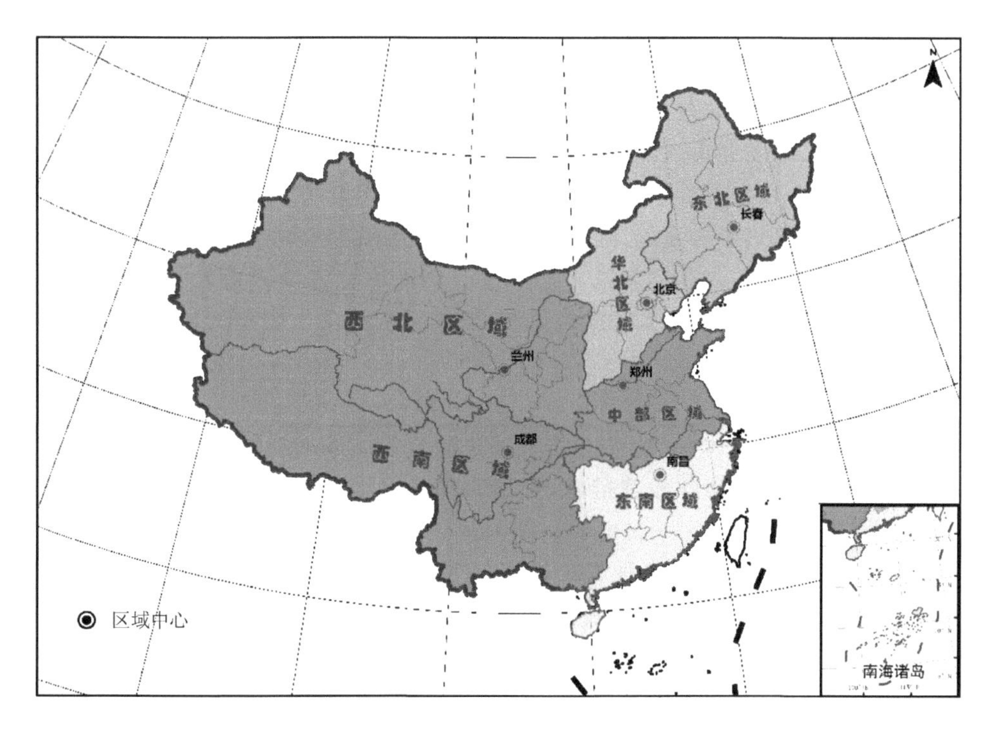

图4-3　全国人工影响天气区域布局示意图

合理安排气候资源开发利用。建立完善的风能太阳能资源评估技术体系,建立基于基础数值天气预报模式产品的风能太阳能预报技术,推进风能太阳能资源利用气象服务标准体系服务机制建设。

健全环境气象预报业务。开展基于气象观测、大气成分监测、卫星遥感探测等多源资料的环境气象综合监测业务,发展霾、沙尘和空气污染气象条件等环境气象中期预报和气候趋势预测业务,建立精细到县的空气质量和重污染天气中短期预报预警业务。完善重大或突发环境事件应急响应气象保障业务。

空间天气监测预警。推进空间天气由科学研究向业务化发展。发展和完善空间天气预报模式,加强太阳活动态势分析能力,提高耀斑、质子事件等爆发事件的短临预报水平和日冕物质抛射(CME)事件到达地球时间的定量化预报能力,提高空间天气关键参量的预报能力。

3. 实施气象人才优先发展战略

《规划》提出:"以高层次领军人才和青年人才建设为重点,统筹推进各类人才资源开发和协调发展。优化人才队伍结构,引进和培养在气象现代化建设关键领域急需的人才，着力加强科技研发、业务一线和基层人才队伍建设。造就高水平科技创新团队，发挥好团队集中优势攻关和人才培养的作用，激发人才创新活力。根据气象现代化建设需要，制定人才培养规划。健全气象培训体系，加强气象培训能力建设，开展全方位、多层次的气象教育培训，推进气象教育培训现代化。深化省部合作和局校合作，加强气象学科和专业建设，推进基础人才培养。不断优化人才成长的政策、制度环境，形成尊重人才、尊重知识、公平竞争的良好氛围。加快人才发展体制机制创新，建立和完善科学的人才工作评估、人才评价发现、选拔使用、编制管理、流动配置、职称评聘、待遇分配、激励等机制，构建充满生机和活力的气象人才体系。”

人才是创新的根基，是创新的核心要素。创新驱动实质上是人才驱动。“十三五”期间，《规划》重点在创新人才发展体制机制，培养高层次领军人才和青年人才等方面进行了部署。

一是推进人才管理体制改革。转变人才管理职能，保障和落实用人主体自主权，健全人才管理服务体系，加强人才管理法制建设。未来应继续采取“请进来”的方式，进一步完善相关特殊政策措施，把培养和引进结合起来，采取多种方式，拓宽人才引进范围，有计划吸引一批能够突破关键核心技术、发展新兴气象业务、培养创新人才的高层次人才，采取多种方式使用好领军人才。继续采取“合作开发”的方式，以行业专项为抓手，以气象科技创新平台和重大气象业务建设项目为纽带，组织全行业的科研、业务和教育部门优势研究力量，采取引智合作、技术合作等方式，组成科研开发创新团队，加强联合攻关，着力解决现代气象业务发展中的关键核心技术问题。

二是改进人才培养支持机制。创新人才教育培养模式，改进战略型科学家、创新型科技人才、实干型企业家人才的培养支持方式，完善符合人才创新规律的科研经费管理办法，促进青年优秀人才脱颖而出。统筹开发利用好国际国内高层次人才资源，全面推进气象现代化为各类人才提供广阔的舞台，国内外一些高校、科研院所有一大批从事气象科学研究、技术开发、气象教育、业务服务等工作的优秀人才，在国内外具有较高影响，愿意为实现气象现代化做出贡献，都是提高气象科技创新的重要资源和重要力量。

三是创新人才评价机制。突出品德、能力和业绩评价，改进人才评价考核方式，改革职称制度和职业资格制度。未来要结合气象科技实际调整科技评价“指挥棒”，重塑新的科技创新“指挥棒”，推动科研更多与业务需求相结合，促进科技成果业务转化。我国现行的科技评价制度是重论文轻实用、重数量轻质量、重经费轻成果、重奖励轻转化，从而可能引导部分科研人员关注论文与专利数量、获奖和排名等科研的“副产品”，而对科研本身的创新性和研究成果的转化、推广应用和效益发挥重视不够。据有关资料，虽然近年来我国科技投入年均增速超过20%，每年产生多达4万项的科技成果，但大多数科技成果缺乏实际应用价值，被束之高阁。这种现象在气象科技工作中也不同程度存在，因此未来必须改变科技考核评价机制，特别在应用科技研究中，必须增加成果转化的要求，建立健全激励和成果转化利益分配机制，树立有利于科技成果转化的新导向。

四是健全人才顺畅流动机制。破除人才流动障碍，畅通管理机关、企事业单位、社会各方面气象人才流动渠道。同时要强化人才创新创业激励机制。加强创新成果知识产权保护，加大对创新人才激励力度，鼓励和支持气象人才创新创业。要建立人才优先发展保障机制，建立多元投入机制，促进气象人才发展与经济社会发展深度融合。

参考文献

气象信息化战略研究课题组，2016. 气象信息化发展战略——研究与探索[M]. 北京：气象出版社.

沈文海，2016. 再析气象大数据及其应用[J]. 中国信息化，(1)：85-96.

王喆，2016. 坚持创新发展激发气象发展新动力[N]. 中国气象报，2016-01-19(2)

郑国光，2015. 全面推进气象预报业务现代化[N]. 中国气象报，2015-12-14(1).

中国气象局，2009. 中国气象现代化 60 年[M]. 北京：气象出版社.

第五章　统筹协调　促进气象可持续发展

在经济发展新常态下，坚持协调发展，是推动和实现我国经济社会持续健康发展的内在要求，也是气象实现持续发展的必然选择和重要内容。《规划》提出了把“统筹协调，促进气象可持续发展”作为“十三五”气象发展的第二大任务，旨在强化协调发展理念，依法依规，统筹推进气象四大体系、区域气象、行业气象、气象与经济社会的协调发展，促进气象可持续发展。

一、全面推进气象现代化根本在于统筹协调

坚持统筹规划、协调发展，是社会主义制度在发展方面的最大优越性，统筹兼顾是科学方法论。党的十八届五中全会提出，实现“十三五”时期发展目标，破解发展难题，厚植发展优势，必须牢固树立并切实贯彻协调发展理念。坚持协调发展理念，就是注重发展的系统性、整体性、协同性，着力解决发展中不平衡问题，助推全面建成小康社会的伟大事业。坚持统筹兼顾、协调发展既是全面推进气象现代化根本方法，也是对气象现代化发展取得成就的检验方法。

(一)气象协调发展取得一定成效

中国气象局党组一直高度重视气象事业协调发展，2008 年在全国气象局长工作研讨会上，明确提出了着力解决气象业务水平和服务能力与防灾减灾和应对气候变化日益增长的需求不相适应，着力解决现代气象业务体系中三个系统发展不平衡，着力解决现代气象业务体系中各业务发展不平衡，着力解决气象现代化体系中三个体系发展不协调，着力解决气象现代化建设的速度、规模、质量、结构和效益不协调，着力解决区域气象事业发展不平衡，着力解决国家、区域、省、地(市)、县级气象事业发展不平衡等七个方面的突出问题。近些年来，全国气象部门在促进协调发展方面已经取得明显成效。气象业务水平和服务能力与经济社会发展需求的适应性明显提高，现代气象业务体系中系统发展、各气象业务发展和气象现代化体系发展的协调性明显增强，东部地区、中部地区和西部地区气象现代化发展水平差距呈缩小态势，基层气象发展与全国整体发展的跟进速度明显提升。通过推动气象协调发展，加快了全面推进气象现代化发展步伐，有效促进了气象事业全面协调均衡发展。

从气象发展区域差别缩小的情况分析，2010—2014 年东、中、西部基本保持了同

速发展。从投入增长率看，2010—2014 年东、中、西部平均投入增长率分别为 16.58%，17.45%，14.24%（图 5-1），其中 2011 和 2012 年西部投入增长速度还高于东、中部地区。目前，区域之间除存量差别外，增量差别逐步缩小的趋势已经比较明显。

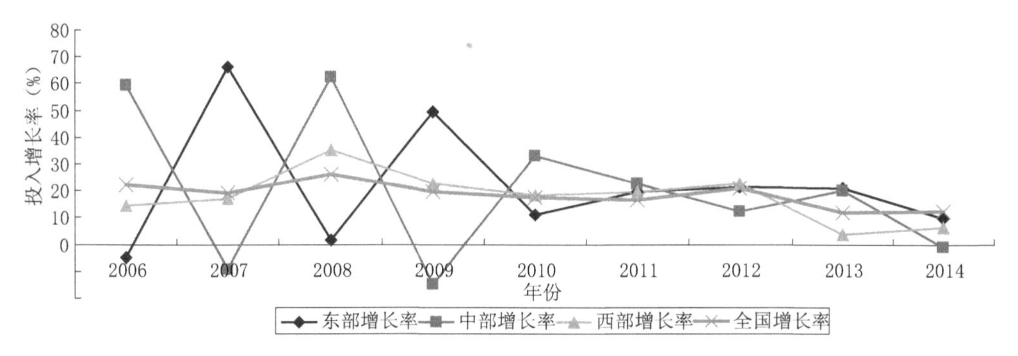

图 5-1　2006—2014 年东、中、西部及全国气象部门投入增长率变化图

从气象发展层级差别缩小情况分析，2008 年中国气象局提出要着力缩小气象发展层级差别，促进国家级、省级和地（市）、县级气象事业协调发展。从投入增长率分析，2009 年下半年以后地（市）、县级基层的气象投入增长率开始超过国家级和省级，2009—2013 年国家级和省级的气象投入年平均增长率为 1.8%，地（市）、县级年平均增长率则达到了 25.5%，2010 年以后县级投资增长率长期高于地（市）级（图 5-2），基层气象事业发展速度明显加快。

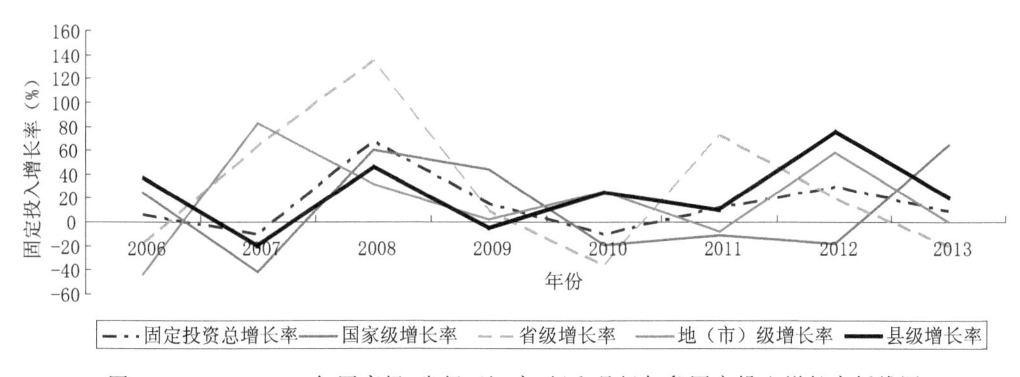

图 5-2　2006—2013 年国家级、省级、地（市）级和县级气象固定投入增长率折线图

（二）践行协调发展理念对气象发展提出了新要求

多年来，气象部门致力于协调发展虽然取得了一定成就，但离中央提出的协调发展的要求还有很大差距，气象协调发展仍然存在一些突出问题，气象与经济社会发展融合程度有待提升，气象事业发展中一些不平衡、不协调、不可持续问题在不同

程度上仍然存在。未来的气象发展既要注重气象与经济社会协调发展，积极主动服务国家经济社会发展重大战略，根据经济社会发展需求加快推进气象事业发展；又要注重协调推进气象业务现代化、服务社会化、工作法治化，统筹协调各业务系统的发展，统筹协调东、中、西部气象事业发展，统筹协调各级气象工作，统筹协调气象业务服务和气象法治、党的建设，不断促进气象事业协调健康发展。

（三）气象系统各领域之间实现协调发展的任务仍比较艰巨

目前，全国基本实现气象现代化已经进入冲刺阶段。然而，气象事业发展信息化、集约化、标准化水平还不高，各业务之间不协调问题仍然存在，气象科技整体水平有待提高，科技领军人才不足，气象事业发展过于依赖规模、硬件、投入的局面仍然存在，发展质量和效益亟待提高。因此，加快气象各领域协调发展是“十三五”时期气象部门的重要任务。此外，国家、区域、省、地（市）、县级气象事业发展不平衡的“老”问题仍然明显，从综合实力、技术水平、管理能力等方面来看，层次越高，要求也越高，下的功夫也越大，这是客观规律，也是发展要求。层次较低的则发展较为滞后。因此，加强基层和基础工作，重点应看到发展的相对不平衡性。既要合理地确定各层级的业务服务职能，也要合理地确定业务服务的标准。另外，重视和支持基层气象台站能力建设和改善工作生活条件，加强对县级气象机构综合改革的工作指导和统筹协调，提供科技和人才保障，促进基层公共气象服务、气象社会管理、基本气象业务协调发展也是重中之重。

（四）区域气象实现协调发展还需要加大措施

区域协调发展是落实国家协调发展理念的第一大任务，相对来说也是发展思路调整变化较大的一项任务。自贯彻落实科学发展观以来，中国气象局党组一直高度重视气象事业协调发展。从2008年伊始，全国气象局长工作研讨会就对气象事业区域协调发展问题进行多次研究和探讨。可以说，区域协调发展既是老问题，也是新要求。说“老”是因为各地区之间，尤其是中西部欠发达地区的气象发展，长期以来存在较大短板，比如，气象预报预警能力和保障支撑能力表现出明显的区域差异。说“新”是因为，国家区域协调发展有了新的战略布局。《国家“十三五”规划》提出，要加快建设主体功能区，推动各地区依据主体功能定位发展。气象部门在“十三五”时期，要积极融入国家区域协调发展布局中，按照“新”要求，做好“新”举措，落实国家三大战略气象保障工作，也要注意解决“老”问题，实现气象部门内部区域协调发展。

二、“十三五”时期气象事业协调发展的主要任务

（一）全面推进气象事业协调发展

“十三五”时期，气象协调发展的任务主要涉及气象现代化四大体系之间的统筹

协调；涉及气象业务、服务、管理、科技、人才等方面的统筹协调；涉及国家级、省级、地（市）级、县级之间的统筹协调发展；涉及气象与经济社会发展之间的统筹协调。未来气象实现协调发展的任务十分艰巨。

1. 统筹推进气象各领域协调发展

《规划》提出："统筹推进气象各领域协调发展。推进气象业务现代化、气象服务社会化、气象工作法治化协调发展。统筹气象业务与科研、人才队伍之间的协调发展。统筹推进业务系统内部协调发展，强化气象预报、观测、服务业务之间的协调发展，统筹天气、气候业务的协调发展。加强业务系统一体化总体设计，优化业务分工、完善业务布局、调整业务结构、整合各种资源，实现气象预报、观测、服务、资料等各业务领域的科学管理和集约高效。"

"十三五"时期，气象部门推进气象各领域协调发展有三项基本内容。一是要统筹协调推进气象业务现代化、服务社会化、工作法治化。按照"一盘棋"的思路，既要把气象业务现代化放在突出和核心位置加以推进，也要同步推进气象服务社会化、气象工作法治化。二是要统筹气象业务与气象科研、人才队伍之间的协调发展。推进气象业务现代化，离不开科技引领和支撑，也离不开人才队伍的现代化。要切实强化科技在气象预报技术发展中的引领作用，围绕预报关键技术的发展，组织科研规划设计、科研技术攻关和科研评估。要统筹规划气象部门科技队伍的结构，调整和优化预报业务队伍的布局和结构。三是要统筹推进业务系统内部各部分协调发展。既要注意气象预报业务、气象观测业务、气象服务业务之间的协调发展，统筹天气、气候业务的协调发展，又要注意加强业务系统一体化总体设计，优化业务分工、完善业务布局、调整业务结构、整合各种资源，实现气象预报、观测、服务、资料等各业务领域的科学管理和集约高效，推动集约化与标准化统筹兼顾、协调发展。

2. 统筹推进区域气象事业协调发展

（1）国家三大战略气象保障工作。《规划》提出："统筹推进区域气象事业协调发展。根据国家区域发展战略和主体功能区规划，有计划有步骤地推进全国气象现代化。切实做好'一带一路'、京津冀协同发展、长江经济带的气象保障工作。"

国家区域协调发展战略新布局

中国是个大国，又由于自然、地理、政策导向以及社会历史等条件的多重原因，地区之间经济发展长期存在较大差异，地区发展不均衡问题长期存在，中国一直在不同阶段采取不同策略着力解决发展不均衡问题。改革开放以来，中国东部沿海地区实现了优先发展。进入21世纪，特别是党的十八大以来，中央提出了中国区域发展与开放的新"三大战略"：一是"一带一路"战略构想；二是京津冀一体化协同区域发展战略；三是依托黄金水道推动长江经济带发展。近年来我国区域发展与开放战略第一阶段是东南沿海优先发展的非均衡、局部开放发展，第二阶段是从东部到中部、西部的均衡发展和全部开放阶段，第三阶段是目前进入到面向国际的大开放，辐射全国大协调发展的新阶段。

党的十八届五中全会提出："深入实施西部大开发，支持西部地区改善基础设施，发展特色优势产业，强化生态环境保护。推动东北地区等老工业基地振兴，促进中部地区崛起，加大国家支持力度，加快市场取向改革。支持东部地区率先发展，更好辐射带动其他地区。"这其实是对以往区域协调发展总体战略内容上的延续。国家从"十一五"规划首次提出主体功能区的概念，详细描述了主体功能区规划建设的方向；到"十二五"规划中，将其放在与实施区域发展总体战略同等的位置上，作为区域结构战略性调整的重要内容；再到"十三五"规划中提出加快建设主体功能区，推动各地区依据主体功能定位发展。以主体功能区规划为基础统筹各类空间性规划，推进"多规合一"。按照全国一盘棋的要求来安排全国各区域的发展，也体现了其在政策和措施上的延续性。

另外，国家新"三大战略"的提出，也体现了区域协调发展战略的创新性。目的是发挥城市辐射带动作用，优化发展京津冀、长三角、珠三角三大城市群，形成东北地区、中原地区、长江中游、成渝地区、关中平原等城市群。由此可见，通过轴带引领统筹东中西，协调南北方，促进区域经济协调发展是国家区域协调发展战略在新形势下推出的重大举措。

2015 年 4 月 30 日，中共中央政治局审议通过《京津冀协同发展规划纲要》。该纲要指出，推动京津冀协同发展是一个重大国家战略，核心是有序疏解北京非首都功能，要在京津冀交通一体化、生态环境保护、产业升级转移等重点领域率先取得突破。为积极贯彻落实《京津冀协同发展规划纲要》精神，中国气象局于 2016 年 4 月 20 日印发了《京津冀协同发展气象保障规划》(中气函〔2016〕62 号)，旨在充分发挥气象在京津冀协同发展、构建和谐宜居城市、加强应对气候变化和生态环境保护中的重要保障作用，全面推进京津冀协同发展气象现代化，全面提升气象保障能力和水平。《京津冀协同发展气象保障规划》的总体目标是："到 2020 年，实现适应经济发展新常态的京津冀气象业务现代化、气象服务社会化、气象工作法治化。建设具有世界先进水平的现代气象业务体系，大力实施'创新驱动发展'和'人才强局'战略，强化科技和人才对气象现代化的支撑保障作用；推进气象服务社会化，坚持公共气象发展方向，坚持'面向民生、面向生产、面向决策'；推进气象工作法治化，依法发展气象事业，把各级政府在气象工作政策支持、财政保障等方面的责任制度化、法治化，把气象业务、服务和管理等各项工作纳入法治化轨道。"其主要任务是：提升区域气象防灾减灾协同能力；提高区域城乡公共气象服务水平，强化重点领域气象保障服务；提升重点行业气象服务能力，提升大城市群精细化预报预测能力；增强区域综合立体气象监测能力，提高区域气象信息化水平；建立区域协同发展管理机制，明确区域气象业务分工；建立区域科技协同创新机制，统筹区域合作支撑体系。

2016年3月25日，中共中央政治局审议通过《长江经济带发展规划纲要》，该纲要是为了打造黄金水道，建设长江经济带而制定的法规。为贯彻落实该纲要，中国气象局于2016年4月25日印发《长江经济带气象保障协同发展规划》（中气函〔2016〕65号），旨在充分发挥气象在保障长江经济带经济社会发展中的重要作用。《长江经济带气象保障协同发展规划》的总体目标是："到2020年，全面建成紧密服务于长江经济带发展需求的气象与行业大数据应用与研发平台和综合立体交通、流域气象、生态和城市群气象等专业服务中心；建立适应需求、快速响应、集约高效的新型气象保障服务业务体制；探索形成事企共同承担、分工合理、权属清晰、分类管理、协调发展的新型气象保障服务运行机制，为防灾减灾、综合立体交通、产业转型发展、新型城镇化和沿江绿色生态等提供优质保障服务。长江经济带气象事业整体实力迈入国际先进行列，在全国率先基本实现气象现代化。"其主要任务：一是着力增强气象综合立体监测和资料融合分析能力；二是着力增强区域高分辨率数值预报模拟能力；三是着力增强综合气象防灾减灾和智慧气象服务能力；四是提升绿色生态廊道气象保障能力；五是提升综合立体交通气象保障能力；六是提升产业转型气象保障能力；七是提升新型城镇化气象保障能力；八是建设长江经济带"气象＋"大数据众创平台；九是建立一体化气象业务协同机制，强化气象服务主业，建立社会化气象服务协同机制，激活气象服务市场；十是建设长江经济带气象联合创新中心，建设长江经济带综合立体交通气象服务中心，建设流域气象、生态和城市群气象等专业服务中心。

2013年9和10月，习近平总书记先后提出共建"丝绸之路经济带"和"21世纪海上丝绸之路"的重大战略构想。为贯彻落实"一带一路"国家战略，中国气象局于2016年6月23日启动了《丝绸之路经济带气象保障规划（2016—2020年）》的编制工作，目前该规划已经形成提纲，编制工作正在进行中。《丝绸之路经济带气象保障规划（2016—2020年）》目的是围绕区域协调发展的国家战略，主动适应经济发展新常态，坚持公共气象发展方向，坚持气象现代化不动摇，坚持转变发展方式，坚持改革开放，以创新驱动作为主要动力，主动融入丝绸之路经济带战略部署，发展和建立一体化的气象服务体系，为丝绸之路经济带可持续发展提供优质气象保障。

（2）气象部门内部区域协调发展。《规划》提出："推动东部沿海地区率先实现气象现代化，不断提高中西部地区气象现代化水平。发挥好江苏、上海、北京、广东、重庆等地在全国的现代化试点示范作用及河南、陕西两省在中西部的试点示范作用，加强试点地区经验和成果总结推广。提升东部地区预报预警能力建设，特别是高分辨率区域数值预报的研发和应用。推进中西部地区科技、人才、基础设施和财政投入等保障支撑能力建设。调整优化区域气象中心功能定位和流域气象服务内容。

鼓励专项气象服务跨区域、规模化、差异化发展。合理布局各类海洋气象业务，高效集约配置气象资源，避免重复建设。”

气象部门内部协调发展虽然是“老”问题，但在“十三五”时期，也会以新的姿态去看待。各级气象部门将继续坚持全国一盘棋、气象事业是一个整体的思想。发挥好江苏、上海、北京、广东、重庆等地在全国的气象现代化试点示范作用及河南、陕西两省在中西部的试点示范作用，推动东南沿海地区气象部门帮助和支持欠发达地区气象现代化发展，努力形成东中西互动互补、共同发展的新格局。还要进一步加大西部地区、民族地区、边远艰苦地区和革命老区气象台站建设的投入力度，加快实现综合气象观测自动化，在稳步增强基础业务能力、巩固和提升业务质量的基础上，努力改善基层工作生活条件。加大关注民生、关心基层的力度，中央财政投入进一步向中西部地区，特别是艰苦台站倾斜。按照中央的部署和要求，进一步加大西藏和四川、云南、甘肃、青海四省藏区，新疆等民族地区，边远地区，以及老革命地区气象事业发展，以“精准扶贫”的力度和精度，提升西部地区政策支持和财政投入力度，完善东中西部协调发展，以及援藏、援疆的长效机制。

3. 统筹推进国家、省、地(市)、县四级气象事业协调发展

《规划》提出：“统筹推进国家、省、地(市)、县四级气象事业协调发展。国家级气象机构围绕气象核心技术突破提升气象业务综合实力，地方气象机构注重加强地区特色的气象服务保障能力建设。夯实基层发展基础，重点推进基层综合气象业务并强化实时监测和临近预警能力建设，优化基层气象机构设置和业务布局。着力加大对边远贫困地区、边疆民族地区和革命老区气象事业发展的支持力度。深化内地和港澳、大陆和台湾地区气象信息共享、气象科技发展、气象灾害联防合作发展。”

“十三五”时期，提高气象综合实力，需要各级气象事业协调发展，任何一个层级在发展上都不能够出现滞后，在服务上都不能够出现失误，在改革上都不能被忽视。要坚持统一规划，强化分工合作，在坚决贯彻中国气象局党组决策部署的同时，根据各地实际情况和发展需要，明确各级气象事业发展思路和任务，充分发挥各自优势，集约利用各种资源，调动各方面的积极性。重视和支持基层气象台站能力建设并不断改善工作生活条件。引导、支持国家主体功能区气象现代化建设功能布局和特色发展。加强对县级气象机构综合改革的工作指导和统筹协调，提供科技和人才保障，促进基层公共气象服务、气象社会管理、基本气象业务协调发展。要重视和加强国家级气象业务服务机构自身能力建设，强化国家级业务开拓、示范、指导作用。加强区域气象中心能力建设，加强区域气象业务科技合作，在具有共性的业务服务领域能够形成高水平的科技研发平台，在重大气象灾害防御方面加快形成上下联动、区域联防机制。还要重视内地和港澳、大陆和台湾地区气象信息共享、气象科技发展、气象灾害联防合作发展，发挥各级气象部门在气象预报、数据共享、重大气象灾害联防等方面的作用。

（二）推进气象资源统筹利用

整个气象行业的发展所涵盖的范围非常广，并不单单是国家气象主管机构的发展。气象行业，是指各级气象主管机构及其所属的气象台站、国务院其他有关部门和省（区、市）人民政府其他有关部门及其所属的气象台站，在中华人民共和国领域和中华人民共和国管辖的其他海域从事气象活动的统称。总之，凡是有涉及气象相关业务的部门，在业务层面上都属于气象行业的管辖范围。

当前，除气象部门作为我国气象行业的主体外，还存在着民航、水文、盐业、森工等行业气象，其中民航气象、水文气象是除气象部门外最大的两个行业气象领域。

由于历史原因，目前我国气象相关行业的气象观测站网布局和气象观测设备标准等尚未统一，气象行业存在着布局不够合理、资源不够集约、数据不够一致等问题。根据国家统筹协调发展的要求，中国气象局作为国家气象主管机构需要加强对气象行业的管理，促进气象行业协调发展，优化资源配置，实现资源共享，提高气象行业的总体效益。

因此，《规划》坚持立足气象部门，面向整个气象行业，并且更加注重行业管理，以推进气象行业实现协调发展。气象行业协调发展是气象事业可持续发展的重要方向，未来应以推进气象资源统筹利用为抓手，健全行业间合作机制，推动行业间协同创新，提高气象行业的总体效益。

为推进气象行业协调发展，《规划》提出："改进气象行业管理，通过建立协调机制，将各部门自建的气象探测设施纳入国家观测网络的总体布局，由气象主管机构实行统一监督、指导。推进气象行业资源优化配置，建立完善全行业的互动合作机制，促进气象资料的共享共用。引导和激励行业部门优势资源参与气象业务重大核心任务协同攻关，强化气象部门在行业领域的技术创新与应用主体地位。健全行业间科研业务深度融合机制，强化行业间知识流动、人才培养、科技和信息资源共享，推动跨领域跨行业协同创新。"

为推进气象行业协调发展，在"十三五"时期，《规划》提出的任务可以分解为以下方面。

第一，改进气象行业管理，通过建立协调机制，将各部门自建的气象探测设施纳入国家观测网络的总体布局，由气象主管机构实行统一指导和监管，由国务院气象主管机构负责全国气象行业管理工作，地方各级气象主管机构在上级气象主管机构和本级人民政府的领导下，负责本行政区域内的气象行业管理工作。

第二，推进气象行业资源优化配置，建立完善全行业的互动合作机制，促进气象资料的共享共用。由国务院气象主管机构和省（区、市）气象主管机构按国家法律、法规及要求，加强与有关部门的协同合作，推进实现气象信息资源共享，实现信息的互联互通，整合气象业务资源，避免气象业务建设重复浪费，以充分发挥气象资源经济社会效益。

第三，引导和激励行业部门优势资源参与气象业务重大核心任务协同攻关，强化气象部门在行业领域的技术创新与应用主体地位。健全行业间科研业务深度融合机制，强化行业间知识流动、人才培养、科技和信息资源共享，推动跨领域跨行业协同创新。各级气象主管机构应组织开展气象行业的业务和科技合作与交流、气象科普宣传、气象科技成果推广等活动，提高气象工作水平；应组织建立健全气象行业间人才培养机制，实现行业间科研业务深度融合；应组织建立健全统一的科研支撑体系，提升气象行业整体基础理论研究和专业技术研究能力。

第四，各级气象主管机构组织制定气象行业规划和政策，完善气象行业法规和标准，强化气象行业治理，加强气象行业协调、指导和服务，合理配置国家对气象行业的投入。

（三）强化部门间协作机制

气象工作和国民经济各行各业密切相关，特别与国土、环保、住建、交通、水利、农业、林业、工信、安监、国防等相关部门间需要沟通协作。要完善和相关部门间的工作机制，统筹协调全社会、跨行业气象发展的重大问题。

为强化部门协作发展，《规划》提出："加强气象与国土、环保、住建、交通、水利、农业、林业、工信、安监、国防等相关部门间的沟通协调和数据信息共享，开展气象多部门、多学科合作，共同推进气象基础设施、信息资源、服务体系的融合发展，以多种形式完善工作机制，提高预报预测准确度和精细化水平。推进智慧气象与智慧交通、智慧海洋、智慧旅游等的融合发展，在国家智慧城市建设中充分发挥气象的支撑保障作用。进一步加强军民融合气象支撑保障，推动实施军民融合发展战略，提高气象为国防服务水平。"

公共服务提供是政府的主要职能之一，气象与各部门之间合作联动的目的是为了向全社会提供更多更好的公共气象服务。长期以来，中国气象局十分重视部际合作，创新部际沟通机制，与多部委在自然灾害防御、环境保护、为农服务、专业化气象服务及对外战略等领域开展了深度合作。到2015年底，中国气象局与中央部委合作部门达22个。"十三五"时期，将进一步争取建立完善跨多部门的高层协调机制，对国土、环保、住建、交通、水利、农业、林业、工信、安监、国防等交叉业务、资源进行统筹协调，协调全社会、跨行业气象发展的重大问题，提高国家气象相关资源利用效率。

此外，在云计算、大数据、物联网、移动互联、智能技术的推动下，信息化已经发展到了"智慧"时代。国内外各行业、各部门纷纷结合"智慧"主题制定新的发展战略。国家明确提出"推进智慧城市建设"，相关部委也提出了"智慧旅游""智能交通"等发展思路和战略。气象与国民经济各行各业以及人们生活都密切相关，气象必须融入经济社会发展，才能真正发挥其保障作用，体现气象的价值。"智慧气象"是基于互联网、物联网、云计算、大数据等新的信息技术的广泛和深入应用，使气象系统成为一个具备自我感知能力、判断能力、分析能力、选择能力、行动能力、自适应能力的系统，气象业务、服务、管理活动全过程充满智慧，促进“智慧气象”与“智慧城市”以及“智能交通”“智慧农业”“智慧旅游”等相融合，充分展现“智慧气象”的广阔前景和无限价值，实现气象在促进经济社会发展、保障国家安全和可持续发展中的效益最大化。

三、依法推进气象协调发展

“十三五”时期，气象事业发展不仅要推进硬实力发展，还要推进软实力提升。应重视气象法治建设、气象智库建设等气象软实力工作，强化气象对国家的决策咨询能力和气象依法行政管理职能。

（一）全面推进气象法治建设的重要意义

深刻分析和准确把握全面推进气象法治建设的重要现实意义，是全面推进气象法治建设的前提和基础，也是依法推进气象协调发展，实现气象科学发展的关键所在。全面推进气象法治建设的重要作用和深远意义主要体现在以下方面。

一是全面推进气象法治建设，是落实依法治国基本方略、建设法治中国的必然要求。气象法治是建设中国特色社会主义法治体系和建设社会主义法治国家的重要内容。全面推进气象法治建设的重要目的之一，就是全面贯彻落实党的十八届四中全会精神，主动适应中央和国家全面依法治国大势，要把中央和国家全面推进依法治国的战略部署贯穿于全面推进气象法治建设的全过程，全面推进气象法治建设必须服务和服从于依法治国大局。

二是全面推进气象法治建设，是保障和推动气象事业全面协调可持续发展的必然要求。全面推进气象现代化是时代赋予广大气象工作者的历史责任，是气象部门贯彻落实党的十八大精神的必然选择，是党中央、国务院和各级党委、政府的要求以及人民群众的期盼，是气象服务经济社会发展、保障人民群众安全福祉的必然要求，也是实现从气象大国向气象强国跨越的必由之路。在全面推进气象现代化的征程中，必然遇到一系列不适应发展的体制机制障碍，适应气象现代化发展就必须深化气象改革，而改革必须在法律的框架下进行，在法治的轨道上推进。

三是全面推进气象法治建设，是全面履行气象职责的必然要求。气象法律法规赋予各级气象主管机构气象防灾减灾、应对气候变化、气候资源开发利用、气象信息发布与传播、气象探测环境和设施保护、雷电灾害防御、人工影响天气、施放气球等方面的管理职能，要及时制止和查处违反气象法律法规的行为，依法规范全社会的气象活动。适应新要求，依法全面履职，必须全面推进气象法治建设，全面提升依法履职的能力和水平。

四是全面推进气象法治建设，是全面提高依法管理气象事务水平的必然要求。全面推进气象法治建设的关键，是要以法治方式维护和保障广大人民群众对气象服务日益增长的需求，以法治方式来推动和保障全面推进气象现代化和全面深化气象改革目标的实现，一切气象行政行为都必须在法律的规定和约束下进行，需要不断提高气象部门各级领导干部运用法治思维和法治方式的能力，全面提高依法管理气象事务的能力和水平。

2014年，十八届四中全会通过《中共中央关于全面推进依法治国若干重大问题的决定》，部署全面推进依法治国这一基本治国方略。气象部门要贯彻落实中央全面依法治国重大决策，就要把气象法治建设与国家法治建设融为一体，把落实好依法治国任务和全面推进气象法治建设紧密结合起来，把全面推进气象法治建设作为全面推进气象现代化和全面深化气象改革的制度保障，作为全体人民享有公共气象服务的制度保障。因此，“十三五”时期，气象部门必须重视和加强气象法治建设。

（二）“十三五”全面推进气象法治建设的主要任务

“十三五”是全面推进气象法治建设的重要时期，各级气象部门肩负的任务很重。《规划》提出：“统筹推进气象法律法规建设，依法全面履行气象行政管理职能。依法规范全社会的气象活动，提高气象普法实效，推动全社会树立气象法治意识。推进气象标准化工作，加快制修订气象业务、服务和管理标准，加强气象数据开放共享和气象服务社会化管理等方面的规章标准建设，实现气象标准在基础业务领域的全覆盖。完善和优化气象标准修订程序，强化标准的质量控制。”

“十三五”时期，全面推进气象法治建设是气象发展的一项重要任务，由于《规划》受体例所限，中国气象局党组对“十三五”全面推进气象法治建设进行了专门部署，2015年下发了《中共中国气象局党组关于全面推进气象法治建设的意见》（中气党发〔2015〕1号），气象法治建设的总体要求是，深入贯彻落实党的十八大和十八届三中、四中全会精神，以及习近平总书记系列重要讲话精神，围绕建设中国特色社会主义法治体系的总体要求和实现气象现代化的目标任务，立足加快转变气象事业发展方式，提高气象事业发展质量和效益，坚持运用法治思维和法治方式，将气象业务、服务和管理等各项工作纳入法治化轨道，依法履行气象职责，依法管理气象事务，努力实现气象工作法治化，为全面推进气象现代化和深化气象改革提供有力的法治保障。中国气象局党组从四个方面提出了全面推进气象法治建设的任务。

1. 构建保障气象改革发展的法律规范体系

总的任务是坚持立法先行和立、改、废、释并举，加强建章立制，完善标准体系，强化规划执行，建立保障气象业务现代化、气象服务社会化、气象工作法治化的法律规范体系，促进现代气象业务信息化、集约化和标准化，增强气象法律法规、标准规范和制度规划的及时性、系统性、针对性、有效性。具体任务包括：

一是推进气象立法进程。按照全国人大、国务院的统筹安排和气象事业发展实际需求，做好气象法律法规的“立、改、废、释”工作，加强气象立法项目的顶层设计和前瞻研究，完善气象立法项目储备制度。着力推进气象灾害防御、气候资源开发利用和保护、气象信息服务和雷电灾害防护等社会关注度高、气象改革发展急需、条件相对成熟的立法项目，加快立法进程。积极参与全国人大常委会涉气象法律草案和国务院涉气象行政法规起草工作。省（区、市）和设区的市气象部门要以贯彻落实法律法规为重点，突出地方特色，加快推进地方气象立法步伐，为国家气象立法先行探索、积累经验、奠定基础。

二是完善部门规章和规范性文件。主动适应气象改革发展进程，以保障社会公共安全与公民生命财产安全、规范气象服务市场秩序及生态文明建设等领域为重点，加快制定气象部门规章。积极推进政府出台规范气象工作和促进气象事业发展的规范性文件，及时制定履行气象公共服务和社会管理职能并以部门名义发布的规范性文件。定期清理部门规章和规范性文件，不符合法律法规的，应当及时修改或废止。

三是强化标准化管理。密切跟踪国家标准化管理体制改革，围绕气象业务信息化、集约化和标准化的要求，完善气象标准体系，提高气象标准质量。加快制修订涉及气象工作职责和重点业务领域的气象技术、服务和管理标准。建立以标准为依据的业务考核和管理工作体系，强化标准实施的监督检查和应用反馈，严格按照相关标准进行气象技术装备研制列装，强化气象数据等相关领域标准的应用实施。加强对气象标准化技术委员会工作的指导协调，引导行业部门参与气象标准化工作，通过标准促进气象行业管理规范高效。

四是发挥规划导向作用。树立规划权威，发挥规划在顶层设计、合理布局、统筹集约、提质增效等方面的导向作用，坚持气象现代化的速度、规模、结构、质量和效益的统一，不断优化业务分工、完善业务布局、调整业务结构。中国气象局要统筹编制和实施国家气象事业发展规划，并将气象规划内容纳入《国家国民经济和社会发展规划纲要》，引导气象资源的合理配置、高效利用和信息的有效共享，避免低水平重复建设，充分发挥各类投资的总体效益，未纳入规划的建设项目不得审批和安排投资。各省（区、市）气象局应加强与地方政府沟通协调，将地方气象事业发展规划纳入地方国民经济和社会发展规划纲要及专项规划。

2. 提升全面依法履行气象职责的能力

总的要求是坚持法定职责必须为、法无授权不可为，推进机构、职能、程序、责任法定化，切实履行公共服务、行政管理、市场监管等气象职责，依法维护和保障人民群众对公共气象服务的基本需求和合法权益。具体任务包括：

一是强化公共服务职能。依照法定职责，不断提升气象探测、预报、服务和气象灾害防御、气候资源利用、气象科学技术研究等方面的能力和水平。积极推进“政府主导、部门联动、社会参与”的气象防灾减灾机制全面融入法治政府建设。推进气象灾害普查和隐患排查及城乡规划、重大基础设施、重大区域性开发的气候可行性论证等公共气象服务职能法定化。深化部门合作，依法保障预警信息“绿色通道”，确保气象灾害预警信息发布权威和传播顺畅。将气象防灾减灾知识纳入国民教育体系，提高社会公众避险、避灾、自救、互救能力。

二是转变行政管理职能。全面梳理“三定方案”和相关法律法规赋予的气象行政管理职能，逐步建立各级气象部门权力和责任清单制度，完善职能清晰、分工合理、权责一致、运转高效、法治保障的气象行政管理体系。完善气象双重领导和双重计划财务体制，明确中央事权、中央和地方共同事权以及地方事权的范围。规范行政审批行为，继续做好行政审批事项的取消下放与承接，切实加强事中、事后监管。加强对气象防灾减灾、气候资源开发利用、气象信息发布与传播、气象设施和探测环境保护、雷电灾害防御、人工影响天气、涉外气象活动的管理，及时制止和查处违反气象法律法规的行为，依法规范全社会的气象活动。

三是加强市场监管职能。注重发挥政府在提供公共气象服务中的主导作用和市场在资源配置中的作用，积极培育气象服务新的增长点，厘清政府、市场和社会组织职责界面，引导市场主体遵纪守法，提供优质气象服务。完善与中国特色现代气象服务体系相适应的法规、政策、标准及市场运行规则。加强对气象服务市场主体行为的监督管理，完善气象服务社会监督和评价制度，维护公平竞争的气象服务市场秩序。研究制定气象中介组织发展政策措施，规范和引导中介组织参与气象社会管理。

四是推动全社会树立气象法治意识。开展与推进气象现代化相适应，集知识普及、观念引导、能力培养于一体的气象法治文化活动。实行“谁执法谁普法”的普法责任制，推进气象法律知识进机关、进乡村、进社区、进学校、进企业、进单位。注重运用新媒体、新技术，切实提高气象普法实效，营造与气象法治建设相适应的社会氛围。

3. 提高依法管理气象事务的水平

总的要求是弘扬社会主义法治精神，树立社会主义法治理念，增强气象部门厉行法治的积极性和主动性，坚持依法决策，强化权力制约监督，推进政务公开，保证气象事务管理规范高效。具体任务包括：

一是健全依法决策机制。建立完善气象改革发展重大决策规则，把公众参与、专家论证、风险评估、合法性审查、集体讨论决定作为重大决策的法定程序。建立重大气象决策终身责任追究制度及责任倒查机制。积极推进国家和省级气象部门法律顾问制度，建立以气象法制机构人员为主、吸收专家和律师参加的法律顾问队伍。

二是强化气象行政权力制约监督。各级气象部门应当主动听取人大和政协对气象工作的意见和建议，自觉接受人大的法律监督、政协的民主监督。积极配合纪检、监察、审计机关对气象依法行政、气象业务服务、项目建设、财务管理等方面的专门监督。发挥气象内部审计机构的保障监督作用，加大对气象法律规范执行情况的审计力度。重视社会公众和媒体监督，健全举报和投诉渠道，对影响较大的问题应当及时向社会公布处理结果。上级气象部门要加强对下级气象部门的行政审批、行政执法等具体行政行为的监督。

三是全面推进气象政务公开。认真贯彻实施政府信息公开条例，重点推进财务预算、公共资源配置、重点建设项目批准实施、项目招投标等方面的政务信息公开。涉及公民、法人或其他组织权利和义务的气象规范性文件，必须按要求和程序予以公布。加强气象政务公开信息化建设，提升中国气象局门户网站和省（区、市）气象局网站的服务功能，逐步推行电子政务，实现网上行政审批，确保行政权力运行规范、透明。

四是增强气象干部职工的法治思维和依法办事能力。完善学法、用法制度，深入开展以宪法为核心、以基本法律为主干、以气象法律规范体系为重点的法治宣传教育。把气象法治建设相关内容列入气象部门各级党组（党委）中心组学习内容及各类教育培训课程。切实增强气象部门干部职工特别是各级领导干部的法治观念，提高其运用法治思维和法治方式深化改革、推动发展、化解矛盾、解决问题的能力。把气象法治建设成效和依法行政、依法办事能力作为衡量各级领导班子和领导干部工作实绩的重要内容。

4. 加强和改进对气象法治建设的领导

总的要求是坚持党的领导，建设一支思想政治素质好、业务工作能力强、职业道德水准高的气象法治工作队伍，强化督导检查，狠抓措施落实，为全面推进气象法治建设提供强有力的组织和人才保障。具体任务包括：

一是健全气象法治建设的制度和工作机制。气象部门各级党组（党委）要加强对气象法治建设的统一领导、统一部署、统筹协调，党政主要负责人要履行全面推进气象法治建设第一责任人的职责。气象部门各级党组（党委）必须自觉在宪法法律范围内活动，要以法治理念、法治思维、法治方式、法定程序谋划和推动各项工作，运用法律手段解决改革发展问题。在全面推进气象法治建设中要充分发挥党组织政治保障作用和党员先锋模范作用。

二是强化督导检查和责任落实。健全气象部门各级党组（党委）统一领导下的分工负责、齐抓共管的责任落实机制。上级气象部门应当加强对下级气象部门法治建设的督导检查和责任落实。科学设定气象法治建设考核指标，纳入目标考核和绩效考核评价体系，并作为全面推进气象现代化指标体系的重要内容予以考核。以专项检查和情况通报为手段，切实强化气象法治建设。

三是建设高素质的气象法治队伍。结合气象管理体制改革切实加强法制机构建设，使法制机构的规格、编制与其承担的职责和任务相适应，地市级气象部门要健全法制机构，市县级气象部门要积极落实行政执法人员和经费投入。切实加强气象法治队伍建设，注意招录、引进法律专业优秀人才，优化气象法治工作队伍人才结构，加强在职气象法治人才培养，拓宽和畅通法制机构干部与其他部门干部交流和成长的通道，提高气象法治队伍整体素质。

（三）加强气象智库建设，不断提升气象软实力

气象智库建设是气象发展提高软实力的综合体现，是不断提高气象科学决策水平的客观要求，也是气象现代化体系建设的重要构成内容。因此，在“十三五”时期，建设中国特色气象智库，提升气象政策研究和决策咨询能力，对我国气象事业科学发展有着重要的作用。

1. 加强气象智库建设是时代赋予的新要求

中国气象局党组十分重视气象智库建设，从1991年成立国家气象局总体规划研究设计室，到2003年成立中国气象事业发展战略研究领导小组办公室，2008年重新组建了中国气象局发展研究中心，进一步明确了气象发展研究的目标任务，气象事业发展研究工作、气象战略研究和气象智库建设进入了新的阶段。近年来，气象发展研究在气象事业发展战略规划与顶层设计，以及涉及全局性、战略性、长远性的气象重大问题研究和决策咨询方面取得了一批重大成果，为促进气象改革和气象现代化发挥了积极作用。为不断加强气象发展研究工作，2013年中国气象局制定下发《关于加强气象发展战略研究的意见》（气发〔2013〕12号），特别是在2014年中央《关于加强中国特色新型智库建设的意见》（中办发〔2014〕65号）下发以后，中国气象局党组对贯彻落实文件精神提出了明确要求。但是，当前气象发展研究与中国气象局党组寄予的要求还有较大差距，尚未形成特色鲜明的研究领域和研究成果，缺乏具有较高层次和较大影响力的专职研究人才，尚未形成实体性独立研究机构，内部组织结构也还不适应，运行机制还有待完善。

中央下发《关于加强中国特色新型智库建设的意见》（中办发〔2014〕65号）旨在加强中国特色新型智库建设，建立健全决策咨询制度。同年，国家确定了25家机构作为首批高端智库建设试点单位，旨在大力发展我国高端智库建设工作。国家的一系列举措标志着我国在全面深化改革的进程中，中国特色新型智库正扮演着越来越重要的角色，也表明政策研究和决策咨询工作是提升国家治理能力和治理体系的重要保障，是国家软实力的重要体现。加强气象智库建设是气象部门贯彻落实党中央、国务院关于加强中国特色新型智库建设的具体行动，是更好把握气象事业发展方向、制定气象发展战略规划、推动气象全面深化改革的实际需要。同时，气象智库建设也是气象现代化体系建设的重要内容，解决气象现代化发展重大问题、破解全面深化气象改革难题、实现气象发展科学决策等都需要气象智库提供智力支持。因此，高度重视并切实加强气象智库体系和新型气象智库建设具有重要意义。

25家机构入选首批国家高端智库建设试点单位

2015年12月，国家高端智库建设试点工作启动会在京举行，共有25家机构入选首批国家高端智库建设试点单位。

首批入选的机构大体分为四种类型。

第一类是党中央、国务院、中央军委直属的综合性研究机构，共10家。分别是，国务院发展研究中心、中国社会科学院、中国科学院、中国工程院、中央党校、国家行政学院、中央编译局、新华社、军事科学院和国防大学。

第二类是依托大学和科研机构形成的专业性智库，共12家。分别是，中国社会科学院国家金融与发展实验室、中国社会科学院国家全球战略智库、中国现代关系研究院、国家发展和改革委员会宏观经济研究院、商务部国际贸易经济合作研究院、北京大学国家发展研究院、清华大学国情研究院、中国人民大学国家发展与战略研究院、复旦大学中国研究院、武汉大学国际法研究所、中山大学粤港澳发展研究院、上海社会科学院。

第三类是依托大型国有企业，只有1家，为中国石油经济技术研究院。

第四类是基础较好的社会智库，共2家，分别是中国国际经济交流中心和综合开发研究院（中国·深圳）。

2. 气象智库建设的主要任务

《规划》提出："统筹推进气象硬实力与软实力的协调发展，在强化气象基础设施建设、气象科技等硬实力的同时，重视气象法制、标准、科学素养和文化等气象软实力提升，加强气象智库建设。""十三五"时期，气象政策研究和决策咨询能力的加强是气象软实力提升的重要体现。气象智库建设和发展的任务，已经成为气象部门一个重要议题。具体来说有五方面重点任务。

一是以中国气象局发展研究中心为试点打造中国气象高端智库。2015年，国家首批25家高端智库建设试点单位的确立，目的是大力发展我国高端智库建设工作。气象领域也需要凝聚力量打造属于自己的智库品牌。中国气象局发展研究中心自成立以来一直受到中国气象局党组的高度重视，是中国气象局党组信赖的智库机构。《中国智库名录》2015年版将中国气象局发展研究中心收录其中，这标志着中国气象局发展研究中心经过这些年的努力，已经有了显著的成效，逐渐被部门内外所认可。气象部门要进一步贯彻落实国家《关于加强中国特色新型智库建设的意见》，参照国家智库试点单位政策，下发加强气象智库体系建设有关文件，明确中国气象局发展研究中心为气象智库建设试点，进一步加大对气象智库建设的支持力度，为打造我国高端气象智库先行先试创造条件。

二是建立灵活的人才机制。制定和实施气象智库人才培养计划，把气象智库专家队伍建设纳入中国气象局人才工程，为研究人员提供国际交流的平台和学习的机会，把气象软科学研究和战略与政策研究纳入中国气象局科技创新体系。建立智库专家和领导干部、科技专家正常交流机制，建立青年人才培养导师制度。按照“实体化、专业化、国际化、大网络”的方向，形成合理的政策研究和决策咨询业务格局。促进建立智库人才发展政策体系，建立完善有效的评价激励机制，为智库人才培养、使用、引进创造良好的制度保障。

三是建立规范的内部运行机制。主要内容包括：建立规范的内部管理制度和工作规则；完善智库内部干部选拔、培养、使用和考核评价制度；建立智库研究成果的应用转化与评估机制；建立与岗位职责、工作业绩、实际贡献紧密联系和鼓励创新的激励机制。力争将气象智库建成机构合理、规模适度、运行规范、机制完善、多层次、有重点、持续发展的实体型研究机构。

四是多出高质量的气象智库研究成果。夯实研究基础，在气象战略研究、规划研究、政策评估、决策咨询等若干领域取得重要成果。建立和完善研究成果交流平台，提升气象智库机构主办刊物水平，加强内外部刊物与其他高水平学术期刊的交流合作，扩大气象软科学研究成果的影响力。加强调查研究与培训学习，进一步提高咨询报告和研究报告的科学性与前瞻性，在中国气象事业发展的重大决策中发挥支撑作用。

五是加强多方位交流合作。加强气象智库与党政部门、社科院、党校、行政学院、高校和社会智库的交流与合作。拓展国际交流与合作领域，建立与国外气象智库定期交流机制。通过定期举办气象智库论坛，建立气象智库官方网站、微信、微博等新媒体社交平台，着力提升气象智库研究能力与国内外影响力。

参考文献

姜巍，2015. 构建“十三五”区域协调发展新格局[J]. 中国发展观察，(11)：22-23，38.

李博，2016. 深化协调发展全面推进气象现代化[N]. 中国气象报，2016-01-19(2).

习近平，李克强，张高丽，等，2015.《中共中央关于制定国民经济和社会发展第十三个五年规划的建议》辅导读本[M]. 北京：人民出版社.

张艳玲，2015. 解读五中全会：坚持协调发展 着力解决发展不均衡问题[N]. 中国网，2015-11-01. http://news.china.com.cn/txt/2015-11/01/content.36946732.htm.

中国气象局，2016. 气象统计年鉴2014[M]. 北京：气象出版社.

第六章　绿色发展　保障生态建设和气候安全

党的十八大把生态文明建设纳入中国特色社会主义事业"五位一体"的总体布局，并首次提出"加强防灾减灾体系建设，提高气象、地质、地震灾害防御能力"，强调"积极应对全球气候变化"。这充分表明党中央对气象防灾减灾工作的高度重视，充分体现气象事业在我国经济社会发展全局中的重要地位和光荣使命，更标志着气象事业正进入一个重要战略机遇期。因此，《规划》提出了"绿色发展，保障生态建设和气候安全"作为气象发展的第三大任务，旨在引导"十三五"时期重点加强生态建设和环境保护气象保障能力建设、积极应对气候变化、有序开发利用气候资源，切实做到保障生态建设和气候安全，保障国家绿色发展的同时，实现气象自身的绿色发展。

一、气象在生态文明建设中的重大作用

气象是自然生态系统的重要组成部分，是支撑所有生物存在和发展的基础性条件，是生态文明建设重要的战略支点。气象工作在生态文明建设总体布局中处于基础性科技保障地位，在生态资源开发、风险防范、决策咨询、服务保障、科技支撑等方面发挥着不可替代的重要作用。

(一)在生态资源开发中发挥作用

气候资源是经济社会可持续发展的重要基础资源，科学合理开发利用气候资源，不仅可以有效缓减资源日趋紧张和生态系统退化的严峻局面，而且可以减少对石化能源的依赖，优化生态环境。气象部门在气候资源开发利用工作中发挥着重要作用。这些年来，全国各级气象部门充分发挥技术优势，积极开展气候资源普查、详查、测量和评估等基础工作，为合理开发及保护气候资源提供了科学数据，尤其是2004—2006年开展的第三次风能资源评估进一步探明了我国两大风能资源丰富带内的风能资源基本分布情况，为国家风电发展规划的制定提供了基础信息；组织开展太阳能资源以及可再生能源评估等专业服务，为科学开发利用气候资源提供了依据。许多地区还通过人工增雨(雪)手段开发利用空中云水资源，有效缓解了当地的旱情和水资源短缺的问题，优化了生态环境。例如，青海三江源人工增雨工程实施5年(2005—2010年)来累积增加了258亿立方米降水，草山草滩得到较好恢复；甘肃石羊河流域人工增雨(雪)作业覆盖面积达5000平方千米，每年流域可增加降水1.5

亿吨以上，为流域生态治理做出了突出贡献。长期以来，各级气象部门深入开展了农业生态气候资源开发利用研究，将生态气候资源优势转化为经济发展优势，促进产业结构优化调整和经济发展方式转变，实现经济的可持续发展，为生态文明建设做出了应有的贡献。

(二)在生态风险预防中发挥作用

避免和减轻气象灾害，预防生态风险是生态文明建设的重要任务之一，也是公共气象服务的重要职责。我国是世界上受气象灾害影响最严重的国家，气象灾害种类多、强度大、频率高，严重威胁人民生命财产安全，给国家和社会造成了巨大损失，气象灾害、气候环境恶化对生态安全也构成严重威胁。为降低气象灾害风险，减轻气候变化对自然生态和经济社会的影响，近年来我国基本建成了气象灾害防御体系。全国因气象灾害造成的人员死亡数及其造成的经济损失占 GDP 的比例明显降低，气象防灾减灾取得了显著的经济、社会和生态效益。同时，我国已经建成了较为科学的气象风险评估体系，建成了国家、省、地(市)、县四级灾情上报系统和灾情信息共享平台，完成了以县为单位的全国历史气象灾情普查，开展了城市大气成分监测和污染气象条件预报，加强了气象与公共卫生预防。目前，全国共有 1065 个县完成了县级气象灾害风险区划，完成县级主要气象灾害风险区划 4501 项。2012 年，气象部门基于临界致灾条件和灾害性天气预报开展了全国暴雨诱发中小河流洪水、山洪地质灾害气象风险预警试验业务，全年开展气象风险预警服务次数达到 8545 次。截至 2015 年，全国累计完成 2190 个县的灾害风险普查，完成了 5860 条中小河流、17 759 条山洪沟、12 438 个泥石流点、53 589 个滑坡点的风险普查，记录数据 1 160 245 个，计算阈值 120 040 个。气象灾害风险评估成为建设工程设计和施工的基本依据，大大降低了重大工程建设项目的气象灾害风险。可见，气象灾害风险预防，对生态保护、生态修复和生态安全具有重要作用。

(三)在生态决策咨询中发挥作用

生态文明建设决策涉及一系列重大战略问题，特别是应对气候变化、气象防灾减灾、大气环境治理、水环境治理和生态环境保护，以及国际应对气候变化政策制定和谈判等领域的重大战略决策，都需要气象科学技术的支持与参与。气象基础监测可全天候全天时、近地观测，迅速准确地获取天气、气象灾害、自然环境和生态变化信息，及时掌握自然灾害和环境污染的发生、发展和演变，为生态文明建设决策提供科学依据。天气预报、气象综合信息、农业气象、防汛抗旱等气象服务产品，已经成为各级党委、政府在生态安全和生态文明建设中重要的决策依据。近 10 年来，中国气象局围绕气候变化事实及影响、极端灾害应对、粮食和水资源安全、温室气体浓度变化及黑碳气溶胶气候效应等领域，已形成近 50 份决策咨询报告，组织完成近 20 份专家委员会报告并获得国家领导人系列批示。中国气象局专家和专家委员会成员曾为中央政治局第六次和第十九次集体学习讲解气候变化问题，这为我国制定应对气候变化内政外交战略提供了有力支撑。

（四）在生态服务保障中发挥作用

推进生态文明，建设美丽中国，不仅要创造经济社会发展与环境保护共同繁荣的良性循环，而且要建设形成天蓝、地绿、水净的宜居气候环境，实现人与自然和谐发展。因此，必须充分发挥气象服务在生态文明建设中的作用。近年来，各级气象部门组织开展气候环境监测，已建有 92 个 $PM_{2.5}$、74 个 PM_1、120 个 PM_{10} 质量浓度观测站，357 个酸雨观测站，29 个沙尘暴观测站，以及 1 个全球大气本底基准站、6 个区域大气本底站和多个大气成分观测站，气候生态监测能力不断增强。同时，着力加强了重点城市雾、霾监测预报预警和环境空气质量预报，不断提高生态灾害预警能力。目前 31 个省（区、市）气象部门已不同程度地开展了雾预报、霾预报、沙尘暴预报、空气污染气象条件和空气质量预报、酸雨监测、生活指数、高温中暑预警、紫外线预报等生态环境气象业务服务，为城乡生态安全和提高人民生活环境质量提供了丰富的生态气象服务产品，为气象部门在国家生态文明建设中进一步发挥作用奠定了良好的基础。

大气环境污染事件频发重发，以雾、霾天气为聚焦点的城市大气污染是当前我国面临的亟须解决的问题。随着人们生活水平的不断提高，群众对健康环境的需求越来越迫切。伴随我国工业化、城镇化的快速发展，雾、霾天气频发重发，一些重点城市和地区的 $PM_{2.5}$ 浓度高、范围广并且持续时间较长，几次雾、霾事件在国内和国际上都引起很大的关注。同时，大气环境污染、突发有毒有害气体泄漏等环境气象问题凸显，公众对保护环境、保障健康的愿望越来越强烈。如何治理大气污染，是全人类面临的亟须解决的问题之一。

“十二五”以来，国家出台的一系列生态文明方面的重大政策，很多与气象事业发展紧密相关。《中华人民共和国大气污染防治法》第 93 条规定“国务院环境保护主管部门会同国务院气象主管机构等有关部门、国家大气污染防治重点区域内有关省、自治区、直辖市人民政府，建立重点区域重污染天气监测预警机制，统一预警分级标准”，第 95 条规定“省、自治区、直辖市、设区的市人民政府环境保护主管部门应当会同气象主管机构建立会商机制，进行大气环境质量预报”。这为气象部门在国家环境污染治理的大格局中有所作为提供了契机，特别是有助于气象部门在绿色发展和协同发展中发挥更大的作用。国务院已印发并开始实施《大气污染防治行动计划》（国发〔2013〕37 号），对 2017 年以前全国各级城市、重点地区污染治理情况制定详细指标，并设立明确目标，对京津冀、长三角、珠三角等重点区域实行更高标准，这是我国有史以来最为严格的大气治理行动计划。气象部门亟须找准切入点，加快发展环境气象业务，发挥好气象在大气成分监测、预报、预警以及防御治理中的作用。

（五）在生态科技支撑中发挥作用

生态文明建设既是发展问题，也是科学技术问题。如果没有科学技术支撑，生态文明建设就难以持续，也难以避免盲目性。尊重自然气候规律是生态文明建设的基础，在过去的发展中，由于违背自然气候规律已经有无数的失败教训。现在进行生态文明建设，必须充分考虑经济社会发展布局与建设中不同区域气候条件和气候资源特点，自觉遵循和利用自然气候规律，以促进经济社会的安全和可持续发展。这就要求大力发展气象科学技术，揭示全球和区域气候变化事实，深入研究气候规律，研究全球气候变化机理和归因，为生态文明建设提供基础性的科学技术依据和支撑。特别是天气预报、气候预测、人工影响天气、干旱监测预报、雷电防御、农业气象与生态、气候资源开发利用等领域的科技成果，对于生态文明建设发挥了基础性的科技支撑作用。

因此，气象部门践行绿色发展理念是气象工作的基本要义。当前，全球气候变暖已深刻影响全球自然生态系统和经济社会系统，特别是由此造成的极端天气气候事件已成为影响经济社会稳定和发展的重要因素。我国正在加快新型城镇化和农业现代化进程，社会财富日益积累，自然灾害潜在威胁和风险更加突出，各方面对气象服务的依赖越来越强、要求越来越高。另外，人民群众更加注重生活质量、生态环境和幸福指数，对高品质的气象服务充满期待。与之相应的气象防灾减灾、应对气候变化、保障气候安全、推进绿色增长等任务更加紧迫，"十三五"时期，做好气象工作，必须把践行绿色发展理念作为长期指导思想，把服务保障生态文明建设，促进绿色发展贯彻到气象事业发展的各个方面和全过程。

综上所述，气象部门践行绿色发展理念，应当在气候风险防范、气候资源开发、气候科技支撑、生态服务保障等方面着力，在服务国家应对气候变化战略和保障生态文明建设中充分发挥作用。

生态文明体制改革总体方案

六个理念：尊重自然、顺应自然、保护自然，发展和保护统一，绿水青山就是金山银山，自然价值和自然资本，空间均衡，山水林田湖是生命共同体。

六项原则：坚持正确方向，自然资源公有，城乡环境治理体系统一，激励和约束并举，主动作为和国际合作结合，试点先行与整体推进结合。

八类制度：自然资源资产产权，国土开发保护，空间规划体系，资源总量管理和节约，资源有偿使用和补偿，环境治理体系，市场体系，绩效考核和责任追究。

气象发展机遇：坚持自然资源资产的公共性质，包括空气和水，这为开展气候可行性论证和人工影响天气提供了法理依据。

> 建立充分反映资源消耗、环境损害、生态效益的生态文明绩效评价考核和责任追究制度。注重空间治理和空间结构优化，注重自然价值和代际补偿的资源有偿使用和生态补偿制度。气象部门可以据此与相关部门深化合作，为政府有关工作提供支撑保障。

二、加强生态建设和环境保护气象保障能力建设

“十三五”时期，加强生态文明和环境保护气象保障能力建设，必须面向需求、立足实际、着眼未来、认清形势、明确任务，将气象工作放到经济社会发展大局和国家现代化总体布局中来统筹思考和谋划。充分发挥气象在生态文明建设中的基础性科技保障作用，服务《大气污染防治行动计划》，加强极端天气气候事件风险评估，提升重点区域生态气象监测预警。

(一)服务《大气污染防治行动计划》

《规划》提出：“开展和完善以城镇化气候效应、区域大气污染治理、流域生态环境、脆弱区生态环境保护等为重点领域的国土气候容量和气候质量监测评估。”

气象部门应在积极贯彻落实《大气污染防治行动计划》过程中找准切入点。经过多年发展，我国环境气象预报服务内容及产品主要包括以下四类：

一是监测服务产品，包括颗粒物、反应性气体、酸雨、霾、沙尘、空气质量等大气环境和大气成分监测产品。

二是预报服务产品，包括霾、沙尘、空气污染气象条件、空气质量、能见度、光化学烟雾、气溶胶浓度等预报服务产品。

三是应急预警服务产品，包括核泄漏及有毒有害气体扩散等突发环境事件的应急预警服务产品。

四是评估服务产品，包括酸雨、空气质量、光化学烟雾等评估产品。

“十三五”时期，气象工作要主动服务《大气污染防治行动计划》，建立完善现代化气象预报预测系统，切实加强气象监测预警和应急能力建设，进一步提高监测预报的准确性、灾害预警的时效性、气象服务的主动性、防范应对的科学性。科学组织开展气候环境监测，充分发挥雷达、卫星遥感、无人机监测在分析判断气候环境状况变化中的作用。加强包括 $PM_{2.5}$ 在内的大气成分监测，加快推进重点城市雾、霾监测预报预警和环境空气质量预报，制定发布生态气候产品，提供城乡发展和人民生活水平提高所需要的更多的生态环境气候服务产品。进一步提高灾害预警能力，改善气候质量，为人民生活提供更加清新的空气、更加舒适的环境、更加宜人的气候服务。适应城镇化发展的需求，为城镇规划布局、划定生态红线等提供依据。针对跨区域、跨流域以及脆弱区大气与生态保护的重点特征，开展国土气候容量和气候质

量监测评估。

(二)加强极端天气气候事件风险评估

《规划》提出:“结合国家主体功能区建设布局和各地社会经济和自然条件,绘制气象灾害风险区划图。”

当前,气象灾害与气候环境恶化对经济社会可持续发展和自然生态环境带来的损失和风险与日俱增。最近30年,全球86%的重大自然灾害、59%的因灾死亡、84%的经济损失和91%的保险损失都是由气象灾害及其衍生灾害引起的,尤其是极端天气气候事件增多加强了潜在系统性风险。

“十三五”时期,必须牢固树立灾害风险管理和综合减灾理念。要针对气候灾害覆盖广、传递强、破坏大、持续长的特点,建立完善灾害风险管理体系,深入研究气候灾害发生发展的机理,加强极端天气气候事件的防御,降低气候灾害风险,减轻气候变化对自然生态和经济社会的影响。加强灾害风险评估,实现风险调查到村(社区)、规避风险到人。大力开展全国气候灾害风险与减灾能力调查,研究气候灾害风险评估方法和临界致灾条件,开展气候灾害风险区划、风险评估,不断提高灾害评估水平。加强极端天气气候事件风险评估,结合国家主体功能区建设布局和各地社会经济和自然条件,绘制气象灾害风险区划图。

(三)提升重点区域生态气象监测预警

《规划》提出:“完善重点生态功能区、生态环境敏感区和脆弱区等区域生态气象观测布局,提升对森林、草原、荒漠、湿地等生态区域的气象监测能力,建立生态气象灾害预测预警系统,加强气候变化影响下的极端气候事件、水土流失和土地荒漠化、大气污染等生态安全事件的气象预警。”

水、湿、温、光、气等气候条件,是一个地区生态系统维持的基本前提。如果这些要素受到破坏,自然气候条件极有可能发生不可逆的转变,不仅可能危及自然生态系统安全,还可能危及人类生命安全。研究表明,如果未来全球平均气温升高3 ℃以上,伴随着生态系统动态平衡被破坏,生物多样性将会出现广泛丧失,会对我国陆地生态系统造成不可逆转的影响,也会对水生态、近海生态、林地生态和城乡人居生态环境产生显著影响。一个地区气候系统所能够承载的自然资源、人口规模和社会经济活动持续发展的能力是有限的。如果气候系统不稳定甚至发生改变,那么建立在原有气候系统之上的经济基础将会发生变化。因此,需要提升对重点区域的生态气象监测预警。

“十三五”时期,一方面完善生态气象观测布局,提升对森林、草原、荒漠、湿地等生态区域的气象监测能力;另一方面建立生态气象灾害预测预警系统,开展对生态安全事件的气象预警。

一是水资源影响定量评估——开展基于多个水文模型的流域尺度水资源评估、

预评估和预估，以水文模型的模拟结果为基础，结合农业、生态和社会经济需水量，开展水资源对农业、生态系统和社会经济等其他行业的影响评估。

二是生态影响定量评估——基于多元卫星遥感数据产品和陆地生态评估模型，建立基于多模型的气候和气候变化对陆地生态系统影响综合评估业务系统，开展针对关键生态功能区、生态脆弱区和敏感区及重大生态问题的气候影响综合评估业务。

三是综合影响评估模式——针对农业、水资源、生态系统等不同行业，以我国经济社会发展和气候环境变化信息为基础，研发适用于我国经济社会发展和气候环境变化特点的气候变化综合影响评估模式，掌握气候变化对农业、水资源、生态系统等不同行业的综合影响评估关键技术方法，建设我国气候变化综合影响评估业务系统。

三、强化应对气候变化支撑

气象科学技术是应对气候变化的科学基础和支撑，国家推进经济社会实现绿色发展，必须强化应对气候变化科技支撑，促进人与自然和谐发展。

（一）尊重自然气候规律

尊重自然气候规律是生态文明建设的基础，是践行绿色发展理念的根本要义。气象在生态文明建设中的科技性是由尊重自然、顺应自然、保护自然生态文明理念所决定的。气候规律具有不以人的意志为转移的客观性，是气候运动内在规律的反映，遵循气候规律是尊重自然的必然要求。

1. 强化尊重自然、顺应自然、保护自然的生态文明理念。践行绿色发展既是发展问题，也是科学技术问题。如果没有科学技术支撑，绿色发展难以维系。在过去的发展中，由于违背自然气候规律已经有无数的失败教训。现在建设生态文明，在经济社会发展布局和建设中就必须充分考虑不同区域气候条件和气候资源特点，自觉遵循和利用自然气候规律，以促进经济社会的安全和可持续发展。

2. 自觉遵循和利用自然气候规律。气候变化是受到广泛关注和研究的全球性环境问题。随着全球气候变暖，我国极端天气气候事件发生的概率进一步增大，气候灾害的突发性、反常性和不可预见性日益突出，灾害的风险日益增加，流域性特大洪涝、城市内涝、区域性严重干旱、高温热浪、极端低温、特大雪灾和冰冻等灾害将频繁发生。随着人民生活水平的提高，气象防灾减灾已成为牵动面越来越广的社会公共事务，公众对气候变化引起的气候环境和灾害等问题更为关注。如何科学应对气候变化带来的气候灾害，是摆在当代中国特别是气象工作者面前的重大课题。建设生态文明是中国应对全球气候变化的重大贡献。

3. 全面贯彻党的十八大关于生态文明建设战略部署。把生态文明理念融入应对气候变化、气候资源开发利用保护、环境气象的各方面，以及气候规划、建设、管理的各环节，通过加强制度法规建设和监管，创新体制机制，主动适应气候规律，合理利用气候容量，统筹开发气候资源，科学应对气候变化，有效防御气候灾害，着力改善气候质量，树立气候文明发展理念，大力推进生态文明建设，促进经济社会可持续发展。

（二）“十三五”应对气候变化的科技任务

“十三五”时期，生态文明建设需要先进的科学技术引领发展方向，气象与气候条件是生态文明建设的前置条件，气象事业将为生态文明建设提供重要科技支持。

1. 加强气候变化系统观测和科学研究。《规划》提出：“提高应对极端天气和气候事件能力。推进气候变化事实、驱动机制、关键反馈过程及其不确定性等研究，着力提升地球系统模式和区域气候模式研发应用能力，完善气候变化综合影响评估模式，集中在气候变化检测归因、极端气候事件及其变化规律、极端事件风险评估、气候承载力评估等关键技术上，形成一批集成度高、带动性强的科技成果。”

气候与气候变化研究是支撑国家应对气候变化的科学基础，气候变化的事实、影响、减缓与适应的科学研究是应对气候变化的根本支撑。应对气候变化挑战，关键是依靠科技进步和科技创新。中国政府重视并不断提高气候变化相关科研支撑能力，组织实施了一大批国家重大科技项目，组织编写了《气候变化国家评估报告》、《中国气候与环境演变》等，为国家制定应对全球气候变化政策和参加公约谈判提供了科学依据。科技部等16个部委还联合印发《“十二五”国家应对气候变化科技发展专项规划》，对应对气候变化科技发展做出整体部署，相关部委围绕重点领域制定了专题规划。

“十三五”时期，要科学应对气候变化，大力发展气象科学技术，揭示全球和区域气候变化事实，深入研究气候规律，研究全球气候变化机理和归因，为生态文明建设提供基础性的科学技术依据和支撑。特别是天气预报、气候预测、人工影响天气、干旱监测与预报、雷电防御、农业气象与生态、气候资源开发利用等领域的科技成果，要为践行绿色发展发挥基础性的科技支撑作用。

2. 做好气候变化的监测、检测、预测和预估。《规划》提出：“加强对温室气体、气溶胶等大气成分的监测分析，发布具有国际影响力的全球和区域基本气候变量长序列数据集产品，建立综合性观测业务，加强资料共享，开展华南区域大气本底观测试验，增强温室气体本底浓度联网观测能力。”

确保到2020年，在温室气体观测及基础数据建设、气候变化监测水平、气候变化模拟预估能力、气候变化机理、气象灾害发生及其变化规律研究等方面取得突破；适应气候变化特别是应对极端天气气候事件监测预警，以及针对农业、林业等重点行业的气象服务能力明显增强。

四、积极应对气候变化

积极应对气候变化，是实现绿色发展的重要内容。党的十八届五中全会通过的

《建议》提出:“积极应对全球气候变化,要坚持减缓与适应并重,主动控制碳排放,落实减排承诺,增强适应气候变化能力,深度参与全球气候治理,为应对全球气候变化做出贡献。”

(一)积极构建国家气候安全战略

随着全球气候变化对人类生存与发展影响的日益凸显,进入21世纪,“气候安全”被很多国家视为国家安全战略的重要部分。气候安全作为一种全新的非传统安全,在国家安全体系中具有基础性作用,不仅直接关系到人民群众生命财产安全,更关系到国家经济社会发展的安全。

1. 构建国家气候安全战略的重大意义

全球气候正经历着以变暖为显著特征的变化,由此带来的气候安全问题已严重影响到我国自然生态系统和经济社会发展,对国家安全构成严重威胁。研究气候安全问题,凸显气候安全在国家安全体系中的重要地位和作用,对促进经济社会安全发展和可持续发展具有重大现实意义。

气候安全是经济安全的基本保障。一个地区特定的气候资源所能够承载的自然生态系统和人类社会经济活动的数量、强度和规模是有限的,如果气候资源受到破坏或不安全,那么以气候资源为依托的经济活动就会受到影响或破坏,这将直接影响国家基础性经济安全。气候安全还表现在气候环境上,如果气候环境恶化,各种气象灾害频发,人们正常的经济社会活动秩序就会受到干扰,不仅会造成停工停产,而且还会对已取得的经济活动成果造成重大损失,同时还将投入大量人力、物力、财力用于抗御气象灾害。气候不安全还可能推升大宗商品价格、放大金融市场波动。由此可见,气候安全是构成国家经济安全的基本条件和保障,没有气候安全,就没有经济安全,也没有经济的可持续发展。

气候安全是生态安全的基本前提。生态系统是自然界一定空间内,植物、生物与环境构成的统一整体,一个区域的生态是否安全直接受到气候安全的影响。一个区域的生态系统既是长期适应这个区域气候的产物,也是不断孕育这个区域气候的环境条件。如果气候安全受到破坏,这些自然气候条件必然发生重大改变,这不仅可能危及自然生态系统安全,还可能危及人类生命安全。在当前气候背景下,各地经常上演水体污染、生态退化、空气环境恶化等事件。从这个意义上讲,没有气候安全就没有生态安全,气候安全是生态安全的基本前提。

气候安全是资源安全的重要基础。气候降水是自然淡水资源的主要来源,我国大部分地区处于东亚季风区,降水资源客观上就存在年内和年际不规则变化的脆弱性特征。在气候变化背景下,不断打破历史降水资源时空分布规律,水资源脆弱性正在加剧,淡水资源短缺形势和供需矛盾日益突出,直接威胁着我国的水资源安全。目前,我国水电、风电、太阳能发电在能源结构中已占相当比重,它们均来自稳定的气候资源，如果气候安全受到破坏，水电、风电、太阳能发电均会受到严重影响，特别是水电，如果发生长期干旱天气，水电就可能终止发电，能源安全就会受到严重影响。极端天气气候事件频繁发生，不仅经常打破冬季采暖、夏季降温等能源消费供需平衡，而且对能源生产和运输都会产生显著影响。气候变暖还导致冻土逐步消融，西气东输工程和中俄石油天然气管道都经过大面积冻土地带，其运行安全的风险在上升。

气候安全是国家粮食安全的本底条件。粮食既是关系国计民生和国家经济安全的重要战略物资，也是人民群众最基本的生活资料。作为粮食生产大国和人口大国，我国粮食安全正面临日益严峻的气候危机挑战。相关研究认为，气温升高、农业用水减少和耕地地力下降，将使我国 2050 年的粮食总生产水平比 2005 年下降 14%～23%。同时，受气候变化影响，温度升高将加剧我国北方地区水资源短缺，特别是在北方干旱和半干旱地区情况更为严重，干旱使农作物生长缓慢甚至停止，造成歉收或绝收。气温升高同时对害虫的繁殖、越冬、迁飞等习性产生明显影响，加剧病虫害的流行和杂草蔓延。可见，没有气候安全，粮食安全就没有可靠的前提和保障。

气候安全是社会安全稳定的重要条件。气候风调雨顺，气候规律正常，人们正常的经济社会生产和生活就不会受气候的侵扰。如果气候不安全，气候规律失常，极端天气气候事件频发多发，受影响区域的经济社会生产和生活秩序就会受到破坏，甚至造成大量人员伤亡，从而导致社会关系紧张，甚或引发局部混乱和动荡，还可能进一步演变成政治安全问题。近些年来，尽管我国十分重视气候安全，气象灾害造成的死亡人口逐年下降，但每年因自然灾害死亡的人口仍在 2000 人左右。因此，我国一直把气候安全，特别是气候灾害问题上升到事关国家政治的高度，气候安全不是单纯的自然灾害问题，也不是一般的经济发展问题。

2. 气候安全面临重大挑战

近百年以来，受自然和人类活动的共同影响，全球正经历着以变暖为显著特征的气候变化，对全球自然生态系统产生了明显影响，也带来了不可回避的气候安全和生态安全问题，成为国际社会面临的重大共同挑战。

全球变暖对气候安全正在构成重大威胁。世界气象组织发布的 2015 年气候状况声明称：因受人类活动和强厄尔尼诺的影响，2015 年是自有现代观测以来最热的年份。中国气候变暖趋势与全球一致，2015 年是自 1951 年以来平均气温最高的一年，较常年偏高 0.95 ℃。IPCC 第二次评估报告指出，如果地球温度较工业革命之前增加超过 2 ℃，由气候变化产生的升温风险将显著增加。我国科学家的预测表明：在 RCP8.5 和 RCP4.5 情景下，我国区域平均温度可能分别增加 5.0 和 2.6 ℃，增温幅度都比全球平均的增温幅度更高。

极端天气气候事件频发，气候安全常敲警钟。近 50 年来，极端天气气候事件的强度和频率发生明显变化：全球极端暖事件增多，极端冷事件减少；高温热浪和干旱发生频率更高，时间更长；陆地上强降水事件增加。我国区域性洪涝和干旱灾害呈增多增强趋势，北方干旱更加频繁，南方洪涝灾害、台风危害和季节性干旱更趋严重，低温冰雪和高温热浪等极端天气气候事件频繁发生，极端天气气候事件造成的直接经济损失总量持续增加，2011—2015 年我国年平均经济损失达到 3800 亿元。极端天气气候事件频发，气候安全正在受到挑战。

城乡人居气候环境恶化将扩大气候安全风险。受西方早期工业化和城镇化思想影响，我国在推进工业化和城镇化发展的进程中，对人居气候环境和气候安全明显考虑不足，2014 年 89.2％的城市空气质量平均值不达标，雾、霾天气频发造成社会高度紧张；2015 年，全国 154 个城市因暴雨洪水发生内涝受淹，受灾人口 255 万人，直接经济损失达 81 亿元，城市内涝成为许多城市挥之不去的困扰；一些城市经常受到高温热浪的冲击，造成电网告急而限电停电；一些地区水环境污染，造成空气恶臭，严重影响城乡居民生活环境；由于气候环境恶化，还造成疟疾、登革热、血吸虫病、黄热病及一些病毒性脑炎等众多媒介疾病分布和季节扩展。当前，如果城乡人居气候环境得不到有效治理，气候安全风险还将进一步扩散和增加。

排放存量的惯性和经济社会发展的刚性将增加气候安全风险。在全球不再增加温室气体排放的情景下，受排放存量的影响，气候变暖已经成为事实，极端天气气候事件发生的频次和强度不会减弱，气象灾害不会明显减轻，气候安全风险已经比较突出。但是，经济社会发展对温室气体排放还存在刚性增长，根据国家《应对气候变化报告(2013 绿皮书)》预计，我国能源活动在实现严格减排政策的情况下，二氧化碳排放将在 2025 年前后达到峰值，约为 85.6 亿吨，比 2010 年增长达 27.38％，也有专家认为我国碳排放的峰值期会在 2030—2040 年之间。2010 年，坎昆气候大会上有一些国家提出希望把 2020 年作为全球温室气体排放峰值年份，但这一目标较难实现。这些均说明，人类向大气中排放温室气体的总量还将持续增加，气候安全风险度也将增加。

气候治理的复杂性增加了气候安全的不确定性。气候治理是一个全球性、长期性和综合性问题，从全球性分析，气候安全问题的产生是近 200 年来全球排放失控的结果，特别是发达国家负有主要责任，气候治理又涉及全球的参与和规则的共同制定与遵守，各国情况千差万别，利益诉求各异，全球气候治理情况非常复杂，气候外交已成为世界各国的重大战略选项。从综合性分析，气候安全问题非常复杂，在造成原因方面，既有历史因素，也有现实因素，既有全球因素，也有区域因素；在气候治理方面，既涉及控制温升变化的减少排放而又不致影响发展的问题，又涉及碳汇吸收生态问题，还涉及避免和减轻气象灾害影响适应气候变化问题。总之，气候治理的全球性、长期性和综合性，更是增加了气候安全的不确定性。

(二)推进重点领域气候服务

“十三五”期间,气象服务经济社会绿色发展的任务非常繁重,社会各行各业都有很高的期待。为此,《规划》对推进重点领域的气候服务进行全面部署,其主要任务包括以下方面。

(1)《规划》提出:“推进传统气候服务与各行业气候变化应对需求的融合,围绕国家适应气候变化战略,完善以基础综合数据库和气候模式系统为支撑,以农业与粮食安全、灾害风险管理、水资源安全、生态安全和人体健康为优先领域的气候服务。加强国家、区域、省在气候服务上的分工协作。”

“十三五”期间,发挥部门整体优势,坚持“发展、适应、减缓”并举的理念,充分发挥技术进步的作用,完善体制机制和政策体系,提高应对气候变化能力,服务自然生态系统保护。以农业与粮食安全、水资源管理、公共卫生、灾害风险管理以及森林湿地等领域为重点,建设用户互动平台,着力提高气候服务水平,逐步形成有中国特色优势的气候应用服务。坚持从代际公平、地区公平、社会公平统筹考虑设计气候变化适应机制,根据不同地区内不同人口集中度与资源、经济、环境禀赋来制定不同的发展目标与考核标准,建立气候环境下游地区对上游地区、受益地区对受损地区、城市对乡村的气候变化生态补偿机制。围绕党和国家拓展发展新空间、实施创新发展战略、大力推进农业现代化、构建产业新体系、创新和完善宏观调控方式等创新发展任务建立能源、水资源、粮食、生态环保等风险识别和预警机制。全面实施气象灾害风险管理。

(2)《规划》提出:“初步建成中国气候服务系统。围绕气候变化对粮食安全、能源安全、水资源安全、森林碳汇、湿地保护与恢复、生态环境、生产安全、人体健康和旅游等重点领域与特色产业的影响开展评估,完成国家气候安全评估。”

气候变暖已经并正在深刻地影响着全球自然生态系统和人类的生存与发展。2014年联合国政府间气候变化专门委员会(IPCC)发布的科学评估报告表明,气候变化导致粮食生产的不确定性加大,影响水资源量和水质,导致淡水资源缺乏,粮食安全和水资源安全问题日益突出。气候变化也改变了地球上部分生物物种的数量、活动范围、习性及迁徙模式等,所引起的海洋酸化给海洋生态带来不利影响,严重且广泛影响全球陆地和海洋生态安全。如果不对未来人为温室气体排放进行管控,将致使全球气候系统进一步变暖,全球自然生态系统和人类社会面临的气候风险将进一步加剧。

“十三五”时期,要全面参与全球气候服务框架实施,构建以气候监测、诊断归因、影响评估、气候预测等为主要内容,以基础综合数据库和气候模式系统为支撑的中国气候服务系统。提高气候服务内涵,拓展服务领域,扩大服务覆盖面,增强服务科学性、针对性和时效性。发展高分辨率区域气候预估集成技术,加强气候变化分析和预估业务，提高未来气候变化特别是极端气候事件变化预估能力。

(3)《规划》提出："强化气候服务意识，积聚跨部门智库资源，围绕气候安全保障、应对气候变化战略部署提供决策支撑。"

气候变化是受到广泛关注和研究的全球性环境问题。随着人民生活水平的提高，气象防灾减灾已成为牵动面越来越广的社会公共事务，公众对气候变化引起的气候环境和灾害等问题更为关注。如何科学应对气候变化带来的气候灾害，是摆在当今我国面前的重大课题，建设生态文明建设是我国应对全球气候变化的重大贡献。

人类活动排放的各类大气成分导致的气候变化，是国际环境外交的重要议题，也是目前全球最重大的环境问题之一。作为气溶胶、温室气体等大气成分的排放大国，我国正面临着巨大的环境外交压力，面临着为维护国家权益而提供科学成果和权威数据的严峻挑战。然而，我国目前的经济发展水平仍较低，面临消除贫困和发展经济的巨大压力。国内发展需求、国际减排压力以及环境问题交织，如何科学减排，又不影响经济社会可持续发展，亟须气象科技的有力支撑。

"十三五"时期，气象部门要充分发挥 IPCC 工作国内牵头组织部门作用和国家气候变化专家委员会国家级思想库作用，加强气候变化科普宣传和舆论引导，提高全社会应对气候变化意识和能力，提供更多更高质量的国内战略和国际谈判策略决策咨询服务，全面发挥应对气候变化内政外交的职能和作用。

五、有序开发利用气候资源

开发利用气候资源，是实现绿色发展重要途径。气候资源属于自然资源、可再生资源。气候资源主要是风能、太阳能、空中云水和农业气候资源。"十三五"时期，要推进太阳能、风能、空中云水资源等气候资源开发利用，为能源和资源结构调整提供有力的科技支撑。

(一)绿色发展的迫切需要

从长远看，绿色低碳发展是未来趋势。目前面对高耗能、高污染的发展方式，我国可将应对气候变化、保障气候安全作为一种杠杆，推动经济发展方式的转变，加快推动生态文明建设，推动生活方式和消费模式向勤俭节约、绿色低碳、文明健康的方向转变，把绿色发展转化为新的综合国力和国际竞争新优势。通过节约能源和提高能效，优化能源结构，增加森林、草原、湿地、海洋碳汇等手段，有效控制二氧化碳、甲烷等温室气体排放，保障我国经济安全、能源安全、生态安全、环境安全等。

从资源特性看，气候资源是经济社会可持续发展的重要基础资源。科学合理开发利用气候资源，不仅可以有效缓减资源日趋紧张和生态系统退化的严峻局面，而且可以减少对石化能源和资源的依赖，优化生态环境。充分发挥气象在科学开发保护和利用自然气候资源中的作用，积极参与自然气候资源生态制度建设，有序开发利用气候资源。积极开展气候资源普查、详查、测量和评估等基础工作,组织开展风能、太阳能资源评估以及可再生能源等专业服务,为合理开发及保护气候资源提供科学数据。而且气象部门通过人工增雨(雪)手段开发利用空中云水资源,可有效缓解许多地区的旱情和水资源短缺的问题,优化生态环境。各级气象部门深入开展农业生态气候资源开发利用研究,将气候资源优势转化为经济发展优势,促进产业结构的优化调整和经济发展方式的转变,实现经济的可持续发展。

(二)"十三五"开发利用气候资源的部署

正是着眼于气候资源的禀赋特点,《规划》对开发利用气候资源任务进行了总体部署,其主要任务包括以下内容:

(1)开展气候承载力分析和可行性论证。《规划》提出:"以促进城镇空间布局合理均衡为出发点,开展气候承载力分析和可行性论证,完善论证制度和标准。建立重点领域评估报告滚动发布制度。"

我国幅员辽阔,对农业发展而言气候资源各有优劣。未来气象为农服务,不再仅仅是让农民收看天气预报,而应把农民摸不透的"气候资源"作为提高生产力的重要科学手段。农业气候区划精细化,从农业生产的需要出发,划分出每一网格点适合种植何种农作物。让农民从"看天种地"变为"用天种地",为农业开展气候承载力分析提供科学依据。气象部门已经开展了第二次农业气候区划工作和精细化农业气候区划试点工作。目前,这种区划已经精细到1千米,不仅能确定冬小麦、玉米、水稻、大豆、油菜、棉花等大宗农作物气候适宜种植的区域,还可以演算苹果、葡萄、茶叶等特色农产品与气候的关联性。

(2)为风能、太阳能资源开发提供支撑。《规划》提出:"加强风能、太阳能资源的精细评估和气候风险论证。"

"十三五"时期,提高开发利用气候资源能力,要求气象部门面向国家需求,加快科技创新,加强气候资源的普查和规划利用;不断强化风能、太阳能资源评估和预报业务能力,建立较完善的风能、太阳能资源评估和预报技术体系,强化风能、太阳能资源监测和气候资源开发利用评估。

(3)合理开发利用空中云水资源。《规划》提出:"建立较为完善的人工影响天气工作体系,全面提升人工影响天气业务能力、科技水平和服务效益,合理开发利用空中云水资源,基本形成东北、西北、华北、中部、西南和东南六大区域发展格局,提高人工增雨(雪)和人工防雹作业效率,推进人工消减雾、霾试验,加强协调指挥和安全监管。科学开展人工影响天气活动,重点做好粮食主产区、生态脆弱区、森林草原防火重点区、重大活动等气象保障服务。"

"十三五"时期,强化空中云水资源的开发利用,完善国家人工影响天气协调会议制度和地方各级组织领导体系,建立统筹集约、部门协调的人工影响天气工作体系;强化气候资源开发利用的社会管理,提高气候变化决策服务能力,积极为发展绿色经济、循环经济、低碳经济提供支撑。重点开展飞机作业能力建设,提高作业装备现代化水平及科技支撑能力,充分发挥人工影响天气在促进农业增产增收、改善生态环境等方面的作用。确保到2020年,人工影响天气技术取得明显进展,全国人工增雨(雪)作业年增加降水达600亿吨以上,人工防雹保护面积达54万平方千米以上。

参考文献

《第三次气候变化国家评估报告》编写委员会,2015. 第三次气候变化国家评估报告[M]. 北京:科学出版社.

杜祥琬,2016. 应对气候变化进入历史性新阶段[J]. 气候变化研究进展,(2):79-82.

姜海如,黄玮,2016. 构建我国气候安全战略的思考[J]. 中国发展观察,(15):12-21,28.

林霖,2016. 践行绿色发展 服务生态文明建设[N]. 中国气象报,2016-01-19(2).

郑国光,2015. 维护气候安全 保障生态文明[N]. 人民日报,2015-07-17. http://paper.people.com.cn/rmrb/html/2015-07/17/nw.D110000renmrb.20150717-1-12.html.

朱玉洁,2013. 关于气象在生态文明建设中的定位与作用若干思考[N]. 人民网.2013-07-30. http://cpc.people.com.cn/n/2013/0730/c367397-22382179.html.

第七章　开放合作　构建气象发展新格局

党的十八届五中全会赋予了“开放发展”更丰富的内涵，提出开放是国家繁荣发展的必由之路。“十三五”时期，气象部门践行开放发展理念，推动由“气象大国”迈向“气象强国”，必须围绕气象现代化建设，进一步深化开放发展。因此，《规划》提出了“开放合作，构建气象发展新格局”作为“十三五”气象发展的第四大任务，旨在构建气象对外开放发展新格局，全面提升气象开放程度。

一、开放发展是实现气象现代化的必然选择

开放发展既是气象现代化发展的成功经验，又是新形势下对气象现代化发展提出的新要求，也是实现气象现代化战略目标的必然选择。

（一）开放促进了气象现代化大发展

以开放促改革、促发展，是我国不断取得发展新成就的重要法宝。改革开放以来，气象部门在各行各业中始终走在开放发展的“前列”，最早广泛开展与国际组织、国家和地区的双边和多边气象科技合作，引进国外先进技术，大量送培气象科技人才，大大提高了我国气象工作的国际地位。同时，气象部门积极推进国内开放，广泛开展省部合作、部门合作、局校合作，有效拓展了气象发展空间，优化了气象发展环境，加快了我国气象现代化发展。

目前，我国与国际气象科技合作交流已经全面展开，通过国际合作，扩大了我国在国际气象界的影响。截至2014年，通过双边合作，已正式签订双边气象科技合作协议的国家达23个，双边气象科技合作与交流的国家达160多个，我国与相关国家在数值天气预报、预警系统及应用、临近预报、卫星气象、开发性研究、热带气象、全球大气监测网、气候与气候变化、农业气象、奥运气象服务、教育与培训等多个领域开展了广泛的合作与交流，有力地促进了我国气象现代化建设；通过智力引进，采取出国培训和专家引进，学习国外先进的科学技术、管理经验，吸收和借鉴发达国家的气象科技成果，使国内的气象业务服务和管理人员开阔了眼界、拓宽了思路、学到了方法，为推动气象事业发展和现代气象业务体系建设做出了重要贡献。在国内，气象部门不断加大部门合作、省部合作和局校合作，到2015年底，中国气象局与中央部委合作部门达22个，与29个省（区、市）政府签订了共同推进气象现代化发展的合作

协议，与国内 21 所大学签订了合作协议。气象部门广泛的开放合作，扩大了我国在国际气象界的影响，促进了国内气象和相关业务工作的开展，加速了气象事业现代化建设的步伐。因此，改革开放以来，我国一直把不断地扩大开放作为推进气象现代化的重要宝贵经验。

（二）深化开放对气象发展提出了新要求

党的十八届五中全会对我国未来开放发展做出了重大战略部署，这对气象深化开放合作提供了新的机遇和新的要求。未来气象发展要以战略思维和世界眼光，统筹用好国际和国内资源、力量，主动适应、深度融入国家对外开放战略布局，围绕全面推进气象现代化，提高气象对外开放水平和气象科技合作质量，积极参与全球气候治理，推进行业气象融合发展，深化全方位对外开放，努力形成深化融合的互利合作格局。

“十三五”时期，是我国基本实现气象现代化的冲刺阶段，气象部门在开放发展方面还存在较大差距，主要表现为我国气象对外开放合作交流的深度不够，气象核心业务水平和技术水平与世界先进水平还存在较大差距；气象对外开放的广度还有待拓展，过去的开放合作过多注重于“硬件”，比较注重对技术“引进、消化、吸收”，但对“软件”重视不够，尚未形成我国气象发展“走出去”的开放发展战略；气象对外开放的输出能力还不足，尤其在气象服务、气象技术等方面利用市场机制对外输出的能力还比较薄弱；对内的开放也有待深化改革，全国统一的气象服务市场机制还有待完善。

气象发展必须深化国内外双向开放。新常态下的开放更强调“双向开放”，既引进来又走出去，既引资也引技引智，坚持内外需协调、进出口平衡，促进国内国际要素有序流动、资源高效配置、市场深度融合，推动互利共赢、共同发展。“十三五”时期，气象部门必须着眼于我国适应经济全球化新形势，进一步增强对外开放的责任感和紧迫感，主动作为，深化气象国内外双向开放。气象发展水平要进入强国的行列，必须具备全球化的视野，进一步拓宽开放合作的深度和广度，尤其要加大“走出去”发展的开放力度，力争在参与气象国际标准和规则制定、气候外交谈判、气象装备和气象服务对外输出等方面取得新的进展，进一步提高我国气象的国际影响力和全球话语权，形成我国气象发展的全球竞争力。

同时，要加快气象服务市场有序开放，加快形成有利于鼓励大众创业、万众创新的全国统一气象服务市场。目前，专业气象服务已渗透到国民经济的各个方面，如公众可通过电话查询、手机短信订制，企业可直接订购专业气象服务产品。实践证明，气象服务市场已逐步形成，正在适时、适度、逐步开放。“十三五”时期，我国将深化气象服务体制改革，加快构建开放、多元、有序的新型气象服务体系。要加快气象服务市场有序开放，建立公平、开放、透明的气象服务市场规则，培育国内气象服务市场，推进我国气象服务业发展。

（三）我国气象走向世界强国必须深化开放

国家开放发展是顺应我国经济深度融入世界经济趋势、有效应对国内外环境变化的根本途径。气象部门一直坚持以开放的姿态，积极参加国际竞争与合作，开展与国际组织、国家和地区的多边和双边气象科技合作，为今后气象实施全方位的对外开放合作打下良好基础。

同时，"十三五"时期，应坚持需求牵引，整合和合理配置行业资源，完善全行业、跨部门的互动合作机制，促进气象相关要素有序流动。进一步深化数值预报模式等重点领域的国内外合作，引导和激励部门外优势资源共同参与气象业务重大核心任务协同攻关。强化业务单位技术创新与应用主体地位，进一步探索和完善与国家部委、地方政府、高校、国际组织和政府、团体等之间多种形式的合作模式，健全科研业务深度融合机制，促进科研与业务紧密衔接和各创新主体间的有效互动，不断优化气象发展环境，强化知识流动、人才培养和科技资源共享，推动跨领域跨行业协同创新。

二、"十三五"时期气象深化开放发展的主要任务

"十三五"时期，将紧紧围绕国家总体外交战略和气象事业发展需求，以战略思维和全球眼光，主动融入国家开放发展新布局，研究制定气象全球战略，深化国际双向开放交流合作，构建气象对外开放发展新格局。

（一）融入国家开放发展新布局

1. 制定气象保障专项规划

《规划》提出：牢固树立并切实贯彻国家开放发展理念，制定与国家开放发展战略有效对接的气象保障专项规划，主动适应、深度融合、全面服务，切实做好"一带一路"的气象保障工作，重点加强与"一带一路"沿线国家和地区的气象部门沟通协作。

积极落实"一带一路"战略气象保障方面，"十二五"期间中国气象局已实施亚洲区域合作专项资金项目，开展了南海周边国家台风监测预警、中亚气候变化研究、东南亚和东北亚灾害天气预报技术合作，为这些区域国家的灾害监测能力提升提供支持。其中一些省（区、市）气象部门工作成绩显著，例如，陕西省气象部门面向"一带一路"战略需求，以气象预报技术为基础，依托电视和互联网、微博、微信等媒体，同步向政府、企业、公众发布"一带一路"沿线城市天气预报，为丝路国家经贸合作、文化交流、基础设施建设等提供气象保障服务。"一带一路"气象保障是"十三五"时期气象服务国家战略的重中之重。中国气象局将继续加强与"一带一路"沿线重点国家气象合作，按照国家经济发展战略机遇期判断及营造对外开放新格局要求，主动跟踪"一带一路"战略构想下我国与上海合作组织、东南亚国家联盟、海湾阿拉伯国

家合作委员会国家的政治、经济、科学等领域的合作进展，分析未来我国海外利益和资产安全对气象服务保障的需求；开展国别气象国际合作研究，确定重点合作国家和优先合作领域；利用多国别考察、自愿合作计划、教育培训计划、多双边合作等合作项目和机制，并争取国家项目支持，与有关国家积极开展气象国际合作。

2. 加强与周边国家沟通协作

《规划》提出："积极开展与中亚、西亚、南亚气象科技合作交流，推进中国-中亚极端天气预报预警合作、中国-东南亚极端天气联合监测预警合作和海洋气象联合监测、人工影响天气合作等项目建设。"

1993 年以来，我国陆续与哈萨克斯坦、吉尔吉斯斯坦等中亚国家签署了双边气象合作协议，科技合作领域涉及灾害气象信息交换、科研成果交流、气象仪器和技术装备、气象人员培训等。2015 年 10 月，第一届中亚气象科技论坛在乌鲁木齐举办，中亚四国气象水文部门专家与我国同行商议后签署了《乌鲁木齐倡议》，在上海合作组织框架下，推进中国与中亚各国之间的多边气象科技合作，重点领域是应对气候变化和气象灾害防御。"十三五"时期，中国气象局将与中亚国家进一步加强气象科技合作，提升区域防灾减灾能力，减缓和降低气候变化带来的风险。一是在气象防灾减灾方面，加强地面观测及联合开展科学试验，加强遥感监测和卫星资料应用，同时加强资料交换和共享，强化中国气象局卫星广播系统（CMACast）方面的合作等；二是在气候变化研究方面，继续加强中亚区域基于树木年轮的历史气候研究和中亚区域未来气候变化预估的合作研究等；三是在合作机制上，加大人员交流和培训力度，建立中亚区域气象科技合作联席会议机制，成立秘书处，争取各种渠道的项目支持。

从 2010 年起，中国气象局作为参加世界气象组织（WMO）"东南亚灾害性天气预报示范项目（SWFDP-SeA）"的全球中心，主要职责是基于我国全球模式、全球集合预报系统、台风集合预报系统等数值预报业务系统和风云二号（FY2）静止卫星，开发面向东南亚地区的灾害天气预报客观监测、预报指导产品，并通过专门网站的形式实时发送给项目惠及国。与东南亚等国共同的合作项目进展顺利，旨在帮助东南亚欠发达国家的天气预报业务中心提升其强天气预报能力，延长强天气预警实效，增强数值预报产品在强天气预报中的应用技巧。2012 年 8 月，在我国云南楚雄召开了第一届"东南亚天气与气候国际学术研讨会"，我国对东南亚国家气象科技的关注可见一斑。"十三五"时期，将继续深入与东南亚国家的气象科技合作。

（二）深化国际气象合作

1. 提高气象科技合作质量

《规划》提出："积极承担相关国际责任和义务，提升气象领域国际影响力和话语权。完善国际气象信息交换与共享机制，实现无缝隙获取全球综合气象观测信息，大力发展全球数值模式动力框架等核心技术，开展全球预报。”

中国气象局一直积极配合国家总体外交战略，积极承担相关国际责任和义务，为气象事业的发展营造良好的外部环境。到2015年，中国气象局承担着包括全球信息系统中心、区域专业气象中心、区域气候中心、区域培训中心等16个WMO中心的职责和任务。积极落实与重点国家的交流合作。

“十三五”时期，围绕核心业务技术发展和重大科研项目需求以及国家总体外交布局，突出重点，一是深化与国际气象机构和部门已建立的务实合作关系。组织落实好与欧洲中期天气预报中心（ECMWF）、欧洲气象卫星开发组织（EUMETSAT）、英国哈德莱中心等的合作；做好亚洲-大洋洲卫星用户大会、中澳卫星地面站建设等重点项目的落实工作。突出重点、务实有效地做好中美、中加、中俄、中英、中德、中法、中芬、中澳、中韩、中印尼、中巴、中朝、中蒙、中越等双边会议和双边协议项目的实施工作，促进气象科研业务水平的提升，学习先进的发展理念、工作思路、组织结构和运行机制。二是进一步完善气象科技合作体制机制。建立和完善国际合作项目在科研、业务规划、计划中的落实机制。建立和完善对国际合作项目的执行情况、质量时效等的考评机制。建立完善重点科研、业务项目国际专家咨询机制，统筹利用国际国内两种资源，长期、稳定地为气象事业发展提供支持。充分发挥重大科学试验的国际合作效益。利用多、双边合作机制加大宣传、推介，寻找合作共赢点，吸引国际先进科研机构和周边有关国家积极参与，同时提高我国在国际大气科学领域的引领地位和影响力。

2. 积极参与全球气候治理

《规划》提出：“积极参与全球气候治理国际标准和规则制定，参与应对气候变化谈判，提升全球规避气候风险和应对气候变化的服务能力。”

“十二五”期间，一是从机制建设和标准制定等方面全面参与相关国际组织工作。郑国光被推选为联合国秘书长潘基文全球可持续性高级别小组成员，当选连任WMO执行理事会成员。中国气象局有关人员在WMO秘书处成功竞聘多个重要岗位。中国风云静止和极轨气象卫星为WMO空间计划、数值预报做出了重要贡献。中国气象局派员参加WMO各技术委员会和相关区域协会历次会议，积极提名专家参与业务工作，协助香港天文台台长成功连任航空气象学委员会主席，协助中国澳门成功续办台风委员会秘书处，促成我国提名人选成功当选台风委员会新任秘书长，积极参与国际气象卫星协调组织（CGMS）、国际地球观测卫星委员会（CEOS）活动，发起亚洲-大洋洲气象卫星用户大会机制，进一步推动亚洲大洋洲地区气象卫星发展技术的交流和应用。

二是积极参与气候变化工作。我国学者继续担任政府间气候变化专门委员会（IPCC）第一工作组联合主席；组织出席历次IPCC全会、工作组会等；积极参与联合国气候变化框架公约（UNFCCC）各项工作和会议。发挥国家气候变化专家智库作用，务实开展了多方交流活动，包括参与中英、中法气候变化智库交流，多哈、华沙气候变化大会专家委员会边会，里约“中巴清洁能源与可持续发展论坛”，“中美化石能”年度活动，以及“亚太森林恢复与可持续管理网络”等。积极参与国际事务，在北极事务、南南合作、湿地公约谈判、生物多样性政府间委员会以及清洁发展基金等领域发挥作用，保证了我国的国家利益，为我国参与气候变化国际谈判等提供了科学支撑。

“十三五”时期，中国气象局将深入参与国际气象合作机制性建设，发挥气象部门参与国际活动的影响力。继续做好 WMO 和 IPCC 等重要会议的参会工作，特别是针对 WMO 战略运行计划（包括优先领域）、预算、秘书处及技术委员会改革等做好研究分析工作；加强国际及区域业务中心建设，发挥其牵头、协调、引领和服务作用，提升合作水平，同时扩大我国技术、规范、标准等的国际影响力。

3. 加强气象对外开放合作

《规划》提出：“加强全方位、宽领域、多层次、合作共赢的气象国际交流与合作格局，推动双向开放、信息交互、资源共享。有效扩大气象对外开放领域，放宽准入限制，积极有效引进境外资金和先进技术。加强国际赛事和活动气象服务保障交流，增强气象服务保障能力。加强气象国际合作示范项目建设，广泛开发利用国际气象科技资源，推动相关领域研究。加强智力引进、人才交流培养和国际培训力度。推动气象技术、标准、装备、服务等的输出，扩大对外合作和援助。”

气象对外开放领域扩大方面，“十二五”时期，截至 2015 年 8 月，与美国、加拿大、俄罗斯等多个国家的气象部门共举行了 17 次双边会议，商定合作项目 216 个。签署《欧洲中期天气预报中心（ECMWF）与中国气象局合作协议》，开创了 ECMWF 与非会员机制性深入合作。更新签署了《中国气象局与欧洲气象卫星开发组织关于气象卫星资料应用、交换和分发合作协议》，就进一步拓展合作领域、提高合作效益达成了共识。“十三五”时期，继续按照大国是关键、周边是首要、发展中国家是基础、多边是重要舞台的外交总体布局，与签有双边气象科技合作协议的国家深入开展机制性联合工作组会议。重点开展天气与服务、数值天气预报、气候与气候服务、卫星气象与空间天气、环境气象和大气成分、气象教育培训等领域的合作活动，为提升气象防灾监测能力、应对气候变化、气象现代化建设等工作提供支撑。

气象国际合作示范项目建设方面，中国气象局已参加了 WMO 世界天气信息服务示范项目、亚洲航空气象服务示范项目、东南亚灾害性天气预报示范项目等，取得了一定的成绩。“十三五”期间，将继续加强气象国际合作示范项目建设，广泛开发利用国际气象科技资源，推动相关领域研究。

人才交流培养与国际培训方面，“十二五”期间，中国气象局机制性组织多国别考察（每年 1～2 期），亚洲区域气候监测、预测和评估论坛，以及气候系统与气候变化国际讲习班和国际培训班。自 2011 年以来，中国气象局共获得国家外国专家局批准的引智项目32个；引进专家141人次；出国培训项目16个；培训人员216人次。培训内容涵盖了业务科技管理、气候变化、公共服务、应急和防灾减灾、农业气象、农业生态和遥感应用、新一代天气雷达资料分析及变分同化应用、短期集合预报技术研究、数值天气预报、地理信息等多方面。共向发展中国家提供了50个长期气象奖学金，并举办了56个气象领域的短期培训班，为1207名外国学员提供了培训。“十三五”时期，采取“走出去、请进来”两条腿走路的方式，多渠道、多方式发挥国际引智对我国气象现代化的支持作用。

气象对外合作和援助方面，“十二五”期间，通过WMO自愿合作计划等渠道为其他发展中国家气象部门的能力发展提供力所能及的帮助。持续维护向亚太19个国家赠送的中国气象局卫星广播系统用户站及气象信息处理和天气预报制作系统。组织完成了中国援建缅甸的5个自动气象站和2个GPS/MET水汽站建设，投入业务运行，并实现资料实时共享。“十三五”时期，将继续与商务部密切配合，积极推进7个非洲受援国(科摩罗、津巴布韦、肯尼亚、纳米比亚、刚果金、喀麦隆和苏丹)项目实施的后续技术合作工作，包括设备使用和维修的培训、后续技术支持及观测资料共享等事宜。

参考文献

陈鹏飞，2016. 坚持开放发展 拓展气象发展新空间[N]. 中国气象报，2016-01-19(3).

陈鹏飞，朱玉洁，姜海如，2016. 海南气象服务“一带一路”战略的实践与思考[J]. 阅江学刊，(4)：35-43.

国家发展和改革委员会党组，2016. 开放发展是国家繁荣富强的必由之路[J]. 中国经贸导刊，(6)：4-5，11.

胡鞍钢，鄢一龙，2016. 中国新理念：五大发展[M]. 杭州：浙江人民出版社.

郑国光，2016. 牢固树立和贯彻落实五大发展新理念努力开创“十三五”气象改革发展新局面[J]. 浙江气象，(1)：1-4.

中央党校哲学教研部，2016. 五大发展新理念——创新协调 绿色开放共享[M]. 北京：中共中央党校出版社.

第八章　共享共用　提高以人民为中心的气象服务能力

党的十八届五中全会提出了共享发展理念，及时回应了人民群众的共同关切，共享发展是全面建成小康社会的根本途径。公共气象是社会共享发展的重要内容，如何更好地促进社会共享气象发展成果是“十三五”气象发展的重大课题。因此，《规划》提出了“共享共用，提高以人民为中心的气象服务能力”作为气象发展的第五大任务，旨在提高以人民为中心的气象服务能力，推进基本公共气象服务全民共享共用。

一、人民共享气象服务是气象发展的根本目标

党的十八届五中全会把增加公共服务供给作为落实共享发展理念的首要任务。气象服务是公共服务的重要组成部分，也是保障人民群众生存和发展最基本需求的公共服务内容，人民共享气象服务是气象发展的根本目标。

（一）发展公共气象服务是中国特色气象事业优越性的体现

共享发展既是中国特色社会主义的内在要求，也是中国特色气象事业优越性的突出体现。坚持和拓展中国特色气象发展道路，应立足基本国情、面向国家需求、瞄准科技前沿，坚持公共气象服务引领气象事业科学发展的根本方向，提高气象预测预报能力、气象防灾减灾能力、应对气候变化能力、开发利用气候资源能力，为经济社会发展和人民安康福祉提供一流气象服务。可以说，坚持中国特色气象发展道路就是坚持气象事业是基础性公益事业的本质属性，发挥中国特色社会主义的制度优势，无论在气象防灾减灾和公共气象服务领域，还是在应对气候变化和保障国家安全方面，都需要充分发挥气象保障作用，中国特色气象发展道路充分体现了共享发展的优越性。

党的根本宗旨是全心全意为人民服务。党的十八大以来，党和国家重大政策的制定和实施，都以人民满意为标准。气象与人民群众的生产生活密不可分，气象服务的出发点和落脚点是为广大人民群众服务。一直以来，气象部门始终坚持公共气象发展方向，始终坚持以提高气象预报准确率为第一目标，始终坚持为广大人民群众提供优质的气象预报服务。气象预报准确率不断提高，气象服务能力和水平不断

提升，都是为了能满足人民群众日益增长的服务需求。

（二）公共气象服务是全民共享发展的重要组成部分

党的十八届五中全会提出“坚持共享发展，着力增进人民福祉”。准确及时的气象灾害监测预警事关人民群众生命财产安全和人民福祉，及时获取气象灾害监测预警信息，是广大人民群众应当享有的基本权利，公众气象预报服务涉及人民群众日常的生产生活安排，也是人民群众共享气象发展成果的重要公共产品。近些年来，中国气象局始终围绕提高气象预报准确率的核心目标，不断提升气象服务人民衣食住行的能力，气象预报已经成为人民群众改善生活的“日用品”、从事生产经营和生态环境改善的“必需品”。但由于我国经济社会发展不平衡，气象监测预报预警的准确率、及时性、覆盖面与人民群众的需求还存在一定差距，基本公共气象服务实现“城乡完全覆盖，全民人人共享”的目标，任务还比较艰巨。“十三五”时期，气象部门仍需进一步提高服务质量，提高气象预报预测准确率，不断丰富基本公共气象服务产品内容和形式，更加注重推进基本公共气象服务均等化，不断满足人民群众日益增长的气象服务需求。推进气象共享发展，就应切实加强城乡基本公共气象服务规划一体化，让基本公共气象服务实现全民覆盖、全民共享。

（三）推进气象服务共享是各级气象部门的重要职责

气象与人民群众的生产生活密不可分，早在20世纪50年代，毛泽东曾说过“要把天气常常告诉老百姓”。目前，中央提出了保障基本民生、守住民生底线的共享发展要求。气象防灾减灾关系国计民生，关乎人民生命财产安全，是保基本的民生底线工程，是各级政府重要的公共服务职能之一。因此，各级政府不仅应将基本公共气象服务纳入政府基本公共服务规划，而且应按照区域覆盖、制度统筹原则，打破城乡地域界限，统筹空间布局，推进城乡统一的基本公共气象服务设施配置和建设。应把提升农村基本公共服务水平放在突出位置，近些年来通过推进气象为农服务“两个体系”建设，大大弥补了农业农村服务短板，突破了基本公共服务城乡改革的瓶颈。我国农业农村公共气象服务的专业化程度、覆盖面都大大提升。各级气象部门还需要进一步转变职能、理顺关系，进一步强化基本公共气象服务的公益属性，着力推动以气象预报为基础的基本公共气象服务均等化，大力提升气象预报公共产品供给能力，使广大人民群众共享气象发展成果。同时，应进一步完善“政府主导、部门联动、社会参与”的气象灾害防御机制，强化各级防灾减灾及应急管理部门之间的信息共享和应急联动，深化防灾减灾资源整合与协调配合，不断提高人民群众对气象发展的共享水平。

（四）转型发展是气象适应共享发展的必然要求

我国经济社会发展对气象服务需求不断增长与气象服务能力不足的矛盾一直比较明显。在经济新常态下，这种矛盾表现得更为突出，这也成为制约气象实现共享发展的重要因素。根据中央"保基本、守底线"的原则，应当加快气象发展转型，尽快明确基本公共气象服务范畴，进一步强化基本公共气象服务的公益属性，回归公益本色。推进气象共享发展，应把重点任务转移到提供基本公共气象服务上来，把提高为人民群众提供基本公共气象服务能力和水平作为工作的重点，把一些可由市场提供的专业专项气象服务交由社会承办，包括通过政府购买为社会提供部分基本公共气象服务产品，以切实解决基层气象部门"事多人少"造成的基本公共气象服务供给不足的矛盾。总之，通过加快推进气象转型发展，推进气象服务主体多元化，一方面提高人民群众基本公共气象服务共享水平；另一方面激活气象服务市场，推进气象服务创新发展。通过气象转型发展，激发气象发展活力，拓展气象发展空间，不断提高人民群众气象服务保障水平。

（五）社会广泛参与是实现气象共享发展的重要途径

共建共享是党的十八届五中全会"人人参与、人人尽力、人人享有"精神的具体体现。公共气象信息需要覆盖13多亿人口，大到覆盖凡是有我国公民活动的领土、领海，小到覆盖每个乡村、每个社区，这是一个巨大的共享空间，任何一个部门和任何单一手段都难以实现这样的广泛覆盖，必须要求社会广泛参与。法律法规对社会参与气象预报预警传播服务确定了法定义务，如国家《气象灾害防御条例》（国务院令第570号）规定"广播、电视、报纸、电信等媒体应当及时向社会播发或者刊登当地气象主管机构所属的气象台站提供的适时灾害性天气警报、气象灾害预警信号""县级以上地方人民政府应当建立和完善气象灾害预警信息发布系统，在交通枢纽、公共活动场所等人口密集区域和气象灾害易发区域建立灾害性天气警报、气象灾害预警信号接收和播发设施"。从落实情况看，各地发展很不平衡，在一些边远乡村、城乡接合部等区域还存在许多基本公共气象服务盲区。在推进基本公共气象服务全民共享工作中，必须进一步依法推进社会参与主体的责任落实，把全民共享气象安全服务真正落到实处。同时，应当鼓励社会利用各种媒体、载体传播各级气象台站的气象预警信息和公众气象预报，通过大力发展气象服务业，不断提升气象共享水平。

二、提高保障人民生命财产安全的防灾能力

当前，我国经济社会发展取得了举世瞩目的成就，经济总量越来越大，但由于极端性和突发性天气频发，气象灾害致灾损失有增大趋势，气候环境承载力在下降，气象灾害造成的社会影响越来越大。"十三五"时期，继续做好气象防灾减灾、提升全社会气象防灾减灾能力具有重大意义，任务艰巨。

（一）气象防灾减灾事关人民群众生命财产安全

《规划》把气象防灾减灾能力建设放在气象共享发展的首位，就是要突出气象防

灾减灾的重要性，强调提高全社会气象防灾减灾能力的紧迫性，气象防灾减灾是气象服务和保障我国全面建成小康社会伟大奋斗目标的首要体现。

1. 气象防灾减灾是国家实现共享发展的底线要求

气象防灾减灾是气象发展的工作重点，做好气象防灾减灾就是保障民生和捍卫底线。民生问题一直是党和政府以及社会各界关注的重大问题，也是我国“十三五”时期发展的核心目标。发展民生的根本目的，就是实现好、维护好、发展好最广大人民群众的根本利益。共享发展理念要求既要突出民生的重点，还要守住民生的底线，要坚持“民生工程，没有终点”。气象防灾减灾始终是气象发展的工作重点和首要任务，也是气象事业发展的永恒话题。

气象防灾减灾“保民生”作用

中国是世界上自然灾害最严重的国家之一，每年由于气象灾害所造成的经济损失是2000亿～3000亿元人民币，占GDP的1%～3%。近些年来，气象灾害发生频率增加，极端天气气候灾害影响增大。国务院和各级人民政府把对气象防灾减灾的能力建设看作是以人为本、关注民生的一个重大工程，一直高度重视，中央财政投入年平均增长率高于GDP的增长。各级政府部门都意识到，做好气象防灾减灾就是保民生，这是为人民服务的根本要求。

2. 未来气象防灾减灾面临的形势更加严峻

我国经济社会快速发展，气象灾害的破坏力更大、影响力更深远，气象灾害脆弱性更为凸显，气象防灾减灾压力日益增大，形势更加严峻。“十三五”时期，必须进一步提高人民群众共享的基本公共气象服务产品质量，提高气象预报预测准确率，不断丰富基本公共气象服务产品内容和形式，更应注重推进基本公共气象服务均等化，满足人民群众日益增长的基本公共气象服务需求。目前，基本公共气象服务还存在许多薄弱点，气象灾害预警信息尚未完全覆盖广大农村、牧区、山区、江湖库区、海上等传媒薄弱的地区（也包括城郊接合部和贫困人口），气象灾害应急响应越到基层越薄弱，推进气象共享发展，就应切实加强城乡基本公共气象服务规划一体化，让基本公共气象服务实现全民覆盖、全民共享。

3. 气象防灾减灾需要强化系统性和科学性布局

“十三五”时期，我国气象防灾减灾需要从两个方面重点着力，一是系统性，二是科学性。从国家层面而言，我国气象防灾减灾体系需要进一步完善，强化系统性、协调性建设，要继续完善“政府主导、部门联动、社会参与”的气象灾害防御机制，并切实形成合力。从气象部门而言，“十三五”发展的重点应该是气象灾害预警的及时性、准确性，特别是继续推进国家突发事件预警信息发布平台建设，真正发挥好平台作用，这是民生工程的重要体现，可以有效提高气象灾害预警的及时性；同时，要深入推进气象灾害风险管理，气象灾害风险管理是提高气象防灾减灾应对科学性的重要体现。

（二）气象防灾减灾能力建设的主要任务

《规划》围绕提高气象防灾减灾能力，从以下方面提出了"十三五"能力建设和发展共享的任务。

1. 强化气象防灾减灾保障体系建设

《规划》提出："进一步完善'政府主导、部门联动、社会参与'的气象灾害防御机制，建成自上而下、覆盖城乡的气象灾害防御组织体系，不断完善气象灾害应急响应体系。统筹城乡气象防灾减灾体系建设，推动气象防灾减灾体系融入式发展，突出强化'政府主导、资源融合、科技支撑、依法运行'的气象防灾减灾发展模式。健全基层气象防灾减灾组织管理体系，建立以预警信号为先导的应急联动和响应机制，扩大贫困地区气象灾害监测网络覆盖面，提高气象灾害预报预警能力，提升防范因灾致贫和因灾返贫的气象保障能力。推动气象防灾减灾融入地方公共服务和综合治理体系。依法将气象防灾减灾工作纳入公共财政保障和政府考核体系，推动气象防灾减灾标准体系建设，引导社会和公众依法参与气象灾害防御，保障气象防灾减灾工作长效发展。"

一是气象灾害监测预警能力建设。当前，我国气象防灾减灾业务能力得到显著提升。同时，仍存在着一些制约因素：在综合监测方面，小尺度的气象灾害监测能力仍然不足，与专业气象服务需求相对应的观测网比较薄弱；在数据收集方面，数据的质量控制、时效性不够强，防灾减灾数据收集广度和深度不够；在气象灾害分析方面，尚未形成完善的专业气象指标体系，气象服务的针对性不够强；在气象灾害评估方面，灾情普查数据不完善、评估模型仍需进一步优化。

未来五年，要进一步完善天、地、空立体无缝隙观测网络，特别是加强专业气象监测网络建设，实现气象灾害监测率达到90%以上；应进一步健全各类气象防灾减灾基础数据，开展基于大数据应用的防灾减灾服务；加强农业、交通、水文、海洋、能源、卫生等专业气象服务指标体系建设，提升气象灾害分析能力；完善灾情普查制度，优化评估模型，发展定量化气候影响评估技术，不断提升灾害风险评估能力。

进一步加强专业气象服务观测站网建设。应通过部门合作共建、信息共享的方式，重点加密中小河流、地质灾害隐患区自动气象观测站网建设，加强重污染天气多发区以及交通事故易发区等专业气象观测站网建设。

进一步推进气象防灾减灾综合数据库建设。应针对防灾减灾服务需求，构建时空精细化、多要素、无缝隙的气象服务基础数据和相关行业数据云平台，实现对气象服务基础数据的统一收集、统一加工、统一监控、统一管理，推动气象与上下游行业和服务用户的基础信息数据的共享共用。

进一步完善专业气象服务指标体系建设。应在建立防灾减灾综合数据库的基础上，利用大数据技术促进农业、交通、水文、海洋、能源、卫生等专业气象服务指标体系的建立，研发精细化的专业气象服务数值模式和基于影响的专业气象预报预警等核心技术，提升决策气象服务和专业气象服务分析能力。

进一步提升强化气象灾害风险评估能力。应开展并完善精细化到社区、村的气象灾害风险普查，建立气象灾害风险数据库，推动气象灾害风险预警业务服务体系深入发展；应用GIS与遥感等先进技术，制定综合评估气象灾害危险性、承灾体脆弱性和气象灾害风险的方法与等级标准，开展敏感地区高分辨率（10千米）气象灾害风险区划；研发和建立气象灾害风险评估指标体系及其定量模型，开展气象灾害风险的早期分析识别、预测预警、滚动展望和风险评估业务。

二是气象防灾减灾机制建设。目前，气象灾害防御机制采用“政府主导、部门联动、社会参与”的原则。“十三五”期间，应通过国家立法和国务院确认的形式，明确各级政府责任，加强对气象防灾减灾工作的组织领导，完善气象灾害风险防御应急预案，增强气象灾害应急处置能力，特别是大中型城市、人口密集地区、重点保护部位和边远山区的应急减灾工作；加强防灾、抗灾和救灾的协同，应对气候变化、生态文明建设和防灾减灾的协同，以及气象防灾减灾的部门协调联动；加强科普宣传，提高全民防灾意识、知识水平和避险自救互助能力。

政府主导要加强行政组织协调、发展规划制定、政策法规建设、财政经费投入、基础设施建设、管理体制完善、减灾队伍建设。部门联动要形成以气象灾害预警信号为先导的部门间气象灾害应急响应联动机制，实现信息共享联动、监测预警联动。社会参与要做到社区参与、气象志愿者参与、公众参与、企业参与、社会组织参与。

三是气象标准、法制、法规体系建设。“十三五”期间，我国气象防灾减灾立法应侧重于以下方向：(1)在上位法中引入灾害风险管理的理念及原则。应积极争取在《中华人民共和国突发事件应对法》（中华人民共和国主席令第69号）、《中华人民共和国气象法》（2014年修订）等法律修订中，引入灾害风险管理的理念，并提出基本原则，为气象灾害风险管理立法提供上位法律依据。(2)在气象灾害防御法中融入气象灾害风险管理的理念与制度，补充、完善气象灾害风险评估制度，气候可行性论证制度，气象灾害风险监测、预报与预警制度，气象灾害风险信息共享、沟通、发布与传播制度，应急准备制度，气象灾害灾后评估制度，气象灾害风险转移制度，以及气象灾害风险知识教育培训制度等，将一些重要的气象灾害风险管理法律制度制定为行政法规，如《气象灾害风险评估条例》《气象灾害信息共享、发布与传播条例》《气候可行性论证条例》等。

2. 提升气象灾害预警能力

《规划》提出：“建立预警信息快速发布和运行管理制度，健全横向连接各部门、纵向贯通省市县、相互衔接、规范统一的国家突发事件预警信息发布系统，扩大气象预警信息公众覆盖面。建设及时性强、提前量大、覆盖面广的气象预警业务，充分发挥新媒体和社会传播资源作用，形成气象灾害等突发事件预警信息发布与传播的立体网络，消除预警信息接收'盲区'。"

气象灾害风险预警信息发布体系建设的基本原则：统筹集约、多措并举、开放联合、因地制宜。统筹集约就是通过整合气象部门预警信息发布资源与手段，建立国家、省、地(市)、县统一的预警信息发布系统，创新发布机制。多措并举就是通过国家突发事件预警信息发布系统建设、气象为农服务"两个体系"建设、"山洪保障工程"等，持续加强预警信息发布体系建设。开放联合就是加强与国家应急广播等相关系统对接，开展联合攻关、信息共享互联互通，充分利用最新的科技成果。因地制宜就是各地根据实际情况，积极引入多方力量，共同做好发布体系建设，实现城乡预警信息全覆盖。

气象灾害风险预警信息发布体系建设的目标是在国家突发事件预警信息发布系统建设基础上，重点强化县级预警信息采集、共享和发布管理能力，重点优化完善国家、省、地(市)级预警信息发布管理平台的可靠性和安全体系，建立健全预警信息发布标准、规范、权限、流程、范围等发布机制，规范预警信息发布业务运行流程和值班规程，形成较为完整的国家、省、地(市)、县四级相互衔接、规范统一的突发事件预警信息发布体系。未来要建立形成多种手段相结合、覆盖不同地域、面向不同群体的国家突发事件预警信息发布立体网络，实现预警信息公众有效覆盖率达到90%以上的目标。

加强城镇社区预警信息传播和接收能力，使得社会公众能够通过网站、广播、电视、手机、电话等便捷快速地获取各类突发事件预警信息；加强偏远农村、牧区、山区、渔区预警信息传播和接收能力，主要通过北斗卫星、海洋广播、手机短信和农村大喇叭等手段提高预警信息发布覆盖面；加强城镇社区、学校、车站码头、医院、高速公路重点路段等重点区域预警信息传播和接收能力，提高人群聚集地预警信息传播和接收的精准程度和及时性；加强交通、海洋、能源等重点行业预警信息传播和接收能力，提高企事业机构预警信息传播和接收的精准程度和及时性；实现与国家应急广播网、部门已有发布手段及社会其他发布渠道的高效衔接，充分利用社会资源提高预警信息发布覆盖面；实现与国家地震速报系统的对接，实现地震信息在国家突发事件预警信息发布平台的权威发布。预警信息直接发布时效在1分钟内，向社会其他发布渠道转发预警信息时效最迟在1分钟内。

3. 强化气象灾害风险管理

《规划》提出："加强气象灾害风险调查和隐患排查，建成分灾种、精细化的气象灾害风险区划业务，强化对台风、暴雨洪涝、干旱等主要灾种的气象灾害风险评估和预警服务，建立规范的气象灾害风险管理业务，全面实施气象灾害风险管理。充分发挥金融保险的作用，推进气象灾害风险分散机制，建立气象类巨灾保险制度。"

一是提升气象灾害风险管理能力。构建国家级气象灾害风险评估中心，提高对气象灾害风险管理的指导和科技支撑能力。加强气象灾害早期预警、重特大气象灾害链、气象灾害与社会经济环境相互作用、全球气候变化背景下气象灾害风险等的研究，设立防灾减灾重大科学研究计划，并给予长期持续支持；加强气象灾害综合防灾减灾科学研究与技术创新，促进科技成果在防灾减灾领域的应用；重视防灾减灾科学研究基础条件平台建设，加强科学交流与技术合作，积极引进和吸收国际先进的防灾减灾技术，加强防灾减灾学科建设和人才培养。

构建以行业为对象的区域级灾害评估分中心，提高气象灾害对行业的综合影响评估标准制定和技术开发能力。针对与气象条件和气象灾害密切相关的行业，加强遥感、地理信息系统、导航定位、三网融合通信、物联网和云计算等技术在行业防灾减灾中的关键技术研究，推进科技成果的集成转化与应用示范，提高行业气象灾害防御的科技支撑能力；研发气象防灾减灾新产品，制定相关标准和技术规范，加强战略性新兴产业在气象防灾减灾领域的应用，发挥市场在气象防灾减灾产业发展中的作用。

完善和提升省级气象灾害防御办公室的职能。建立气象灾害的监测站网，完善气象灾害灾情上报与统计核查系统；按照统一标准和技术规范，建设省、地（市）、县三级衔接配套的综合减灾与风险管理信息共享平台，建立省级到县级三位一体的灾情监测、预警、评估和应急指挥体系，提升灾害信息管理水平，确保省级到县级灾害应急指挥及时高效、灵敏畅通、科学合理。推进省级基于GIS的综合减灾与风险管理信息数字化平台建设。统筹协调分区的防灾减灾能力建设，将防灾减灾与区域发展规划、主体功能区建设、产业结构优化升级、生态环境改善紧密结合起来。提高新建城乡建筑和公共设施的设防标准，加强城乡交通、通信、广播电视、人民防空、电力、供气、供排水管网、学校、医院等基础设施的防灾减灾能力建设。

完善和提升地县级气象灾害防御办公室的职能，支持气象灾害风险基础信息调查社会组织建设。在市县级将气象灾害调查和预警服务等功能纳入社会管理综合委员会推进的网格化社会管理之中，充分发挥各类人员在信息收集、信息反馈、应急处置等方面的作用，提升农村和社区防灾减灾能力。按照优势互补、注重实效、稳步推进、共同发展的原则，和各部门开展广泛的合作，不断提高气象灾害风险管理能力。

二是气象灾害风险分担和转移能力建设。推动建立重大气象灾害政策性保险制度。将重大气象灾害保险纳入巨灾保险体系，推动气象巨灾保险制度法规建设，建立“以风险管理为基础、政府主导为核心、商业机制为驱动”的重大气象灾害政策性保险制度。开展洪涝、台风、冰雪、干旱等气象巨灾保险条款的设计研究。建立气象巨灾风险管理数据库。

建立天气指数保险体系。开展针对农业保险的天气指数保险研究，建立气象、农业和保险部门的合作机制，联合开发天气指数保险产品，发挥天气指数保险在农业灾害风险管理中的作用。以气象灾害风险区划为基础，开展天气指数保险标准化研究，推动天气指数保险进入再保险市场。探索能源、交通、建筑、旅游等其他行业天气指数保险机制研究，开展天气指数制定技术研究，丰富天气指数产品种类。建立气象灾害防御应急准备认证和气象指数保险产品费率相关机制。

开展天气衍生品市场研究。气象联合相关部门开发天气衍生品指数，推动气象灾害风险向资本市场的分担，通过气象巨灾债券、期货等金融产品对冲气象灾害对企业、个人的不利影响。

三、推进基本公共气象服务均等化

公共气象服务是社会公共服务的基本组成部分，推进基本公共气象服务均等化，成为“十三五”时期实现气象共享发展的必然要求，需要明确公共气象服务的内涵，完善公共气象服务供给方式，提升公共气象服务产品水平，真正实现公共气象服务的优质提供，实现全社会人人共享。“十三五”时期推进基本公共气象服务共享的主要任务如下。

公共气象服务“保基本”作用

基本公共气象服务是全民共享的重要组成部分。十八届五中全会把增加公共服务供给作为落实共享发展理念的首要任务。基本公共气象服务是公共服务的重要组成部分，是保障全体公民生存和发展最基本需求的公共服务内容。众所周知，准确及时的气象灾害监测预警事关公民生命财产安全，及时获取气象灾害监测预警信息是公民应当享有的基本权利，公众气象预报服务涉及人民群众经常性的生产生活安排，也是人民群众共享的重要公共产品。近些年来，中国气象局大力推进气象防灾减灾体系建设，不断提高公共气象服务覆盖率，大大提升了公民均等共享气象保障水平。但由于我国经济社会发展不平衡，气象灾害监测预警的准确率、及时性、覆盖面与人民群众的需求还存在较大差距，基本公共气象服务实现“城乡完全覆盖、公民人人共享”的目标，任务还十分艰巨。

（一）完善公共气象服务供给方式

《规划》提出：“以更好地满足经济社会发展需要和人民群众生产生活需求为出发点，巩固和加强公共气象服务，优化气象服务格局。强化政府在出台公共气象服务发展政策法规、健全公共保障机制和督导考核中的主导作用，将基本公共气象服务纳入国家相关规划和各级财政保障体系。加强气象部门在公共气象服务供给中的基础作用，建成适应需求、快速响应、集约高效的新型公共气象服务业务体系。推进气象服务供给侧结构性改革，注重供给的产品、业务、渠道、主体和治理结构的改革创新，增强供给结构对需求变化的适应性和灵活性。积极培育和规范气象服务市场,激发气象行业协会、社会组织以及公众参与公共气象服务的活力,探索建设气象服务应用众创平台和气象服务技术产权交易平台。逐步形成公共气象服务多元供给格局,有效发挥市场机制作用。"

1. 建立有效的气象服务供给机制

实施公共气象服务品牌发展战略,未来可以由中国气象局公共气象服务中心牵头,联合省级气象部门,共同推动中国气象频道、中国天气网、中国天气通统一发展,构建一体发展、分工合理、上下集约、共建共享的公众气象服务体系,建立气象行业媒体资源共享平台,增加公益性公共气象服务供给。选择部分省份开展中国天气网、中国天气通业务集约化的试点,完善快速适应网络技术发展和信息传播的业务组织体系及市场拓展机制。以公益性公共气象服务为宗旨,以品牌栏目为抓手,探索中国气象频道全国一体化运作管理模式。

探索专业气象服务规模发展机制。未来可以华风气象传媒集团为龙头联合部分省级气象服务机构,选择某些重点专业气象服务领域,探索建立股份合作公司。采用资本入股、统一经营、市场运作、存量不变、增量分成的运作模式,建立分工明确、资源共享、利益共享、责任共担、风险共担的运行机制。以华风气象传媒集团为市场主体,建立与社会组织之间的合作伙伴关系,引进国内外先进技术、管理和资本,利用社会资源和市场机制增加多元气象服务供给。

探索建立气象服务信息社会共享机制。按照《气象服务体制改革实施方案》中关于气象资料和产品开放共享的要求,建设面向社会的气象服务产品共享云平台,分类、有序、规范地提供基本公共气象服务产品。发挥国家级气象服务机构在气象服务多元化格局中的领头作用,提高气象服务信息的社会利用水平。按照 ISO9001 质量管理体系和 WMO 质量管理框架要求,开展气象服务标准体系研究,制定和实施公共气象服务产品标准、技术标准、流程标准、岗位标准,推进气象服务标准化建设,构建气象服务质量管理体系。

2. 培育气象服务市场主体

在气象服务主体多元化、气象服务需求多样性的背景下,要扩大气象服务规模,提高服务总效益,可以考虑逐步把气象服务从气象部门内事业单位的运行方式,转为开放式、以市场为运营主体的新格局,既发挥气象部门公共气象服务主体作用,又不断增强我国气象服务的竞争力和国际影响力。

推动气象服务业组织创新。积极争取优惠政策,推进气象服务市场机制的建立与完善。在新的形势下,气象部门应充分考虑利用气象服务市场机制以提高气象服务能力,促进气象事业发展,要进一步协调与发改委、财政、工商、税务等部门的关系,争取有利政策,推动和指导气象服务市场机制的完善。

推进基本气象资料共享开放。提供基本气象资料是培育气象服务市场的基本条件。现阶段,我国气象资料共享不仅仅是技术问题,更是政策法律环境的建设问题。要做好资料共享的标准和技术规范，为气象资料开放奠定基础；同时，根据信息公开制度，结合气象服务市场体制改革的需要，开展涉密和不涉密资料划分、资料分级使用的研究并建立相关制度，建立统一的气象资料管理机制，探索建立针对有特殊需求的市场主体使用气象资料的合理补偿机制和鼓励机制。

建立气象服务产业示范基地。建立气象服务产业示范基地或产业孵化园，是集聚科技、产业、资金、人才等资源，培育更多有实力的气象服务市场主体，奠定气象服务市场有序发展的主要基础。围绕重点领域，建立以重点企业或科研机构为龙头，相关科研机构、产业链各环节企业以及投资者参与，涵盖全产业链的开放性技术创新平台。完善创新创业服务体系建设，培育一批产品研发能力强、市场竞争力强、特色突出、发展潜力大的气象服务主体，形成以国有气象企业为核心、中小企业协同发展的高新技术气象服务企业群。

发挥公共财政和民间资本的作用。拓宽支持渠道，加大政府购买公共气象服务力度。在推进事业单位改革、服务业改革的过程中，积极谋划和应对，争取有利于事业发展的政策。加大财政资金采购技术服务的力度，实现服务提供主体和提供方式多元化。要积极引导社会资本进入气象服务领域，出台气象服务小微企业发展优惠政策，建立和利用创业投资、引导基金、科技型中小企业创新基金等社会资金投向气象高新技术服务业。

建立气象服务市场准入机制。制定个人从事气象服务的资质条件，对从业人员严格规范，加强监管。制定组织从事气象服务业务的准入条件，依法对从业组织的气象服务活动行为进行规范，加强从业过程监督和行业自律。建立执业和非执业登记制度。建立会员制度和继续教育制度。

加快建立气象服务市场监管体系。推动制定、修订促进气象信息服务业发展的相关法律、行政法规，建立适应气象服务产业发展的市场管理办法，建立气象信息服务企业准入退出、申诉举报、服务企业信用分类监管制度。健全服务标准体系，强化标准的实施，提高气象服务业标准化水平。以新媒体气象信息服务和新能源气象服务为切入点，加快制定气象信息服务市场信用信息管理办法、外国组织和个人来华开展气象信息服务管理办法，加快制定互联网和新媒体气象信息服务标准及互联网和新媒体气象信息服务市场信用评价标准等。

培育和扶持气象服务市场主体。鼓励和引导各种所有制气象服务企业健康发展，形成以公有制为主、多种所有制共同发展的气象服务业发展格局。支持私营企业、民办非企业气象服务组织发展；落实鼓励气象服务出口的政策措施，培育一批具有国际竞争力的外向型气象服务企业，开拓国际气象服务市场。

培育和开拓气象服务市场。重点培育农业、能源、交通、旅游、防雷等专业领域，公共气象信息传播，以及远洋导航、仓储物流、期货保险、航空等气象服务市场；加强资本、产权、人才、信息、技术等生产要素市场建设，积极引导商业气象服务消费，形成不同层面、不同群体的气象服务市场消费群体。

（二）推进城乡公共气象服务全覆盖和均等化

《规划》提出：“提高城市防灾减灾精细化气象服务水平，将气象服务纳入城乡网格化管理。提高城市防御内涝、雷电、风灾、雪灾、高温等气象灾害的能力，完善城市‘生命线’和重大活动气象服务管理运行机制。加大农村气象基础设施建设，提高气象灾害监测预报预警水平和防御能力，完善农村气象服务，加强‘幸福家园’和‘美丽乡村’建设的气象保障，将农村防灾减灾和气象服务融入乡村治理，逐步实现城乡公共气象服务全覆盖和均等化。大力实施精准气象助力精准扶贫行动，实现贫困地区气象监测精准到乡镇、预报精准到村（屯）、服务精准到户、科技精准到产业，发挥气象服务在精准扶贫、精准脱贫中趋利避害、减负增收的作用。”

1. 强化城市防灾减灾精细化气象服务水平

随着中国城镇化的快速推进，人口开始向城市聚集，城市人口密度越来越大，城市气象灾害承载力不足问题越来越明显，特别是大城市和超大城市，积水、内涝、交通、雾、霾、高温热浪等成为威胁城市安全的重要因素。“十二五”期间，中国气象局着力推进大城市精细化预报服务试点，北京、上海、深圳、江苏等的相关试点单位不断强化预报技术支撑，改进预报服务产品，丰富预报服务手段，有效促进了大城市精细化预报服务的发展。从实际效果来看，精细化的城市气象预报和气象服务对中国城市气象防灾减灾起到了有力的保障作用，特别是近些年，短时临近灾害性天气预报服务水平显著提升，使得城市应对气象灾害更加从容。总的来看，城市发展越快，对气象灾害特别是极端天气的承载能力越差，气象灾害的影响就越大越深远。“十三五”时期，我国将全面建成小康社会，城镇化水平更高，城市人口密度更大，城市气象防灾减灾服务压力更大，要求更高。

为此，《规划》提出：“提高城市防灾减灾精细化气象服务水平，将气象服务纳入城乡网格化管理”。这里特别强调将气象服务纳入城乡网格化管理，就是要从政府层面高度重视城市气象服务，通过城市网格建设使得气象服务特别是气象灾害的预报预警精细化，这是城市应对气象灾害、提高预警效果的有效举措。《规划》还提出要“提高城市防御内涝、雷电、风灾、雪灾、高温等气象灾害的能力，完善城市‘生命线’和重大活动气象服务管理运行机制”。这里主要针对灾害性天气对城市的最大威胁——城市运行，这也是城市脆弱性的集中体现。

具体来说，“十三五”时期，要进一步提高对大城市精细化预报服务工作的重要性和紧迫性认识，充分认识到城市化快速发展和防灾减灾工作对气象服务提出的更高要求和挑战；要进一步强化大城市精细化预报服务业务的科技支撑，重点加强灾害性天气的监测预警、高分辨模式、产品应用、定量降水估测预报以及城市气象灾害风险评估等技术的研发和应用；要进一步强化预报员在精细化预报中的作用，要求预报员在新形势下适应新模式和新技术，建立精细化预报思路，加强精细化预报产品的检验、评估和总结分析；要进一步加强大城市精细化预报服务业务的组织管理，发挥省级气象台在精细化预报中的重要作用，带动全国精细化预报服务能力的提升。

2. 重点提高农村气象服务均等化水平

相对于城市气象服务，我国农村地区的公共气象服务相对滞后，公共气象服务无限需求与有限能力的矛盾在农村地区相对更加突出。气象灾害防御的薄弱地区是农村，最易受天气影响的脆弱行业是农业，最需要提供气象服务的弱势群体是农民。实现城乡公共气象服务均等化要以农村为重点，着重在于提高农村公共气象服务能力。

《规划》提出："加大农村气象基础设施建设，提高气象灾害监测预报预警水平和防御能力，完善农村气象服务"，这里的气象灾害监测预报预警水平和防御能力重点是在气象部门，而农村的气象基础设施建设则重点是在各级地方政府，《规划》旨在把气象防灾减灾作为农村基础设施建设的主要内容。此外，还要强化针对农村的气象服务需求分析和产品研发，不断提高农村气象服务水平。《规划》提出要"将农村防灾减灾和气象服务融入乡村治理"，旨在将气象防灾减灾和气象服务作为农村建设的重要内容和日常事务，一方面强化基层组织对气象防灾减灾的重视度，另一方面也是实现农村气象防灾减灾精细化和农村公共气象服务全覆盖的重要手段，最终目标就是逐步实现城乡公共气象服务全覆盖和均等化。

3. 实施气象助力精准扶贫行动

"十三五"时期，要大力实施精准气象助力精准扶贫行动，实现贫困地区气象监测精准到乡镇、气象预报精准到村(屯)、气象预警服务精准到户、气象科技开发精准到产业。优先实施贫困地区气象基础设施建设，提高贫困地区气象灾害监测能力。推动贫困地区气象为农服务体系深入建设和广泛覆盖，提高贫困地区气象服务和灾害防御能力。面向贫困地区生态保护修复和特色产业发展需求，开展有针对性的气象服务，扎实做好精准扶贫、科技扶贫气象支撑和保障工作。

(三)加强气象文化建设，增强公民气象科学素养

《规划》提出："弘扬气象人精神，树立气象人形象，营造团结和谐、开拓创新的良好氛围，树立科学、高效的管理理念，加强气象文化基础设施建设，促进全国气象事业持续、快速、健康发展。加强和改进气象科普工作，广泛借助社会资源提高气象科学知识社会普及程度，增强公众气象防灾减灾和应对气候变化意识与能力，促进全民气象科学素质提升。"

"十三五"时期，要通过健全机制、开展科普宣传和教育培训，进一步提高全社会气象防灾减灾避灾意识和能力，让社会充分参与气象防灾减灾，促进社会公众参与自防自救和互防互救，以最大限度降低气象灾害损失。建立和健全常态化、社会化、

专业化的气象防灾减灾宣传教育和培训体系。建立社区和乡村防灾自救社会组织，推进创建3000个“综合气象防灾减灾示范社区”建设。以提高全民气象防灾减灾意识，提高防灾减灾知识在社区基层、广大农村、大中小学生及公众中的普及率。

深入完善气象防灾减灾宣传教育和培训体系。制定气象科普宣传和防灾减灾培训年度工作计划。推进气象知识进学校、进教材、进社区、进乡村，鼓励社会企业、组织和志愿者等参与，共同提高全社会的气象防灾减灾意识和公众避险自救互救能力，提高全社会的气象科学素质。

继续健全“一馆、一站、一栏、一员”的农村气象防灾减灾科普宣传体系。持续完善县级以下气象防灾减灾科普馆或科普展区，将乡镇气象信息服务站建设成为农村气象科普活动站，设立和完善村气象科普宣传栏，定期组织开展气象防灾减灾科普宣传活动，定期张贴气象防灾减灾科普知识。将气象防灾减灾科普工作融入综合防灾减灾科普宣传中，坚持乡镇气象协理员和村气象信息员作为气象防灾减灾科普宣传员制度，为广大乡村居民传播气象防灾减灾科普知识。

提高公众防御气象灾害意识。完善气象部门联合社会组织和新闻媒体等合作开展防灾减灾宣传教育的工作机制。结合“世界气象日”“科普宣传活动周”“科普宣传活动月”“防灾减灾日”和“国际减灾日”等重要活动日，组织开展多种形式的气象防灾减灾宣传教育活动，将防灾减灾知识和技术普及纳入文化、科技、卫生“三下乡”活动，加强对全社会尤其是对重点地区和人群的防灾减灾科学知识和技能的宣传教育。结合教育体系，加强中小学校、幼儿园防灾减灾知识和技能教育等。创新防灾减灾知识和技能的宣传教育形式，推进气象科普宣传教育基地、科普教育网络平台建设，发挥气象人才和资源的作用。

四、提升气象共享发展水平

一直以来，专业气象服务是气象服务经济社会发展的重要组成部分，具有针对性强、专业性高、技术难度大等特点。“十二五”时期，随着信息网络技术的高速发展，专业气象服务的社会需求不断扩大，气象服务市场蓬勃发展，专业气象服务与新技术融合带来新的变化，专业气象服务发展迎来巨大空间，同时面临巨大挑战。“十三五”时期，经济社会发展对专业气象服务的需求将进一步增长，新技术革命也必将带来专业气象服务的快速发展，提升专业气象服务能力和水平，不断满足全社会对个性化、精细化、专业化气象服务的需求，成为实现更高水平气象共享发展的目标和方向。

（一）专业气象发展面临新机遇

1. 专业气象服务是实现更高水平气象共享发展的着力点

优质的公共气象服务是实现气象共享发展的基本要求，而专业气象服务则具有针对性更强、要求更高等特点，是更高水平、更广泛意义上的共享发展。要积极构建智慧气象，实现气象服务提质升级。当今世界，信息技术不断渗透到经济社会发展的方方面面，信息化和智能化使得共享发展在路径上和范围上大大扩展。“十三五”时期，要充分运用互联网、大数据等现代信息技术，按照“人人参与、人人享有”的要求，实现气象服务与人们生活工作的深度融入，使个体气象参与度显著提高。要推进互联网、物联网、云计算、大数据等新的信息技术广泛和深入应用，建立具备自我感知能力、判断能力、分析能力、选择能力、行动能力、自适应能力的气象系统。要加快推进“互联网＋气象＋各行各业”的深度融合，实现更深层次、更广范围、更加精准的气象预报服务。要通过构建智慧气象，实现气象服务水平提质升级上台阶，让最广大人民群众共享高质量的气象服务成果。

2. 专业气象服务面临新的挑战

随着科学技术的飞速发展，气象服务面临新环境、新需求，各方面对气象服务特别是专业气象服务要求更高，对气象科技水平提出新的更大挑战。在新的形势下，各级气象部门应把重点任务转移到提供基本公共气象服务上来，把提高为人民群众提供基本公共气象服务能力和水平作为工作的重点，把一些能由市场提供的专业专项气象服务转为或交由社会承办，包括通过政府购买为社会提供部分基本公共气象服务产品，以切实解决基层气象部门“事多人少”的基本公共气象服务提供不足的矛盾。通过加快推进气象转型发展，推进气象服务主体多元，一方面提高人民群众基本公共气象服务共享水平；另一方面激活气象服务市场，在推进气象服务业创新期间，促进专业气象服务发展。

3. 专业气象服务发展要立足创新

“十三五”期间，专业气象服务发展应突出重点领域，使专业气象服务成为“十三五”气象发展的重点任务，提高核心科技能力。要强化气象资源共享，构建开放共享发展新思路。气象资源的开放和共享是气象共享发展理念的直接体现，不仅要求气象数据资源的对外共享，而且，气象对外开放的思路应更加开阔，不断满足经济社会发展对气象开放的期待和需求。

“十三五”时期，要加强气象预报服务产品、技术、系统、平台等一系列资源的共建共享共用，这种共享不仅仅是气象部门内部的共享，更是要广泛动员包括高等院校、科研院所、企事业单位等全社会力量参与到气象发展中来，让气象公共资源普惠大众。要为社会大众搭好台，打造公共气象数据平台、公共气象应用平台、公共气象服务平台等交流平台，建立气象服务企业孵化器和产业园。要激发气象领域“大众创业、万众创新”的热情，以共享和开放理念推动气象实现更大发展。要拓展气象服务市场，打造气象服务众创格局。

“十三五”时期，要以更加积极和开放的姿态引导社会力量参与气象服务。让更多的社会企业、单位、组织和个人等通过广泛参与气象服务，分享气象服务市场发展带来的机遇和成果。同时，通过引入市场竞争机制，不断壮大气象服务市场，在国家“大众创业、万众创新”大背景下，形成气象服务众创局面，培养出一批有实力、高水平、优服务的气象服务企业，同时，激励和促进全社会气象服务能力和水平不断提升。

（二）专业气象服务发展的主要任务

1. 发展农业气象服务

《规划》提出：“加强研发统计、遥感、作物生长模拟模型相结合的作物产量集成预报与服务。推进气象为农服务信息融合与应用，深化气象为农服务‘两个体系’建设。开展草地、森林生态质量的气象综合监测评估。”

农业气象服务对保障国家粮食安全十分重要。《国家粮食安全中长期规划纲要（2008—2020年）》提出“健全农业气象灾害预警监测服务体系，提高农业气象灾害预测和监测水平”。《全国新增1000亿斤[①]粮食生产能力规划（2009—2020年）》对此进行了细化，《规划》在“主要建设任务和工程”中对“农业气象防灾减灾”进行了分析，提出了建设农业气象防灾减灾工程，明确“以粮食生产核心区和非主产区产粮大县为重点，完善农业气象监测和信息发布、传输、农用天气预报、农业气象预警决策防御”等任务。“十三五”时期，要继续发展农业气象服务，努力提升保障国家粮食安全的能力和水平。

一是努力提升气象服务“三农”的水平。创新气象为农服务机制，融入农业社会化服务体系。深化联合会商和产品制作发布机制，加强国家级与省级农业气象业务服务的技术指导和支撑反馈，强化关键农时、重大农业气象灾害实时监测和定量影响评估服务。服务国家农业对外合作，继续做好国内主要农作物长势监测和产量预报，并逐渐向国外重点农产品和重点农业产区拓展。推进中央财政“三农”服务专项建设与现代农业示范区、综合减灾示范社区等的融合，深化基层气象为农服务社会化发展试点，推动气象为农服务“两个体系”可持续发展。

二是全面提升对农业适应气候变化的保障能力。深化气候变化背景下全国和区域农业气象灾害风险分析和区划，推进气候变化对全国和区域主要粮食和经济作物种植制度、播种期、病虫害、品种适应性、产量和品质的综合影响评估。构建农业气候年景（1～10年）预评估模型，开展农业气候年景预评估服务。建立评价体系，建立不同极端天气气候事件与农作物产量评估的定量关系模型，发展全国和区域极端天气气候事件的农业损失评估模型，开展设施农业适应气候变化的保障技术研发与应用示范，提升气候变化对农业影响综合评估和农业适应气候变化的科技支撑能力。

三是加强农业气象灾害监测预警和防灾减灾。运用现代信息技术改进农情监测网络，建立农业气象灾害预警与防治体系。加强气候变化诱发的农作物病虫害监

---

① 1斤＝0.5千克

测，大力提升农作物病虫害监测与防控能力。加强病虫害统防统治，推广普及绿色防控与灾后补救技术，增加农业备灾物资储备。为提高种植业适应气候变化能力，细化农业气候区划，利用气候变暖增加的热量资源，指导适度调整种植北界、作物品种布局和种植制度。

四是建设全国农业气象灾害影响评估与监测预警业务。开展全国各地主要农业气象灾害发生规律、时空分布特征的调查研究，对未来可能出现的农业气象灾害进行预警，进行作物产量和品质遭受气象灾害影响的损失估算；利用作物模型预估气象灾害对作物物候、产量的定量影响，以及进行农业生产如何规避气象灾害、降低损失的研究分析；建立全国农业气象灾害影响评估与监测预警服务系统，指导农业防灾减灾。

2. 发展环境气象服务

《规划》提出："建立并完善环境气象数值预报业务系统，加强霾、沙尘和空气污染气象条件，以及光化学烟雾等环境气象中期预报和气候趋势预测业务。"

"十三五"时期，要建立并完善环境气象数值预报业务系统。该系统应包含各类气溶胶、反应性气体及其辐射反馈过程，支撑雾、霾、空气质量、沙尘暴、太阳辐射、强光化学烟雾等要素的中期预报和气候趋势预测。要研发不同空间分辨率的动态排放源清单以及环境气象资料的数值同化技术，建立数值同化模块，改善模式的预报性能。不断研发雾、霾及空气质量数值预报技术，建立和完善雾、霾、沙尘暴及空气质量数值预报系统，并不断推广转化。依托模式建立 $PM_{2.5}$ 和臭氧对敏感疾病影响的健康风险评估预测预警模型，制作服务产品，开展大气成分对人体健康影响评估研究。提升支撑环境气象业务、大气成分预报预警、决策服务和重大气象服务能力。

3. 发展交通气象服务

《规划》提出："开展高影响天气交通气象预报和灾害风险预警，逐步实现以'点段线'为特征的高分辨率交通气象预报。加强交通气象服务与交通管理、调度的联动，提高公路、铁路、内河和航空等综合交通气象服务能力。"

"十三五"时期，一是要完成全国交通气象灾害风险普查，深入推进道路交通沿线精细化气象预报和高影响天气短临预报试点。继续推进与住房和城乡建设部的城市内涝防治合作。开展台风、暴雨、干旱气象灾害风险评估和灾害风险区划试点，发展定量化的灾害风险评估业务，着力提高对交通气象的影响预报和风险预警的针对性、有效性。二是要完成国家、省两级高速公路交通气象灾害监测预警服务和共享系统建设，初步构建全国高速公路交通气象服务业务。三是积极推进长江航道气象保障体系建设，切实提高长江气象监测预报预警能力。

4. 发展海洋气象服务

《规划》提出："建立全球海洋气象监测分析业务，实现全球关键海区海洋气候要素的实时监测，重点关注全球关键海区海温异常监测。建立 1～7 天全球 10 千米分辨率、我国责任海区5千米分辨率的海洋气象格点预报业务，建立责任海区海上大风、海雾概率预报业务和全球海域8级以上大风概率预报业务。提高海洋气象灾害监测预警的精度和覆盖度，建立多手段、高时效、广覆盖的海洋气象灾害预警信息发布系统，提高海上气候资源调查评估和开发利用气象服务能力。发展船舶海洋导航气象服务技术，建立海洋经济气象服务指标体系，形成海洋气象灾害应急联动服务体系。”

一是海洋气象预报预测。“十三五”时期，要以提高海洋灾害性天气预报准确率、精细化水平和有效预警时效，以及扩大海域覆盖范围为目标，优化整合，形成分级布局、上下一体的海洋气象预报预测系统，主要包括海洋天气监测分析、海洋天气预报预警、海洋气候监测预测和海洋气象数值预报四个业务系统的建设。

海洋天气监测分析。海洋天气监测分析业务系统是多种海洋气象观测资料的综合显示分析平台，并通过数值同化分析技术形成气象要素格点数据，实现对台风、海上大风、海雾、强对流等灾害性天气的全方位、高频次、高精度的立体监测。在现有人机交互气象信息处理和天气预报制作系统（MICAPS）业务平台基础上，补充建设海洋天气监测功能，实现新增海洋气象资料尤其是雷达、卫星等遥感资料的快速直观显示和综合分析，具备海洋灾害性天气灾害监测预警功能；新建海洋气象多源观测资料同化业务系统，融合分析不同海洋气象观测资料，形成高时空分辨率的气象格点监测产品和海洋气象再分析资料集。

海洋天气预报预警。建立上下一体、协同一致的业务软件系统，实现预报分析、数据服务、计算处理、产品制作等基础功能，具备针对重要海域的海洋气象灾害预警、气象要素精细化客观预报、近海和远海格点化气象要素预报和海洋气象专项预报能力，支持各级海洋气象部门开展主、客观预报产品的实时检验评估。同时建立海洋气象目标观测指导业务平台，采用诊断分析和数值试验方法，确定重大天气过程的关键区、敏感区，评估海洋气象观测系统效能，为优化观测站网布局提供科学依据。

海洋气候监测预测。依托已有和拟建海洋气象综合观测站网，深度参与国际气候合作计划和相关海洋观测计划，实现全球关键海区海洋气候要素的实时监测，重点关注全球关键海区海温异常监测，加强对海洋次表层、海洋混合层热量收支、海表热通量收支和海洋-极冰-大气能量交换过程的监测；通过数值模式、统计等方法实现全球不同海区海洋气候要素的预测，丰富预测要素、扩大预测范围，提升动力预测技术水平。

海洋气象数值预报。海洋气象数值预报将重点提升海洋气象资料同化能力，发展具有自主知识产权的全球/区域多尺度通用数值预报模式、海气耦合的近海高分辨率数值预报模式，开展全球海洋气象集合预报，开展定量化的数值预报产品解释应用，增强客观预报能力，提供海洋气象概率预报产品，进一步提高海洋气候模式分辨率、丰富模式输出产品。

海洋气象数值预报模式系统包括全球及区域海洋气象数值预报、海洋气象专业数值预报、集合预报以及数值预报解释应用。重点建设内容包括:建成新一代的全球/区域多尺度通用同化与数值预报系统(GRAPES),模式最高水平分辨率达到10千米;建设西北太平洋及近海高分辨率海气耦合数值预报系统,模式最高分辨率达到3千米;建设全球海洋气象集合数值预报系统,建立1～7天全球10千米分辨率、我国责任海区5千米分辨率的海洋气象格点预报业务,发布台风路径、全球海域8级以上大风、海上强对流以及海雾等海洋气象概率预报产品;建立覆盖西北太平洋和近海的区域海气耦合台风强度以及强对流天气集合预报系统,提供台风强度、强对流及海雾的概率预报产品;建设海洋气象专业化模式集合预报系统,提供海洋气象要素集合预报产品;建立较高分辨率的海洋气候模式,输出关键海洋气候要素以及对主要海洋气候事件及其指数的预测。

二是海洋气象灾害监测预警。

海洋气象灾害风险预警。利用海洋气象灾害风险普查和区划结果,研究分析历史资料和观测信息,基于预报产品开展各种气象条件下致灾临界指标计算,结合地理信息、海洋经济数据等,建立基于影响的海洋气象灾害风险预警业务系统,及时制作发布各类海洋气象灾害影响风险的预报预警。

海洋气象灾害风险评估。建立海洋气象灾害风险评估指标体系,确定灾害风险分级标准,分类建立灾害风险评价模式,制定减轻灾害风险的对策与措施,开展国家、省两级海洋气象灾害风险评估业务,并对海洋气象服务进行效益评估。

海洋气象灾害防御部门联动。建立气象、海洋、交通等部门间海洋气象灾害防御联动机制,建设灾害应急联动指挥系统,增强各级气象部门预警和决策指挥服务能力,提供海洋气象灾害防御决策指挥信息支持,实现各级之间、各部门之间的高效联动。

5. 发展水文和地质气象服务

《规划》提出:"开展流域雨情实时监测分析业务,强化流域强对流天气监测预警业务,提高流域精细化面雨量和致灾暴雨预报预测能力。发展国家级精细化水文、地质灾害气象风险预警技术与模型,建立集约化的水文、地质灾害气象风险预警上下一体化业务体系。推进山洪地质灾害防治等气象保障建设。"

一是建成山洪地质灾害防御气象监测预报预警服务体系,进一步提高观测系统自动化水平,基本消除气象监测盲区。建设和改进易灾区的气象信息传输与管理、技术装备保障、资料档案、信息安全保障系统。建设强降水的精细化监测分析、质量控制与评估、定量降水估测和预报以及短时临近预报系统,建设和改进气象监测预警信息发布系统。

二是研发针对专业领域的预报模式。针对能源、电力、交通、水文、地质灾害、森林草原火险等专业方向，分别研发基于短临预报产品的专业预报模式及预警指标等级等。

三是加强专业气象服务观测站网建设。通过部门合作共建、信息共享的方式，重点加密中小河流、地质灾害隐患区自动气象观测站网建设，加强重污染天气多发区以及交通事故易发区等专业气象观测站网建设。

6. 发展航空气象服务

《规划》提出：“完善航空气象监测和预报业务系统，建立机场和航路危险天气指导产品体系。推进亚洲航空气象中心建设，开展全球主要航路和我国机场天气指导预报业务，加强通用航空气象保障能力建设。”

民用航空气象作为我国航空运输系统的重要组成部分，是民航安全、快速、持续和有效发展的重要保障。伴随我国民航(不包括港澳台地区)60多年的发展历程，我国民航气象事业由诞生到成长，不断发展壮大，逐步建立了民用航空气象法规标准体系，建立了从航空气象探测、资料收集与处理、预警预报与产品制作、飞行气象情报的发布与国内国际交换及航空气象服务等业务平台和业务流程，构建起了较为完善的民用航空气象业务运行与服务体系，为飞行安全提供了气象服务保证，为我国民航的快速发展起着非常重要的作用。“十三五”时期，需要强化我国航空气象发展，提高我国航空气象服务保障自主化能力和水平，打破国外航空气象服务垄断。

国家民航气象现状

我国的民航气象业务主要从事机场气象观测、预报和航空线上的气象预报工作，服务对象主要为机场和航空器。目前，航空气象业务开展情况如下。

民航气象业务机构。目前，全国民航气象业务机构由1个民航气象中心、7个民航地区气象中心及190多个机场气象台组成。民航系统气象人员2149人。通过逐级运行管理和业务指导，以逐级发布业务指导产品、分级质量监控、系统运行信息即时通报、对航空气象用户进行分级服务等机制，形成了一体化业务运行与服务体系。

民航气象服务产品。包括：采集和收集气象观测情报，分析制作航空气象预报产品，并以飞行气象情报的形式服务；发布飞行气象情报内容，包括机场天气报告、机场预报、着陆预报、起飞预报、航路预报、区域预报、重要天气情报、低空气象情报、机场警报和风切变警报。其中：机场天气报告、机场预报、着陆预报、航路预报是以电码格式制作和发布；区域预报的高空风/温度预告图和重要天气预报图主要是以图形的形式制作和发布，GAMET形式的区域预报则以缩写明语的形式制作和发布；重要气象情报、低空气象情报是以缩写明语的形式制作和发布。

民航气象管理体制。民航空管系统现行管理体制为民航局空管局、地区空管局、空管分局(站)三级管理。民航局设置空管行业管理办公室,下设航空气象处。民航局空管局设置航空气象业务管理部门,在机关设置气象部,在直属单位设置民航气象中心。民航地区空管局为民航局空管局所属事业单位,实行企业化管理,7 个地区空管局分别为华北、东北、华东、中南、西南、西北和新疆空管局,分别设置气象中心。

7. 发展空间天气和航天气象服务

《规划》提出:"推进空间天气业务建设,发展和完善空间天气预报模式,加强太阳活动态势分析能力,提高空间天气爆发事件的短时临近预报水平,提升空间天气定量化预报能力。加强航天气象保障科研与服务。"

一是要加强空间天气观测。研发重大空间天气灾害星地联合观测关键技术;开展空间天气观测小卫星方案预研;研制面向业务化的关键天基太阳、磁层、电离层、热层大气观测载荷;开展电离层组网观测技术研究及观测实验;开展地基热层大气探测设备研发;开展"数字电离层"关键技术研究;进行基于电离层天气观测的短波通信保障示范系统研发。

二是加强空间天气预报。以美国为首的航天大国除了继续发展全方位、多要素、天地配合、全球覆盖的空间天气观测能力外,还集中优势力量着力开发空间天气数值预报模式,覆盖空间天气日地因果链各个关键区域,如太阳到行星际的 WSA-ENLIL 模型、地球空间模型 GEOSPACE、热层-电离层耦合模型 TIECGM 等,这些模型力图融合多种空间天气要素,以期提高空间天气预报水平,增强对空间天气态势的感知能力。因此,"十三五"时期我国需要加强自主空间天气数据的综合业务应用及其与其他数据的融合应用,研究空间气候的参数化模型、灾害性空间天气事件发生发展的机理及其概念模型,发展先进的空间天气定量分析与预报技术(特别是临近预报技术);研究空间天气对重要技术系统的影响,实现对空间天气背景及变化的系统分级描述与客观定量预报,实现对航天、航空、通信、导航定位等主要敏感系统影响的定量评估与分级预警;研究日地关系对天气气候的影响。其解决的关键科技问题包括:多源多要素空间天气数据融合与数值模拟;空间天气效应定量或分级描述;热层与低层大气耦合现象认证及机理研究。

8. 发展能源、林业、旅游、安全生产、健康等专业气象服务

《规划》提出:"完善风能、太阳能资源预报业务。推进风能、太阳能资源利用气象服务标准体系和服务机制建设。加强森林草原火险及重大林业有害生物发生趋势气象预报服务。搭建多部门跨行业的旅游气象服务综合信息数据支持库。发展完善气象景观天气预报、旅游气象指数预报和景区气候评价等旅游气象服务。发展安全生产专业气象服务,严防重大气象灾害引发生产安全事故。加强健康气象服务。发展基于物联网技术的物流气象服务。”

“十二五”期间，伴随我国能源战略转型，我国风能、太阳能资源开发利用力度大幅提高，同时，以风能和太阳能为代表的能源气象服务快速发展。然而，能源气象服务发展中还面临着气象服务标准缺乏，服务机制不健全、不完善等问题，这是“十三五”期间迫切需要突破的瓶颈。森林防火及虫害趋势预报是气象服务林业的传统领域，“十三五”时期需要继续加强。随着经济社会快速发展和人民生活水平提高，旅游和健康成为百姓生活的重要内容和关注点，旅游和天气密不可分，中国人外出旅行的频率在不断加大，旅游气象服务需求也随之增多，“十三五”时期中国旅行将迎来新的高峰，提升旅游气象服务水平显得尤为迫切，而气象数据服务支撑、旅游气象指数、景区气候评价等将是气象旅游服务内容的重要组成；此外，雾、霾成为困扰我国的灾害问题和社会问题，这与健康气象息息相关，在“十三五”时期，如何发挥好在治理雾、霾全民斗争中的气象作用，是气象部门需要积极作为和响应的重要命题。

气象数据资源共享为专业气象服务提供保障

推进数据资源共享是经济社会发展的客观需要。气象数据资源的开放共享是气象共享的重要方面。一直以来，气象部门践行数据资源开放共享，为相关部门、科研高校及有关专业人员提供气象数据资源。在国家新的发展理念指导下，气象部门还需要进一步大力加强气象预报产品、技术、系统、平台等资源的共建共享共用，让公共气象数据资源更广泛地普惠大众，为社会大众搭好台，通过“互联网＋气象＋各行各业”的深度融合，激发气象领域“大众创业、万众创新”热情，进一步挖掘气象潜在经济社会效益。我国作为全球负责任的发展中大国，还应具备更高的气象全球观测、全球预报、全球服务的能力和水平，这是国家对气象共享发展提出的新要求，也是气象实现自身共享发展的新目标。让全世界搭中国气象服务和发展的便车，真正实现更高层次、更广范围、更大程度的气象共享发展。

参考文献

刘冬，2016. 坚持共享发展强化民生气象保障[N]. 中国气象报，2016-01-19(3).

任理轩，2015. 坚持共享发展——“五大发展”理念解读之五[N]. 人民日报，2015-12-24(7).

杨霏云，朱玉洁，郑秋红，等，2011. 农业防灾减灾面对面[M]. 北京：中国农业出版社.

第九章 “十三五”时期气象发展的保障措施

坚强的组织领导，是推动《规划》目标实现和完成《规划》任务的根本政治保证。有效的投入保障，是《规划》实施的重要条件。《规划》最后一部分对“十三五”时期气象发展保障措施做出了制度性安排。

一、发挥党的领导核心作用是关键

“十三五”时期，气象发展的任务重，要求高，难度大，在全面从严治党形势下，对气象部门党的建设提出了更高更严的要求。气象部门党组织数量大、分布广，96%的党组织分布在省、地（市）、县级基层气象单位。各级党组织和广大党员如何发挥作用，直接关系到气象事业发展的质量和气象现代化的进程。面临新形势新任务新要求，必须加强党的建设，为促进气象改革发展提供强有力的政治保证和组织保证。

（一）必须发挥各级党组的领导核心作用

全面加强党的建设，是各项工作顺利推进、各项目标顺利实现的根本保证。党的领导始终是气象事业不断开创改革发展新局面的核心力量，始终是气象事业不断开拓创新的坚强后盾。“十三五”时期，已经进入基本实现气象现代化的攻坚阶段，实现《规划》提出的战略目标，关键是要充分发挥党的领导核心作用，尤其是发挥气象部门各级党组领导核心作用。气象部门各级党组要认真贯彻落实《中国共产党党组工作条例（试行）》，发挥好把方向、管大局、保落实的重要作用。要加强党组自身建设，强化责任意识和担当意识，在准确把握职能定位的基础上，进一步提高观大势、议大事、抓大事的能力，加强全局性、战略性、前瞻性重大问题的研究和谋划，不断提高党组决策水平和工作效率，在贯彻落实党中央重大决策部署上凝神聚焦发力，确保政令畅通，在推动《规划》落实中咬定目标，保持定力，确保任务完成。

（二）必须强化事业单位党委政治核心作用

气象部门各级事业单位是实施《规划》任务的主体，是直接推动实现气象现代化战略目标的主要力量。气象部门各级事业单位党委和党组织是保障《规划》实施的政治核心力量，党委要按照参与决策、推动发展、监督保障的要求发挥好政治核心作用。凡涉及本单位气象业务改革发展和事关职工群众切身利益的重大决策、重要人事任免、重大项目安排、大额度资金使用等“三重一大”事项，党组织必须参与决策。

要贯彻落实好党管干部原则，在选人用人中发挥党组织的主导作用，气象部门的企业党组织也要结合实际制定发挥党组织政治核心作用的相关配套制度。

(三)必须发挥基层党组织战斗堡垒作用

在协调发展理念指导下，“十三五”期间气象发展的重点在基层，难点也在基层，检验发展的成效关键也在基层。气象部门各级基层党组织必须坚持围绕中心、服务大局、建设队伍，充分发挥战斗堡垒作用。因此，必须加强基层气象台站党组织建设，推动全面从严治党向基层党组织延伸，坚持按照“信念坚定、为民服务、勤政务实、敢于担当、清正廉洁”的好干部标准选准用好党组织负责人，巩固基层党组织力量，充分发挥基层党组织战斗堡垒作用。

(四)必须发挥全体党员先锋带头作用

在“十三五”期间，全面推进气象现代化，基本实现气象现代化宏伟目标，是全国气象部门广大干部职工的共同方向，不仅需要气象部门各级党组织制定正确的政策和措施，而且更需要气象部门所有的党员行动起来，发挥先锋带头作用，并团结所有气象干部职工齐心协力、克难奋进、开拓创新、崇尚实干，把气象发展政策和措施落实下去，把气象现代化发展的宏伟蓝图变成现实。

二、“十三五”时期气象发展的主要保障措施

《规划》最后部分结合气象发展实际，从加强组织领导、建立多元化投入机制、加强党的建设三个方面提出了保障措施，为《规划》贯彻执行提供了强有力的领导组织保障。

(一)加强组织领导

《规划》提出：“加强规划实施的组织领导和统筹协调，建立健全规划有效实施的保障机制，采取多种有效措施，形成工作合力，确保规划发展目标和各项重点任务顺利完成。做好本规划与国民经济和社会发展规划之间的衔接，做好省级规划、专项规划、区域规划与总体规划的协调，确保总体要求一致，空间配置和时序安排协调有序，形成定位清晰、功能互补、统一衔接的规划体系。完善规划实施的监测评估制度，健全规划实施评价标准，将规划约束性指标分解到年度进行督促检查考核，加强规划实施的咨询和论证工作，规范气象工程项目的建设程序，提高决策的科学化和民主化水平。”这里《规划》主要从以下四个方面提出要求。

1. 加强组织管理和督促落实

有效的组织管理是《规划》落实的重要保证。因此，全国气象部门要切实加强气象发展规划管理，规范管理程序，严格按照《气象发展规划管理暂行办法》等文件精神做好规划实施工作的组织领导和统筹协调。要明确《规划》设定的目标任务和工程项目，按照职责科学分工，将《规划》提出的主要目标、任务和重点工程项目落实到

中国气象局各内设机构及相关直属单位，有力推动规划实施的落实。

2. 形成规划体系，注重内外衔接

全国气象发展规划是一个由国家规划、部门规划、地方规划和单位规划组成，并由综合规划和专项规划构成的规划体系，规划落实是一项系统工程。《规划》作为《国家“十三五”规划》体系的组成部分，首先要主动做好与国民经济和社会发展规划之间的衔接，积极争取由当地政府发布气象发展规划，并列入当地“十三五”专项规划，成为当地“十三五”期间审批重大项目、安排政府投资和财政支出预算的重要依据。

在气象发展规划的层级管理上，各级气象部门应进一步明确职责，中国气象局负责全国气象事业发展规划管理，具体工作由中国气象局规划管理部门承担；区域中心所在省级气象局负责区域级综合性规划和相关专项规划的管理工作；各省级气象局负责区域内综合性规划及相关专项规划的管理工作。各级气象部门要以《规划》为依据，根据重点业务发展领域和地区气象发展需求实际，制定完成各项专项规划、区域规划和省级规划。同时要做好省级规划、专项规划、区域规划与总体规划的协调，确保总体要求一致，空间配置和时序安排协调有序，形成定位清晰、功能互补、统一衔接的规划体系。

3. 做好跟踪评估和检查考核

在《规划》实施过程中，要实时跟踪规划的实施情况，适时开展规划实施的监测评估。根据规划分工和年度任务分解，各牵头单位和主要负责单位每年将上年度所负责的目标任务进展情况报送中国气象局规划管理机构，并形成规划实施年度进展情况报送中国气象局。在《规划》实施中期，开展“十三五”规划重大问题研究评估工作，从规划实施进展、主要经验和问题等方面进行评估，适时开展专项规划修编。

在《规划》实施末期，中国气象局规划管理机构应组织对规划实施情况总结评估。要严格规划编制计划管理，规范气象工程项目的建设程序。每年年底，根据规划编制工作的总体部署，中国气象局规划管理机构在征集各内设机构意见基础上提出下一年规划编制计划及编制经费安排，报中国气象局确定后将其作为开展规划编制工作的依据。同时要加强规划实施的咨询和论证，确保规划执行的科学性和民主性。

4. 加强《规划》实施的咨询和论证工作，规范气象工程项目的建设程序，提高决策的科学化和民主化水平。

（二）建立多元化投入机制

《规划》提出：“落实国家支持气象发展有关政策，坚持和发展气象部门与地方政府双重领导、以气象部门领导为主的管理体制，完善与之相适应的双重计划财务体制，进一步明确气象事权和相应的支出责任，破解资金要素制约，着力优化资金来源结构，建立健全与之相适应的财政资金投入机制。积极争取各级政府对气象的支持力度，推动将公共气象服务纳入各级政府购买公共服务的指导性目录，建立政府购买公共气象服务机制和清单，积极改善投资环境，创新公平准入条件，拓宽以政府投入为主、社会投入为辅的多元化投入渠道，充分利用市场机制，引导社会资本投入气象事业。继续实施重大工程和项目带动战略，以增量投资促进结构调整，加大向中西部地区和革命老区、民族地区、边疆地区、贫困地区的气象投资倾斜力度，推动气象事业均衡发展。”这里《规划》主要从以下方面提出了要求。

1. 充分发挥双重计划财务体制优势

党的十一届三中全会后，为适应气象现代化建设的要求，气象部门积极探索符合我国国情和气象工作特点的管理体制，在充分调查研究、总结经验教训、借鉴国外经验的基础上，提出了气象部门领导管理体制改革方案。并经国务院批准，到1983年全国气象部门基本建立了“双重领导、以部门为主”的领导管理体制，基本形成了符合气象工作特点、有利于全国气象事业统一规划、统一布局、统一建设、统一管理的体制。并逐步建立了与双重领导管理体制相适应的双重计划体制和财务渠道，为气象事业发展提供了重要保障。

气象事业发展实践已证明，坚持和发展气象部门与地方政府双重领导、以气象部门领导为主的管理体制，同时完善与之相适应的双重计划财务体制是一条正确的道路。未来明确气象事权和相应的支出责任是落实好双重计划财务体制的重要保障。财政事权是一级政府应承担的运用财政资金提供基本公共服务的任务和职责，支出责任是政府履行财政事权的支出义务和保障。合理划分中央与地方财政事权和支出责任是政府有效提供基本公共服务的前提和保障，是建立现代财政制度的重要内容，是推动国家治理体系和治理能力现代化的客观需要。

气象部门已与中央机构编制委员会办公室联合出台《地方各级气象主管机构权力清单和责任清单指导目录》，就积极推进气象主管机构权力清单制度工作、规范做好气象主管机构权力清单制度工作以及依法履行气象主管机构的法定职责做出明确要求。权力和责任的厘清为破解资金要素制约，着力优化资金来源结构，建立健全与之相适应的财政资金投入机制打下了良好基础。

2. 充分激发市场机制活力

随着服务型政府的加快建设和公共财政体系的不断健全，政府购买公共服务将成为政府提供公共服务的重要方式。公共气象服务是公共服务的重要组成部分，但政府购买公共气象服务在我国刚刚起步，气象服务市场尚不完善，体制机制仍有待探索和完善。

“十三五”时期，要积极争取各级政府对气象的支持力度，推动将公共气象服务纳入各级政府购买公共服务的指导性目录，建立政府购买公共气象服务机制和清单。要积极培育气象服务市场，建立公平、开放、透明的气象服务市场规则，营造良好的气象服务市场环境。要按照开放有序的原则,明确气象服务市场开放领域,加大气象资料和产品的社会共享力度,同时加强监管政策的制定和落实。

要激发社会组织参与公共气象服务的活力,引导社会资本投入气象事业,适合由气象社会组织提供的公共气象服务交由气象社会组织承担。优先发展气象信息服务、防雷技术服务、气象专用技术保障等领域的气象社会组织,逐渐建立以政府投入为主、社会投入为辅的多元化投入渠道。

3. 推动气象事业协调持续发展

“十二五”时期,气象部门超过50%的中央资金投向西部地区,通过重大工程和项目的实施,气象发展区域差别逐渐缩小。目前,区域之间除存量差别外,增量差别逐步缩小。“十三五”时期,要以五大理念指导气象事业发展,统筹协调东中西部气象事业发展,这是全面推进气象现代化建设的根本方法。要继续实施重大工程和项目带动战略,以增量投资促进结构调整,加大向中西部地区和革命老区、民族地区、边疆地区、贫困地区的气象投资倾斜力度,推动气象事业均衡发展。

“十三五”时期,面对国家“四个全面”战略布局的新形势和全面推进气象现代化建设的新要求,必须在新的历史起点上全面深化气象改革,着力解决影响和制约气象事业发展的体制机制弊端,更好地发挥政府、市场和社会力量的重要作用,更好地发挥气象工作在经济社会发展中的职能作用,为全面建成小康社会做出新的更大贡献。

(三)加强党的建设

《规划》提出:“以落实全面从严治党为主线,全面加强党的思想、组织、作风、反腐倡廉和制度建设,不断增强党员干部的政治意识、大局意识、核心意识、看齐意识,不断强化基层党组织整体功能,充分发挥党组织的战斗堡垒作用和党员的先锋模范作用。发挥各级党组的领导核心作用,特别要加强基层气象机构党组织建设,推动全面从严治党向基层党组织延伸。充分发挥党组织和广大党员在完成气象规划各项重点任务中的重要作用。”

1. 落实全面从严治党主体责任

“十三五”时期,要继续落实全面从严治党主体责任,持之以恒抓好作风建设。坚持党要管党、从严治党,严格执行《中国共产党廉洁自律准则》《中国共产党纪律处分条例》和《中国共产党问责条例》等党内法规,全面加强纪律建设,严明政治纪律和政治规矩,维护党章党规党纪权威性。坚决落实从严治党主体责任,严明党的“六大纪律”,强化“一岗双责”。全面落实党建工作责任制,完善党建工作领导小组运行机制,健全党组织工作台账制度,加强党建工作绩效考核。深化和加强以民主集中制为核心的党内监督。坚持不懈贯彻中央八项规定精神,持续纠正和查处“四风”。开展好“学系列讲话、学党章党规,做合格党员”等党内专题教育活动。进一步加强和改进部门巡视巡查工作。

2. 强化基层党组织建设

强化基层党组织建设,发挥基层党组织的战斗堡垒作用。各级机关基层党组织要坚持围绕中心、服务大局、建设队伍,充分发挥协助和监督作用。要加强基层气象台站党组织建设,推动全面从严治党向基层党组织延伸。按照"信念坚定、为民服务、勤政务实、敢于担当、清正廉洁"的好干部标准选准用好党组织负责人。建立并落实各级党组织负责人党建工作述职评议考核制度。严格党内组织生活,完善"三会一课"制度,强化党员干部责任意识和大局意识,巩固基层党组织力量,充分发挥基层党组织战斗堡垒作用。气象部门党组织数量大、分布广,而党员又在各级气象部门中占有大量的比例,起到了先锋模范作用。只有充分发挥党组织和广大党员的领导作用、示范作用,积极落实《规划》中的各项重点工作任务,才能确保《规划》的顺利执行,保障气象事业的发展质量和气象现代化的进程。

参考文献

郑国光,2016. 2016年全国气象局长会议工作报告(摘编)[N]. 中国气象报,2016-01-28(2).

中共中国气象局党组,2014. 中共中国气象局党组关于全面深化气象改革的意见[N]. 中国气象报,2014-05-27(2).

中国气象局发展研究中心气象发展报告编写组,2015. 中国气象发展报告:2015[M]. 北京:气象出版社.

附录

附录一：全国气象发展“十三五”规划

气发〔2016〕62 号

前　言

气象事业是经济建设、国防建设、社会发展和人民生活的科技型基础性公益事业，在我国经济社会发展中的地位和作用日益重要。“十三五”时期是我国全面建成小康社会的决胜阶段和全面深化改革的攻坚期，也是全面推进气象现代化的冲刺期。根据《中共中央关于制定国民经济和社会发展第十三个五年规划的建议》、《中华人民共和国国民经济和社会发展第十三个五年规划纲要》和《国务院关于加快气象事业发展的若干意见》（国发〔2006〕3 号）的总体部署和要求，结合“十三五”气象事业发展实际，中国气象局和国家发展和改革委员会联合编制了《全国气象发展“十三五”规划》（以下简称《规划》）。

《规划》编制过程中充分征求了有关部门和地方意见，并与相关规划进行了衔接。2016 年 7 月 11 日召开了专家论证会，听取专家意见。根据部门、地方和专家意见，对《规划》进行了修改完善。《规划》提出了“十三五”时期全国气象事业发展的指导思想、发展目标、主要任务和重点工程，是未来五年我国气象事业发展的行动纲领，是“十三五”时期气象基础设施建设的重要依据。

第一章　发展环境

一、“十二五”时期气象发展取得显著成绩

“十二五”时期，气象为保障经济社会发展和人民福祉安康做出重要贡献，气象“十二五”规划提出的总体目标成功实现，各项任务圆满完成。

气象防灾减灾能力明显提升。气象防灾减灾组织体系不断完善，“政府主导、部门联动、社会参与”的气象防灾减灾机制基本形成。国家预警信息发布中心成立运行，突发事件预警信息发布能力得到加强。农业防灾减灾、农业生产和粮食安全、产

量预测、农业病虫害防治等气象保障水平明显提升，气象为我国粮食实现“十二连增”做出积极贡献。人工影响天气作业在抗旱防雹、森林草原防火等方面效益显著。有效应对甘肃岷县特大冰雹山洪泥石流、北京等大城市暴雨内涝、“威马逊”超强台风等气象重大灾害。因气象灾害死亡人数从“十一五”时期的年均2956人下降到“十二五”时期的1293人，灾害损失占国内生产总值（GDP）比重从1.02%下降到0.59%。气象预警信息公众覆盖率接近80%，暴雨预警准确率达到60%以上，强对流天气预警时间提前到15～30分钟。

气象监测预报水平稳步提高。与“十一五”时期相比，24小时晴雨、温度预报准确率分别提高了1.8%和13%，台风路径预报误差缩小26%，达到同期国际先进水平。我国自主研发的全球数值天气预报模式北半球可用预报时效达到7.3天。综合气象观测系统更加完善，气象卫星实现多星在轨和组网观测，181部新一代天气雷达组网运行，国家级地面观测站基本实现观测自动化，区域自动气象站乡镇覆盖率从85%提高到96%。重建1951年以来高质量基础气象数据集，17 000 000亿次/秒的高性能计算机系统投入业务运行。

应对气候变化支撑和生态文明服务能力不断提升。气候变化科学研究水平进一步提升，气候变化影响评估和气候资源开发利用为推动生态文明建设做出积极贡献。发布《国家适应气候变化战略》《第三次气候变化国家评估报告》和《中国极端天气气候事件和灾害风险管理与适应国家评估报告》。圆满完成政府间气候变化专门委员会(IPCC)第五次评估报告的政府评审、谈判和宣讲，为参加全球气候治理提供积极的科技支撑。加强了气候可行性论证技术体系建设，建立了论证技术集成系统。强化了全国环境气象业务，积极参与大气污染防治行动计划，为国家防治空气污染和推行节能减排行动发挥积极作用。

重大活动和突发事件气象保障水平大幅提高。圆满完成建党90周年系列庆祝、深圳大运会、APEC会议、南京青奥会、中国人民抗日战争暨世界反法西斯战争胜利70周年纪念、冬奥会申办等重大活动，以及“天宫一号”“神舟八号”发射，“天宫一号”与“神舟九号”“神舟十号”载人交会对接等多项重大工程的气象服务保障。为“东方之星”翻沉事件调查、天津港特别重大火灾爆炸事故等救援处置及云南鲁甸地震、尼泊尔特大地震的抗震救灾等提供优质应急气象保障服务。

气象科技创新和人才队伍建设稳步推进。启动实施国家气象科技创新工程。推进第三次青藏高原大气科学试验、干旱气象、南海季风强降水科学试验。推进气象科技体制改革，推动科技成果中试平台和转化机制建设，5项科技成果获国家科技进步奖，10项成果获气象科技成果转化奖。制定实施气象部门人才发展规划，深入实施气象人才工程，气象人才素质稳步提高。

气象发展环境明显改善。气象法律法规和标准体系逐步完善，公共气象服务和气象社会管理职能明显增强，多边和双边气象科技合作与交流活动更加活跃。气象行政审批制度改革和防雷减灾体制改革取得明显成效，气象业务科技、服务和管理等多项改革深入推进。气象财政投入机制更加完善。

二、“十三五”时期气象发展面临新的形势

“十二五”期间，气象发展虽然取得了显著的成绩，但仍然存在着一些亟待解决的突出问题。气象关键领域核心技术薄弱，科技创新能力不强，科技领军人才短缺，预报预测准确率和精细化水平有待提高，气象综合观测能力和自动化水平、气象资料标准化和共享能力仍不强，气象业务服务能力与经济社会发展和人民生产生活日益增长的需求不相适应的矛盾依然存在，气象管理体制还未达到转变政府职能和创新行政管理方式的要求，全面推进气象现代化的挑战和压力依然很大。“十三五”时期，是气象保障我国顺利实现全面建成小康社会伟大目标的关键阶段，也是我国基本实现气象现代化目标的决胜阶段。在我国经济发展进入新常态背景下，气象发展将面临新的挑战和机遇。

天气气候复杂多变对气象防灾减灾提出新挑战。我国是世界上气象灾害最严重的国家之一，灾害种类多、分布地域广、发生频率高、造成损失重，与极端天气气候事件有关的灾害占自然灾害的70%以上，且近年来极端天气气候事件呈现频率增加、强度增大的趋势。未来，受全球气候变化影响，中国区域气温将继续上升，暴雨、强风暴潮、大范围干旱等极端事件的发生频次和强度还将增加，洪涝灾害的强度呈上升趋势，海平面将继续上升，引发的气象灾害及次生灾害所造成的经济损失和影响不断加大。新时期，人类活动和经济发展与天气气候关系更加紧密，气候安全形势日益复杂多变，我国经济安全、生态环境安全等传统与非传统安全将面临重大威胁和严峻挑战，需要努力实现从注重灾后救助向注重灾前预防转变，从应对单一灾种向综合减灾转变，从减少灾害损失向减轻灾害风险转变，全面提升全社会抵御自然灾害的综合防范能力。这些都对我国气象防灾减灾能力提出新的更高的要求。

经济社会发展和人民生活水平提高对气象服务提出新需求。一方面，我国经济进入新常态，发展方式加快转变，结构不断优化，新型城镇化和农业现代化进程加快，社会财富日益积累，气象工作赖以发展的经济基础、体制环境、社会条件正在发生深刻变化。另一方面，气象灾害潜在威胁和气候风险更加突出，各行各业对气象服务的依赖越来越强，行业气象发展呈现蓬勃之势，人民群众更加注重生活质量、生态环境和幸福指数，对高质量气象服务的需求更加多样化，气象服务需求逐步呈现出多层次、多元化特点，这些都对气象工作的开放、多元化发展，对气象服务供给侧结构适应需求变化等提出了新的更高要求。

气象现代化跟上科技发展新步伐亟须新突破。当今世界科技进步日新月异，信息化步伐明显加快。我国实施网络强国战略、“互联网＋”行动计划、国家大数据战

略,加快建设智能制造工程、“中国制造2025”等一系列重大政策举措,蕴藏着推动科技第一生产力的巨大潜能和经济发展、社会变革的巨大动力,有利于激发大众创业、万众创新的巨大活力,这是全面推进气象现代化的新机遇、新动力和新潜力。欧洲中期天气预报中心、美英德日韩等各国气象机构都在积极谋划下一轮发展战略,争夺新的气象科技制高点,我国气象科技创新实现突破面临巨大的压力和挑战。

全面深化改革进入深水区对气象改革提出新要求。随着国家各项改革举措的不断出台和深入推进,改革已进入攻坚期和深水区,要啃“硬骨头”,特别是涉及到利益调整的改革,力度和深度会明显加大。改革有利于促进国家行政管理体制更加合理高效,事权与责任体系更加清晰协调,依法治国和服务型政府建设更具成效,这些都对深化气象各项改革和转变政府职能提出更高要求,同时带来提质增效的发展机遇。

第二章 “十三五”时期气象发展的指导思想和主要目标

一、指导思想

全面贯彻党的十八大和十八届三中、四中、五中全会精神,深入贯彻习近平总书记系列重要讲话精神,按照“五位一体”的总体布局和“四个全面”的战略布局,牢固树立和贯彻落实创新、协调、绿色、开放、共享的发展理念,坚持公共气象发展方向,坚持发展是第一要务,坚持全面推进气象现代化、全面深化气象改革、全面推进气象法治建设、全面加强气象部门党的建设,突出科技创新和体制机制创新的双轮驱动,以气象核心技术攻关、气象信息化为突破口,以有序开放部分气象服务市场、推进气象服务社会化为切入点,推动气象工作由部门管理向行业管理转变,加快完善综合气象观测系统,全面提升气象预报预测预警水平,不断提高开发利用气候资源能力,构建智慧气象,建设具有世界先进水平的气象现代化体系,确保到2020年基本实现气象现代化目标,不断提升气象保障全面建成小康社会的能力和水平。

二、基本原则

坚持公共气象发展方向。把增进人民福祉、保障人民生命财产安全作为谋划气象工作的根本出发点,把服务国家重大战略、气象防灾减灾、应对气候变化作为气象发展的重要着力点,坚持大力发展公共气象、安全气象、资源气象,更好地发挥气象对人民生活、国家安全、社会进步的基础性作用。

坚持气象现代化不动摇。发展是第一要务,要将气象现代化作为气象改革发展各项工作的中心,始终发挥科技第一生产力、人才第一资源的巨大潜能,持续推进气象业务现代化、气象服务社会化、气象工作法治化,加快转变发展方式,实现气象发展质量、效益和可持续的有机统一。

坚持深化改革。围绕气象服务保障国家治理体系和治理能力现代化的总目标，全面深化气象改革，发挥好改革的突破性和先导性作用，增强改革创新精神，提高改革行动能力，加快完善适应全面推进气象现代化的体制机制，破解影响和制约气象发展的体制机制难题，着力激发气象发展活力和内生动力，为气象发展提供持续动力。

坚持统筹开放。积极主动开展全方位、宽领域、多层次、高水平的国内外务实交流合作，统筹中央、地方、社会和市场的力量，加大“走出去”发展的开放力度，构建气象发展新格局，推进气象信息资源更好地共享和应用。

三、发展理念

气象发展必须遵循以下发展理念：

突出创新发展，着力激发气象发展的活力。切实把创新作为引领发展的第一动力，坚持科技引领，突出科技创新和体制机制创新的双轮驱动，以科技创新为核心带动全面创新。充分利用云计算、大数据、物联网、移动互联网等技术，大力推进气象信息化，着力构建智慧气象。更加依靠科技和人才，努力在关键科学领域及核心业务技术方面实现新突破。着力构建开放的气象服务体系，培育气象服务市场，优化气象服务发展环境。

推进协调发展，着力补齐气象发展的短板。统筹推进区域、流域和海洋气象协调发展，统筹推进东中西部气象事业协调发展，统筹协调国家、省、地（市）、县气象工作，统筹推进气象业务现代化、气象服务社会化、气象工作法治化，统筹推进气象硬实力与软实力的协调发展。强化气象服务区域发展总体战略，统筹推进行业气象协调发展，统筹推进气象与相关部门协调发展，加快形成气象服务协调发展新格局。

重视绿色发展，着力引领气象发展的新领域。把保障生态文明建设、促进绿色发展贯彻到气象发展各方面和全过程。围绕加快建设主体功能区、推动低碳循环发展、全面节约和高效利用资源、加大环境治理力度等开展工作，科学应对气候变化，有序开发利用气候资源，高度重视气候安全，为国家应对气候变化和生态文明建设提供坚实科技支撑。

坚持开放发展，着力拓展气象发展的新空间。主动适应、深度融入、全面服务国家对外开放总体战略。以战略思维和全球眼光，加强全球监测、全球预报和全球服务。深化国际双向开放交流合作，发挥科技优势，努力提升我国在气象领域的国际影响力和话语权。

强化共享发展，着力增进广大人民群众的福祉。把握公共气象发展方向，牢固树立防灾减灾红线意识，坚持发展为了人民、发展依靠人民、发展成果由人民共享，做出更有效的制度安排。全面加强气象防灾减灾，有力保障国家实施脱贫攻坚工程，加强国民经济重点领域气象服务，加大部门间气象数据共享，推进公共气象服务城乡全覆盖和均等化，让广大人民群众共享更高质量的气象服务成果。

四、主要目标

到2020年，基本建成适应需求、结构完善、功能先进、保障有力的以智慧气象为重要标志，由现代气象监测预报预警体系、现代公共气象服务体系、气象科技创新和人才体系、现代气象管理体系构成的气象现代化，初步具备全球监测、全球预报、全球服务的业务能力，气象整体实力接近同期世界先进水平，若干领域达到世界领先水平，气象保障全面建成小康社会的能力和水平显著提升。具体目标包括：

综合先进的现代气象监测预报预警。综合气象观测系统实现自动化、综合化和适度社会化。气象预报预警的准确率和精细化水平稳步提升。基于影响的预报和风险预警取得明显进展。

集约共享的气象信息化。气象数据资源开放共享程度和开发利用效益明显提高。气象信息系统集约化水平和应用协同能力显著提升。新一代信息技术在气象领域得到充分应用。

效益显著的气象防灾减灾。气象防灾减灾机制进一步完善。气象灾害预警精细化水平、及时发布能力和公众覆盖率大幅提高，气象灾害损失占GDP的比重持续下降。气象防灾减灾知识城乡普及。

高效普惠的公共气象服务。公共气象服务效益显著提高，公民气象科学素养明显增强，全国公众气象服务满意度稳中有增。气象保障国家重大发展战略能力明显提升。

功能完善的生态文明保障。环境气象观测体系和区域生态气象观测布局不断完善。生态气象灾害预测预警水平明显提升。人工增雨(雪)、防雹作业能力及效益进一步提高。

科学应对和适应气候变化。气候变化科学研究取得明显进展，极端天气气候事件应对能力和气候安全、粮食安全保障能力不断提升。气候资源开发利用效率明显提高。在适应方面深度参与全球气候治理支撑保障能力不断增强。

优先发展的科技人才体系。气象科技创新驱动业务现代化能力显著增强，重大气象科技创新取得明显突破，科技对气象现代化发展的贡献率显著提高。气象教育培训能力明显增强，气象人才素质显著提高，高层次领军人才的科技影响力稳步提升。

科学法治的现代气象管理。气象法律法规体系和标准体系逐步健全。气象标准完备率和应用率稳步提高。与气象管理体制相适应的预算和财务制度进一步健全。气象服务市场管理有序，依法管理气象事务水平明显提升。

"十三五"时期气象发展主要指标

序号	指标		现状值	目标值
1	全国公众气象服务满意度(分)		87.3	**＞86**
2	气象预警信息公众覆盖率(%)		83.4	**＞90**
3	人工增雨(雪)作业年增加降水量(亿立方米)		502	**＞600**
4	人工防雹保护面积(万平方千米)		47	**54**
5	全球气候变化监测水平(%)		46.9	**80**
6	24小时气象要素预报精细度	空间分辨率(千米)	5	**1**
		时间分辨率(小时)	3	**1**
7	24小时气象预报准确率	晴雨(%)	81	**88**
		气温(%)	72	**84**
8	24小时台风路径预报误差(千米)		75.3**	**＜65**
9	24小时暴雨预报准确率(%)		56	**65**
10	强对流天气预警提前量(分钟)		15～30	**＞30**
11	气候预测准确率	汛期降水(分)	69.4***	**80**
		月降水(分)	67.5***	**72**
		月气温(分)	77.5***	**80**
12	全球数值天气预报水平	可用预报时效(天)	7.3	**8.5**
		水平分辨率(千米)	25	**10**
		气象卫星资料同化量占比率(%)	70	**80**
13	国家人才工程人选(人次)		26	**35**

注:**为近三年平均值,***为近五年平均值。

第三章　改革创新提升气象现代化水平

"十三五"时期,要全面深化气象改革,强化气象技术创新,以体制机制改革激发创新活力,以科技创新为核心带动全面创新,实现气象关键领域核心技术突破,切实提升气象监测预报科技水平与服务能力,有效履行气象行政管理职能,积极培育气象服务市场,实现气象部门管理向行业管理转变。

一、全面深化气象改革

深化气象服务体制改革。以提升公共气象服务能力和效益为导向,创新气象服务体制,建立开放、多元、有序的气象服务体系,推进气象服务社会化。积极培育气象服务市场,制定气象服务负面清单,明确气象服务市场开放领域,加强基于信用评价的气象信息服务管理与监督。引导和规范气象增值服务。规范全社会气象活动，制定鼓励气象中介组织发展的政策措施，规范和引导中介组织参与气象社会管理。

创新气象业务科技体制改革。以提高气象核心竞争力和综合业务科技水平为导向，深化气象业务科技体制改革。以突破重大气象业务核心技术为主线深化气象科技体制改革，建立长期稳定的财政投入机制、有序竞争的人才保障机制、科学合理的考核评价机制，调整优化气象业务职责，建立集约高效的业务运行机制，完善科技驱动和支撑现代气象业务发展的体制机制。

推进气象行政管理体制改革。全面正确履行气象行政管理职能，推进机构、职能、权力、责任、程序法定化，实现由部门管理向行业管理转变，建立市场准入制度、负面清单制度等，提高气象管理效能。坚持和完善双重计划财务体制，进一步明确气象事权和相应的支出责任，建立完善与之相适应的财政资金投入机制。

二、实现气象核心业务技术新突破

推进数值预报自主研发实现突破。发展全球/区域数值模式动力框架等核心技术，改进全球和区域高分辨率资料同化业务系统，完善高分辨率数值天气预报业务系统。大力发展面向台风、环境、海洋和核应急响应等的专业数值预报业务系统，建成基于 GRAPES 的全球/区域集合数值预报业务系统。完善月-季-年预测一体化的海-陆-冰-气耦合的高分辨率气候预测模式，建立耦合物理、化学、生态等多种过程的地球系统模式。

构建无缝隙精细化气象预报业务。完善一体化现代天气气候业务，推进现代天气气候业务向无缝隙、精准化、智慧型方向发展。建成从分钟到年的无缝隙集约化气象监测预报业务体系，发展精细化气象格点预报业务，强化短时临近预警和延伸期到月、季气候预测业务，提升灾害性天气中短期预报和气候事件预报预测业务能力。提高台风、暴雨(雪)、寒潮、大风(沙尘暴)、低温、高温、干旱、雷电、冰雹、霜冻和大雾等灾害性天气的预报准确率。发展基于影响的预报和气象灾害风险预警业务，实现从灾害性天气预报预警向气象灾害风险预警转变。建立以高分辨率数值模式为基础的客观化精准化技术体系。

发展精细化气象服务技术。建立集高时空分辨率天气实况和天气预报、点对点预警推送、基于用户请求响应、自动适配、人工智能为一体的精细化气象服务系统。研发集气象灾害区划、灾情收集与监测、灾害风险预估与预警、灾害风险转移以及气象防灾增效服务效益评估为一体的灾害风险管理业务系统。研发精细化的专业气象服务数值模式、多种类数值模式产品的解释应用等核心技术，建立一体化的专业气象服务指标、模型、典型案例和相关技术方法等的知识库，实现专业气象服务的互动性、融合式和可持续发展。

发展先进高效的综合气象观测系统。构建全社会统筹气象观测、天地空一体、实现“一网多用”的综合气象观测网。建立健全观测标准质量体系，加强气象观测质量管理，推进气象观测标准化。发展智能观测，推进观测装备的智能化和观测手段的综合化，实现观测业务的信息化。增强观测业务稳定运行能力，提升观测业务运行保障能力，加强计量检定能力建设，完善观测业务运行机制，实现观测业务运行集约化。提升观测数据质量和应用水平，加强观测数据质量控制业务，完善观测产品加工制作业务，提升遥感数据综合应用能力，建立观测数据质量与应用评价制度。

三、提高气象信息化水平

加强气象数据资源整合与开放共享。统一观测设备数据格式标准，制定统一的各类观测数据传输及存储规范，建立健全覆盖气象数据全流程的标准化体系。完善气象数据资源开放机制，构建国家级数据资源共享体系。依托国家数据共享开放平台，建设面向民生的公共气象数据资源池，定期更新基本气象资料和产品共享目录，制定基础气象数据服务开放清单。建立与政府部门、科研机构、企业、社会间数据共享协作体制机制，满足跨学科、跨行业的数据融合、综合分析及信息服务的需求。

建立安全集约的气象信息系统。建设资源集约、流程高效、标准统一的信息化业务体系。按照气象信息化标准规范，构建统一架构、统一标准、统一数据和统一管理的集约化气象云平台，增强对气象业务、服务、科研、教育培训、政务和综合管理的支撑，提升气象信息化技术水平。建立符合国家要求的安全可控的电子政务内网和基于互联网的集约型门户网站群。提高气象信息网络安全性和智能化程度。

推进信息新技术在气象领域应用。积极跟踪国内外信息新技术进展，注重新技术的应用效益，落实国家“互联网＋”行动和大数据发展战略，推进云计算、大数据、物联网、移动互联网等技术的气象应用。构建数据产品加工处理流水线，实现集约发展。基于标准、高效、统一的数据环境，建立天气预报、气候预测、综合观测、公共气象服务、教育培训以及行政管理等智能化、集约化、标准化的气象业务和管理系统。以信息化为基础，满足不同用户需求，加快构建和发展智慧气象，实现观测智能、预报精准、服务高效、管理科学的气象现代化发展模式。

实施气象信息化三大战略。实施“互联网＋”气象战略，构建“云＋网＋端”的气象信息化发展新形态。实施互联网气象平台战略，为气象领域“大众创业、万众创新”提供支撑，汇聚众智实现创新发展，提升公共气象服务的有效供给能力。实施气象大数据战略，统筹布局全国气象大数据中心，加强数据安全保障体系建设，充分挖掘和发挥气象数据的应用价值，实现“用数据说话、用数据管理、用数据决策”。

四、强化科技引领和人才优先发展

完善创新驱动体制机制。把科技创新作为推进现代气象业务发展的根本动力，贯穿到气象现代化建设的全过程，加快推进适应气象现代化发展需求、支撑有力的气象科技创新体系建设。健全以科技突破和业务贡献为导向的科技分类评价体系，完善有利于激发创新活力的科技激励机制，营造良好科技创新环境。加强评价专家队伍建设，积极探索并加快实施第三方气象科技评价。着力发挥评价激励导向作用，引导和激励创新主体、科技人员通力合作、协同创新。加强知识产权创造、运用、保护和管理。建立健全科技成果认定和业务准入制度，完善科技成果、知识产权利益分享机制，促进自主创新和成果转化。推进气象重点领域科技成果转化中试基地建设，建立科技成果管理与信息发布系统，建立气象科技报告制度。打通科技成果向业务服务能力转化通道，提升科技对气象现代化发展的贡献度。

组织重点领域科技攻关。围绕气象业务发展需求聚焦主攻目标，集中资源，凝聚力量，组织协同攻关，实现高分辨率资料同化与数值天气模式、气象资料质量控制及多源数据融合与再分析、气候系统模式和次季节至季节气候预测以及天气气候一体化数值预报模式系统等重大关键技术的突破。组织台风、暴雨、强对流等高影响天气监测预报预警、中期延伸期预报、极端天气气候事件监测预测等关键领域研发。开展气候变化影响、农业气象灾害防御、人工影响天气、气候资源开发利用、环境气象监测预报、空间天气监测预警等重点领域研发，形成一批集成度高、带动性强的重大技术系统。

实施气象人才优先发展战略。以高层次领军人才和青年人才建设为重点，统筹推进各类人才资源开发和协调发展。优化人才队伍结构，引进和培养在气象现代化建设关键领域急需的人才，着力加强科技研发、业务一线和基层人才队伍建设。造就高水平科技创新团队，发挥好团队集中优势攻关和人才培养的作用，激发人才创新活力。根据气象现代化建设需要，制定人才培养规划。健全气象培训体系，加强气象培训能力建设，开展全方位、多层次的气象教育培训，推进气象教育培训现代化。深化省部合作和局校合作，加强气象学科和专业建设，推进基础人才培养。不断优化人才成长的政策、制度环境，形成尊重人才、尊重知识、公平竞争的良好氛围。加快人才发展体制机制创新，建立和完善科学的人才工作评估、人才评价发现、选拔使用、编制管理、流动配置、职称评聘、待遇分配、激励等机制，构建充满生机和活力的气象人才体系。

专栏1　气象创新发展项目

01 气象卫星探测工程

继续开展气象卫星工程建设，推进风云三号、四号系列卫星系统建设及业务应用，发展晨昏轨道气候卫星、降水测量雷达卫星以及静止轨道微波探测卫星，实现多星组网观测业务格局。统筹建设卫星地面接收站网，完善遥感卫星地面辐射校正场与真实性检验系统。发展卫星应用技术，建立卫星遥感综合应用体系，实现一星多用和资源共享，综合满足相关领域业务需求。

02 气象雷达探测工程 编制完成气象雷达发展专项规划，优化完善天气雷达网布局，实施新一代天气雷达技术升级改造，开展风廓线雷达等新型气象雷达的研发与业务应用试验。健全雷达技术支撑体系，着力提高雷达资料的应用水平和效益。建立强对流天气综合观测基地。
03 气象综合观测设备设施建设工程 建成并完善自动化、网络化、标准化、天地空一体化的现代综合气象观测系统。加快观测自动化、技术装备保障系统和仪器装备虚拟现实培训系统建设。强化气象观测仪器设备检定维护，确保气象观测系统稳定运行，提高数据质量。
04 气象信息化系统工程 构建气象信息化标准体系，基于物联网技术升级气象通信系统，建立开放互联的气象大数据平台与集约共享的基础设施云平台。建设气象管理信息系统支撑科学决策，搭建开放的应用系统吸引众智众创，构建气象与经济社会高度融合发展的智慧气象，为社会公众提供更高质量的普惠气象服务。
05 气象科技创新工程 建设高分辨率全球资料同化系统，完善全球数值天气模式，完善面向月-季-年尺度的海-陆-冰-气耦合的高分辨率气候预测模式，构建重大核心技术成果中试平台，开展气象资料质量控制及多源数据融合与再分析，在气象核心业务技术方面实现新突破。

第四章　统筹协调促进气象可持续发展

树立协调发展理念，依法依规，统筹推进气象区域、气象行业、气象与经济社会的协调，实现气象可持续发展。

一、加快气象事业协调发展

统筹推进气象各领域协调发展。推进气象业务现代化、气象服务社会化、气象工作法治化协调发展。统筹气象业务与科研、人才队伍之间的协调发展。统筹推进业务系统内部协调发展，强化气象预报、观测、服务业务之间的协调发展，统筹天气、气候业务的协调发展。加强业务系统一体化总体设计，优化业务分工、完善业务布局、调整业务结构、整合各种资源，实现气象预报、观测、服务、资料等各业务领域的科学管理和集约高效。

统筹推进区域气象事业协调发展。根据国家区域发展战略和主体功能区规划，有计划有步骤地推进全国气象现代化。切实做好"一带一路"、京津冀协同发展、长江经济带的气象保障工作。推动东部沿海地区率先实现气象现代化，不断提高中西部地区气象现代化水平。发挥好江苏、上海、北京、广东、重庆等地在全国的现代化试点示范作用及河南、陕西两省在中西部的试点示范作用，加强试点地区经验和成果总结推广。提升东部地区预报预警能力建设，特别是高分辨率区域数值预报的研发和应用。推进中西部地区科技、人才、基础设施和财政投入等保障支撑能力建设。调整优化区域气象中心功能定位和流域气象服务内容。鼓励专项气象服务跨区域、规模化、差异化发展。合理布局各类海洋气象业务，高效集约配置气象资源，避免重复建设。

统筹推进国家、省、地(市)、县四级气象事业协调发展。国家级气象机构围绕气象核心技术突破提升气象业务综合实力，地方气象机构注重加强地区特色的气象服务保障能力建设。夯实基层发展基础，重点推进基层综合气象业务并强化实时监测和临近预警能力建设，优化基层气象机构设置和业务布局。着力加大对边远贫困地区、边疆民族地区和革命老区气象事业发展的支持力度。深化内地和港澳、大陆和台湾地区气象信息共享、气象科技发展、气象灾害联防合作发展。

二、推进气象资源统筹利用

改进气象行业管理，通过建立协调机制，将各部门自建的气象探测设施纳入国家观测网络的总体布局，由气象主管机构实行统一监督、指导。推进气象行业资源优化配置，建立完善全行业的互动合作机制，促进气象资料的共享共用。引导和激励行业部门优势资源参与气象业务重大核心任务协同攻关，强化气象部门在行业领域的技术创新与应用主体地位。健全行业间科研业务深度融合机制，强化行业间知识流动、人才培养、科技和信息资源共享，推动跨领域跨行业协同创新。

三、强化部门间协作机制

加强气象与国土、环保、住建、交通、水利、农业、林业、工信、安监、国防等相关部门间的沟通协调和数据信息共享，开展气象多部门、多学科合作，共同推进气象基础设施、信息资源、服务体系的融合发展，以多种形式完善工作机制，提高预报预测准确度和精细化水平。推进智慧气象与智慧交通、智慧海洋、智慧旅游等的融合发展，在国家智慧城市建设中充分发挥气象的支撑保障作用。进一步加强军民融合气象支撑保障，推动实施军民融合发展战略，提高气象为国防服务水平。

四、依法依规推进气象协调发展

统筹推进气象硬实力与软实力的协调发展，在强化气象基础设施建设、气象科技等硬实力的同时，重视气象法制、标准、科学素养和文化等气象软实力提升，加强气象智库建设。统筹推进气象法律法规建设,依法全面履行气象行政管理职能。依法规范全社会的气象活动,提高气象普法实效,推动全社会树立气象法治意识。推进气象标准化工作,加快制修订气象业务、服务和管理标准,加强气象数据开放共享和气象服务社会化管理等方面的规章标准建设,实现气象标准在基础业务领域的全覆盖。完善和优化气象标准修订程序,强化标准的质量控制。

专栏2 气象协调发展项目

01 区域协调发展气象保障能力建设项目

重点围绕区域协调发展战略规划、重大区域性开发建设和活动等实施气象保障能力提升工程。强化数值预报模式对区域及相邻省(区)气象科研业务的支持能力。继续推进和深化省部合作相关工作,共同提升气象服务保障能力。

02 基层台站基础设施建设项目

重点围绕贫困地区、中西部地区和边疆民族地区基层台站实施业务支撑和配套保障条件建设。建成布局合理、结构完善、功能齐全的标准化气象台站,有序推进基层气象机构现代化进程,不断夯实基层基础设施保障能力。

第五章 绿色发展保障生态建设和气候安全

坚持绿色发展,加强环境气象与生态气象保障能力建设,强化应对气候变化科技支撑作用,提高应对气候变化能力和气候安全保障能力,有序开发利用气候资源,积极参与和保障生态文明建设。

一、加强生态建设和环境保护气象保障能力建设

服务大气污染防治行动计划。开展和完善以城镇化气候效应、区域大气污染治理、流域生态环境、脆弱区生态环境保护等为重点领域的国土气候容量和气候质量监测评估。加强极端天气气候事件风险评估,结合国家主体功能区建设布局和各地社会经济和自然条件,绘制气象灾害风险区划图。完善重点生态功能区、生态环境敏感区和脆弱区等区域生态气象观测布局,提升对森林、草原、荒漠、湿地等生态区域的气象监测能力,建立生态气象灾害预测预警系统,加强气候变化影响下的极端气候事件、水土流失和土地荒漠化、大气污染等生态安全事件的气象预警。

二、强化应对气候变化支撑

加强气候变化系统观测和科学研究,提高应对极端天气和气候事件能力。推进气候变化事实、驱动机制、关键反馈过程及其不确定性等研究,着力提升地球系统模

式和区域气候模式研发应用能力，完善气候变化综合影响评估模式，集中在气候变化检测归因、极端气候事件及其变化规律、极端事件风险评估、气候承载力评估等关键技术上，形成一批集成度高、带动性强的科技成果。做好全球和区域气候变化的监测、检测、预测和预估，加强对温室气体、气溶胶等大气成分的监测分析，发布具有国际影响力的全球和区域基本气候变量长序列数据集产品，建立综合性观测业务，加强资料共享，开展华南区域大气本底观测试验，增强温室气体本底浓度联网观测能力。

三、积极应对气候变化

推进传统气候服务与各行业气候变化应对需求的融合，围绕国家适应气候变化战略，完善以基础综合数据库和气候模式系统为支撑，以农业与粮食安全、灾害风险管理、水资源安全、生态安全和人体健康为优先领域的气候服务。加强国家、区域、省在气候服务上的分工协作。初步建成中国气候服务系统。围绕气候变化对粮食安全、能源安全、水资源安全、森林碳汇、湿地保护与恢复、生态环境、生产安全、人体健康和旅游等重点领域与特色产业的影响开展评估，完成国家气候安全评估。强化气候服务意识，积聚跨部门智库资源，围绕气候安全保障、应对气候变化战略部署提供决策支撑。

四、有序开发利用气候资源

以促进城镇空间布局合理均衡为出发点，开展气候承载力分析和可行性论证，完善论证制度和标准。建立重点领域评估报告滚动发布制度。加强风能、太阳能资源的精细评估和气候风险论证。建立较为完善的人工影响天气工作体系，全面提升人工影响天气业务能力、科技水平和服务效益，合理开发利用空中云水资源，基本形成东北、西北、华北、中部、西南和东南六大区域发展格局，提高人工增雨(雪)和人工防雹作业效率，推进人工消减雾、霾试验，加强协调指挥和安全监管。科学开展人工影响天气活动，重点做好粮食主产区、生态脆弱区、森林草原防火重点区、重大活动等气象保障服务。

专栏3　气象绿色发展项目

01 生态文明建设气象保障工程

完善生态气象观测布局，建成覆盖全国主要生态安全屏障区和生态环境脆弱区的以生态气象地面观测站为核心的气象观测网络。建立生态气象灾害预测预警系统，绘制气象灾害风险区划图，形成国家、省两级业务服务体系，建立统一共享的生态气象保障服务业务平台，强化生态气象评估和生态文明气象保障。

02 人工影响天气能力建设工程

完善全国人工影响天气业务布局，实施东北、西北、华北、中部、西南、东南6个区域人工影响天气能力建设工程，重点开展飞机作业能力建设，提高作业装备现代化水平及科技支撑能力，充分发挥人工影响天气在促进农业增产增收、改善生态环境等方面的作用。

03 应对气候变化科技支撑能力建设项目

强化气候系统监测评估及气候资源开发服务能力。紧扣气候安全，加强气候变化事实和规律的科学认识和研究。完善气候资源开发利用保护方面的法律制度，营造好的政策环境。加强基础研究，充分发挥科技进步在适应气候变化中的先导性和基础性作用，为应对气候变化、增强可持续发展能力提供强有力的科技支撑。

04 粮食生产气象保障能力建设项目

建成上下协调、分级服务的粮食气象保障服务业务体系。推进气象和农业部门联合科研攻关，强化气象为农服务适用技术研发。加强自动化农业气象观测能力建设，完善农业气象观测仪器和设备保障系统。建立完善国家、省、市、县四级农业气象服务信息处理和发布系统。加强专业化农业气象技术支撑能力建设，深化特色农业、设施农业气象服务，强化保障粮食安全和重要农产品供给气象服务。加强农业气候资源调查和精细化区划工作，合理开发农业气候资源。

第六章　开放合作构建气象发展新格局

以战略思维和全球眼光，主动融入国家开放发展新布局，研究制定气象全球战略，深化国际双向开放交流合作，构建气象对外开放发展新格局。

一、融入国家开放发展新布局

牢固树立并切实贯彻国家开放发展理念，制定与国家开放发展战略有效对接的气象保障专项规划，主动适应、深度融合、全面服务，切实做好“一带一路”的气象保障工作，重点加强与“一带一路”沿线国家和地区的气象部门沟通协作。积极开展与中亚、西亚、南亚气象科技合作交流，推进中国-中亚极端天气预报预警合作、中国-东南亚极端天气联合监测预警合作和海洋气象联合监测、人工影响天气合作等项目建设。

二、深化国际气象合作

积极承担相关国际责任和义务，提升气象领域国际影响力和话语权。完善国际气象信息交换与共享机制，实现无缝隙获取全球综合气象观测信息，大力发展全球数值模式动力框架等核心技术，开展全球预报。积极参与全球气候治理国际标准和规则制定，参与应对气候变化谈判，提升全球规避气候风险和应对气候变化的服务能力。

加强全方位、宽领域、多层次、合作共赢的气象国际交流与合作格局，推动双向开放、信息交互、资源共享。有效扩大气象对外开放领域，放宽准入限制，积极有效引进境外资金和先进技术。加强国际赛事和活动气象服务保障交流，增强气象服务保障能力。加强气象国际合作示范项目建设，广泛开发利用国际气象科技资源，推动相关领域研究。加强智力引进、人才交流培养和国际培训力度。推动气象技术、标准、装备、服务等的输出，扩大对外合作和援助。

第七章　共享共用提高以人民为中心的气象服务能力

把推进基本公共气象服务均等化作为实现气象共享发展的首要任务，强化气象防灾减灾，加强面向国民经济重点行业和领域的气象服务，实现气象服务共享共用。

一、提高气象防灾减灾保障能力

强化气象防灾减灾保障体系建设。进一步完善"政府主导、部门联动、社会参与"的气象灾害防御机制，建成自上而下、覆盖城乡的气象灾害防御组织体系，不断完善气象灾害应急响应体系。统筹城乡气象防灾减灾体系建设，推动气象防灾减灾体系融入式发展，突出强化"政府主导、资源融合、科技支撑、依法运行"的气象防灾减灾发展模式。健全基层气象防灾减灾组织管理体系，建立以预警信号为先导的应急联动和响应机制，扩大贫困地区气象灾害监测网络覆盖面，提高气象灾害预报预警能力，提升防范因灾致贫和因灾返贫的气象保障能力。推动气象防灾减灾融入地方公共服务和综合治理体系。依法将气象防灾减灾工作纳入公共财政保障和政府考核体系，推动气象防灾减灾标准体系建设，引导社会和公众依法参与气象灾害防御，保障气象防灾减灾工作长效发展。

提升气象灾害预警能力。建立预警信息快速发布和运行管理制度，健全横向连接各部门、纵向贯通省市县、相互衔接、规范统一的国家突发事件预警信息发布系统，扩大气象预警信息公众覆盖面。建设及时性强、提前量大、覆盖面广的气象预警业务，充分发挥新媒体和社会传播资源作用，形成气象灾害等突发事件预警信息发布与传播的立体网络，消除预警信息接收"盲区"。

强化气象灾害风险管理。加强气象灾害风险调查和隐患排查，建成分灾种、精细化的气象灾害风险区划业务，强化对台风、暴雨洪涝、干旱等主要灾种的气象灾害风险评估和预警服务，建立规范的气象灾害风险管理业务，全面实施气象灾害风险管理。充分发挥金融保险的作用，推进气象灾害风险分散机制，建立气象类巨灾保险制度。

二、推进公共气象服务均等化

完善公共气象服务供给方式。以更好地满足经济社会发展需要和人民群众生产生活需求为出发点，巩固和加强公共气象服务，优化气象服务格局。强化政府在出台公共气象服务发展政策法规、健全公共保障机制和督导考核中的主导作用，将基本公共气象服务纳入国家相关规划和各级财政保障体系。加强气象部门在公共气象服务供给中的基础作用，建成适应需求、快速响应、集约高效的新型公共气象服务业务体系。推进气象服务供给侧结构性改革，注重供给的产品、业务、渠道、主体和治理结构的改革创新，增强供给结构对需求变化的适应性和灵活性。积极培育和规范气象服务市场，激发气象行业协会、社会组织以及公众参与公共气象服务的活力，探索建设气象服务应用众创平台和气象服务技术产权交易平台。逐步形成公共气象服务多元供给格局，有效发挥市场机制作用。

推进城乡公共气象服务全覆盖和均等化。提高城市防灾减灾精细化气象服务水平，将气象服务纳入城乡网格化管理。提高城市防御内涝、雷电、风灾、雪灾、高温等气象灾害的能力，完善城市"生命线"和重大活动气象服务管理运行机制。加大农村气象基础设施建设，提高气象灾害监测预报预警水平和防御能力，完善农村气象服务，加强"幸福家园"和"美丽乡村"建设的气象保障，将农村防灾减灾和气象服务融入乡村治理，逐步实现城乡公共气象服务全覆盖和均等化。大力实施精准气象助力精准扶贫行动，实现贫困地区气象监测精准到乡镇、预报精准到村(屯)、服务精准到户、科技精准到产业，发挥气象服务在精准扶贫、精准脱贫中趋利避害、减负增收的作用。

加强气象文化建设，增强公民气象科学素养。弘扬气象人精神，树立气象人形象，营造团结和谐、开拓创新的良好氛围，树立科学、高效的管理理念，加强气象文化基础设施建设，促进全国气象事业持续、快速、健康发展。加强和改进气象科普工作，广泛借助社会资源提高气象科学知识社会普及程度，增强公众气象防灾减灾和应对气候变化意识与能力，促进全民气象科学素质提升。

三、加快发展专业气象服务

发展农业气象服务。加强研发统计、遥感、作物生长模拟模型相结合的作物产量集成预报与服务。推进气象为农服务信息融合与应用，深化气象为农服务"两个体系”建设。开展草地、森林生态质量的气象综合监测评估。

发展环境气象服务。建立并完善环境气象数值预报业务系统，加强霾、沙尘和空气污染气象条件，以及光化学烟雾等环境气象中期预报和气候趋势预测业务。

发展交通气象服务。开展高影响天气交通气象预报和灾害风险预警，逐步实现以“点段线”为特征的高分辨率交通气象预报。加强交通气象服务与交通管理、调度的联动，提高道路、内河等综合交通气象服务能力。

发展海洋气象服务。建立全球海洋气象监测分析业务，实现全球关键海区海洋气候要素的实时监测，重点关注全球关键海区海温异常监测。建立 1-7 天全球 10 公里分辨率、我国责任海区 5 公里分辨率的海洋气象格点预报业务，建立责任海区海上大风、海雾概率预报业务和全球海域 8 级以上大风概率预报业务。提高海洋气象灾害监测预警的精度和覆盖度，建立多手段、高时效、广覆盖的海洋气象灾害预警信息发布系统，提高海上气候资源调查评估和开发利用气象服务能力。发展船舶海洋导航气象服务技术，建立海洋经济气象服务指标体系，形成海洋气象灾害应急联动服务体系。

发展水文和地质气象服务。开展流域雨情实时监测分析业务，强化流域强对流天气监测预警业务，提高流域精细化面雨量和致灾暴雨预报预测能力。发展国家级精细化水文、地质灾害气象风险预警技术与模型，建立集约化的水文、地质灾害气象风险预警上下一体化业务体系。推进山洪地质灾害防治等气象保障建设。

发展航空气象服务。完善航空气象监测和预报业务系统，建立机场和航路危险天气指导产品体系。推进亚洲航空气象中心建设，开展全球主要航路和我国机场天气指导预报业务，加强通用航空气象保障能力建设。

发展空间天气和航天气象服务。推进空间天气业务建设，发展和完善空间天气预报模式，加强太阳活动态势分析能力，提高空间天气爆发事件的短时临近预报水平，提升空间天气定量化预报能力。加强航天气象保障科研与服务。

发展能源、林业、旅游、安全生产、健康等专业气象服务。完善风能、太阳能资源预报业务。推进风能、太阳能资源利用气象服务标准体系和服务机制建设。加强森林草原火险及重大林业有害生物发生趋势气象预报服务。搭建多部门跨行业的旅游气象服务综合信息数据支持库。发展完善气象景观天气预报、旅游气象指数预报和景区气候评价等旅游气象服务。发展安全生产专业气象服务，严防重大气象灾害引发生产安全事故。加强健康气象服务。发展基于物联网技术的物流气象服务。

专栏 4　气象共享发展项目

01 气象防灾减灾预报预警工程

全面实施现代气象预报业务发展规划，建成无缝隙、集约化的现代气象预报业务系统，发展客观化、精准化技术体系，完善城市、生态、环境等专业气象预报预警业务系统，进一步加强农村气象灾害防御能力建设，加大农村气象灾害防御的科普宣传力度。健全覆盖全国内陆和邻近海域的国家突发事件预警信息发布系统，显著提升气象预报预警时效、精细化水平和气象防灾减灾能力。

02 海洋气象综合保障工程

全面实施海洋气象发展规划，建设海洋气象观测站网，维护领土主权和海洋权益。发展海洋气象综合监测业务，建立责任海区海上大风、海雾概率预报业务，同时推进重要航道和大型水体的水上交通安全气象保障能力建设。发展全球海洋气象预报模式，建设海洋气象灾害防御体系，形成全球监测、全球预报、全球服务能力，显著提升远洋气象保障能力。

03 山洪地质灾害防治气象保障工程

建成山洪地质灾害防御气象监测预报预警服务体系，进一步提高观测系统自动化水平，做好防治区局地突发性强降水及其引发的中小河流洪水、山洪、地质灾害等的气象监测、预警和风险评估工作，加大地质灾害高易发区气象监测站网建设，基本消除气象监测盲区。加强气象灾害信息管理业务标准体系建设。

04 基层气象防灾减灾能力建设项目

以灾害风险预警服务建设为重点不断完善基层气象灾害防御体系。加强与地方政府部门的合作，联合推进基层防灾减灾能力建设。加强基层防灾减灾队伍建设，做好灾害信息员培训工作。

05 现代气象服务能力建设项目

构建面向不同行业和领域的专业气象服务系统。拓展气象服务领域，发展和培育气象中介和气象服务市场，扩大气象数据和模式产品服务，增强气象保障经济转型升级能力。

第八章　强化保障为实现气象现代化提供坚强支撑

一、加强组织领导

加强规划实施的组织领导和统筹协调，建立健全规划有效实施的保障机制，采取多种有效措施，形成工作合力，确保规划发展目标和各项重点任务顺利完成。做好本规划与国民经济和社会发展规划之间的衔接，做好省级规划、专项规划、区域规划与总体规划的协调，确保总体要求一致，空间配置和时序安排协调有序，形成定位清晰、功能互补、统一衔接的规划体系。完善规划实施的监测评估制度，健全规划实施评价标准，将规划约束性指标分解到年度进行督促检查考核，加强规划实施的咨询和论证工作，规范气象工程项目的建设程序，提高决策的科学化和民主化水平。

二、建立多元化的投入机制

落实国家支持气象发展有关政策，坚持和发展气象部门与地方政府双重领导、以气象部门领导为主的管理体制，完善与之相适应的双重计划财务体制，进一步明确气象事权和相应的支出责任，破解资金要素制约，着力优化资金来源结构，建立健全与之相适应的财政资金投入机制。积极争取各级政府对气象的支持力度，推动将公共气象服务纳入各级政府购买公共服务的指导性目录，建立政府购买公共气象服务机制和清单，积极改善投资环境，创新公平准入条件，拓宽以政府投入为主、社会投入为辅的多元化投入渠道，充分利用市场机制，引导社会资本投入气象事业。继续实施重大工程和项目带动战略，以增量投资促进结构调整，加大向中西部地区和革命老区、民族地区、边疆地区、贫困地区的气象投资倾斜力度，推动气象事业均衡发展。

三、加强党的建设

以落实全面从严治党为主线，全面加强党的思想、组织、作风、反腐倡廉和制度建设，不断增强党员干部的政治意识、大局意识、核心意识、看齐意识，不断强化基层党组织整体功能，充分发挥党组织的战斗堡垒作用和党员的先锋模范作用。发挥各级党组的领导核心作用，特别要加强基层气象机构党组织建设，推动全面从严治党向基层党组织延伸。充分发挥党组织和广大党员在完成气象规划各项重点任务中的重要作用。

附录二:《中华人民共和国国民经济和社会发展第十三个五年规划纲要》中有关气象内容

第四篇　推进农业现代化

第十八章　增强农产品安全保障能力

——促进农业可持续发展

加强气象为农服务体系建设。

第五篇　优化现代产业体系

第二十三章　支持战略性新兴产业发展

——完善新兴产业发展环境

专栏 8　战略性新兴产业发展行动

——空间信息智能感知

形成服务于全球通信、防灾减灾、资源调查监管、城市管理、气象与环境监测、位置服务等领域系统性技术支撑和产业化应用能力。

第七篇　构筑现代基础设施网络

第三十一章　强化水安全保障

——优化水资源配置格局

科学开展人工影响天气活动。

第九篇　推动区域协调发展

第四十一章　拓展蓝色经济空间

——加强海洋资源环境保护

加强海洋气候变化研究,提高海洋灾害监测、风险评估和防灾减灾能力。

专栏 15　海洋重大工程

——全球海洋立体观测网

加强对海洋生态、洋流、海洋气象等观测研究。

第十篇　加快改善生态环境

第四十六章　积极应对全球气候变化

——主动适应气候变化

在城乡规划、基础设施建设、生产力布局等经济社会活动中充分考虑气候变化因素,适时制定和调整相关技术规范标准,实施气候变化行动计划。加强气候变化系统观测和科学研究，健全预测预警体系，提高应对极端天气和气候事件能力。

第十一篇　构建全方位开放新格局

第五十三章　积极承担国际责任和义务

扩大科技教育、医疗卫生、防灾减灾、环境治理、野生动植物保护、减贫等领域对外合作和援助，加大人道主义援助力度。

第十七篇　加强和创新社会治理

第七十二章　健全公共安全体系

——提升防灾减灾救灾能力

坚持以防为主、防抗救相结合，全面提高抵御气象、水旱、地震、地质、海洋等自然灾害综合防范能力。健全防灾减灾救灾体制，完善灾害调查评价、监测预警、防治应急体系。

广泛开展防灾减灾宣传教育和演练。

附录三:全国气象现代化发展纲要
(2015—2030年)

气发〔2015〕59号

序　言

气象事业是经济建设、国防建设、社会发展和人民生活的基础性公益事业。气象现代化是我国社会主义现代化的重要组成部分,是气象支撑经济社会发展、生态文明建设和保障人民安全福祉的重要基础,是气象综合实力不断提升的重要标志,也是广大气象工作者孜孜以求的发展梦想。

推进气象现代化贯穿了新中国气象事业发展的全过程。特别是改革开放以来,我国的气象事业不断发展,科技实力显著增强,基本建成了较为完善的气象业务、服务和管理体系,探索了一条具有中国特色的气象现代化道路。《国务院关于加快气象事业发展的若干意见》(国发〔2006〕3号)颁布实施后,气象现代化建设步伐明显加快,气象防灾减灾和应对气候变化能力明显提升,气象综合实力明显增强,气象发展环境明显优化,气象保障服务能力明显提升。

当前,我国进入经济发展新常态,经济将保持中高速增长并更加注重质量和效益的提升,服务业主导型经济加快形成,新型工业化、信息化、城镇化、农业现代化和绿色化进程加快,区域经济协同发展格局进一步确立,国家全面改革深入推进,经济全球化更加深入,气象服务需求领域更广,这些将为建设高水平的气象现代化提供更加强劲的动力。世界科技发展步伐明显加快,气象科技发展更加迅猛,以信息技术创新应用为主导的科技进步将更加丰富气象现代化的内涵。全球气候变暖背景下,极端天气气候事件多发频发趋势明显,应对气候变化、保障气候安全,稳增长、转方式、调结构、惠民生对防灾减灾和气象保障服务工作要求更高。面对新机遇和新挑战,气象业务服务能力与日益增长的社会需求和要求不适应的矛盾依然是气象事业发展的最根本矛盾,气象预测预报准确率和精细化水平依然不能满足社会需求,气象软实力不强,科技支撑能力明显不够,气象核心业务科技水平与世界先进水平的差距依然较大,队伍整体素质不适应问题依然突出,全面推进气象现代化的挑战和压力依然很大。

本纲要面向经济社会发展需求,面向国际科技前沿,结合我国气象事业发展实际，明确了2020年基本实现气象现代化奋斗目标，展望了2030年全面实现气象现代化发展目标，提出了发展主要任务。

一、指导思想和发展目标

(一)指导思想和主要原则

以邓小平理论、"三个代表"重要思想、科学发展观为指导，全面贯彻落实党的十八大和十八届三中、四中全会精神，深入贯彻习近平总书记系列重要讲话精神，按照全面建成小康社会、全面深化改革、全面推进依法治国、全面从严治党的战略布局，坚持公共气象发展方向，坚持气象现代化不动摇，深化改革开放，转变发展方式，大力推进气象业务现代化、气象服务社会化、气象工作法治化，发展智慧气象，提高发展质量和效益，推动建设气象强国，为促进经济社会持续健康发展、保障国家安全和人民安全福祉提供一流的气象服务。

需求牵引，服务为本。坚持面向民生、面向生产、面向决策，以服务全面建成小康社会需求为导向，以服务国家重大战略、气象防灾减灾、应对气候变化和生态文明建设为重点，努力提升气象服务能力和水平。

科技引领，创新驱动。全面落实创新驱动发展战略，大力实施国家气象科技创新工程，突破核心业务技术，重视前瞻性基础研究，推进科研业务深度融合，强化科技成果转化应用，发挥人才第一资源作用，营造有利于科技创新的政策和制度环境，提升科技对气象现代化发展的贡献度。

转变方式，提质增效。从注重发展规模、硬件建设转向更加依靠科技创新、管理创新、队伍素质提高，提升发展质量和效益；从主要依靠政府和气象部门力量转向全面利用社会各类资源，调动各方积极性，共同发展气象事业。

依法推进，统筹协调。依法发展气象事业，依法履行气象职责，依法管理气象事务。注重地方气象特色，统筹区域协调发展。合理划分中央和地方气象事权与支出责任，优化资源配置，促进气象事业协调发展。

深化改革，开放合作。全面深化气象改革，破解影响和制约气象事业发展的体制机制难题，激发气象发展活力。积极主动开展全方位、宽领域、多层次的国内外交流合作，推进气象信息资源共享应用。

(二)发展目标

到2020年：全国基本实现气象现代化。基本建成具有世界先进水平的现代气象业务、中国特色的现代气象服务和科学高效的气象管理为一体的结构完善、功能先进的气象现代化体系。关键领域气象核心技术实现重点突破，气象信息化水平不断提高，基本实现观测智能、预报精准、服务高效、科技先进、管理科学的智慧气象，气象整体实力接近世界先进水平，若干领域达到世界领先水平，气象保障全面建成小康社会的能力显著提升。

——**高效普惠的公共气象服务**。“政府主导、部门联动、社会参与”的气象防灾减灾工作机制内涵更完备，法治化程度更高。气象灾害风险管理业务化运行，气象预警信息基本实现公众全覆盖。重大活动和重大突发事件气象保障能力达到世界领先水平。公共气象服务多元供给格局逐步形成，市场机制作用得到有效发挥。气象灾害应急避险与自救互救知识城乡普及，公民气象科学素养明显增强。全国公众气象服务满意度稳定在85分以上，公共气象服务和气象防灾减灾效益显著提高。

——**科学有力的气候变化应对支撑**。围绕气候安全保障和应对气候变化内政外交战略部署的决策支撑能力显著增强。气候变化事实分析、检测归因及地球模式研发等关键科学领域取得明显进展，具备对中国和亚洲区域气候变化进行系统监测、预测和综合影响评估的能力。初步建成中国气候服务系统，极端天气气候事件应对能力、灾害风险管理能力显著增强。参与国际气候变化科学评估和制度建设的能力不断提升。

——**综合先进的现代气象业务**。全面实现观测业务自动化，逐步实现天空地基相结合的网格化立体探测能力，基本实现大气三维综合状态(准)实时获取能力，初步实现部门主导、行业协作、社会参与的观测与保障体系，观测准确度全面达到世界先进水平。完善无缝隙、精细化、格点化的预报预测业务体系。全球数值天气预报模式水平分辨率达到10千米，北半球可用预报时效达到8.5天，区域数值天气预报模式水平分辨率达到1～3千米。气候预测模式水平分辨率达到30千米，对东亚区域预测性能达到世界先进水平。地球系统模式总体性能接近世界先进水平。暴雨预报准确率接近世界先进水平，台风预报能力达到世界先进水平。建立基于影响的气象灾害预报和风险预警业务体系，提升精细化公共气象服务业务水平，实现重点区域短期预报服务信息精细到1千米、逐小时。

——**高度集约共享的气象信息化体系**。充分利用现代信息技术，提升涵盖气象业务服务和管理全链条、满足不同用户需求的网格化气象信息服务能力，建成资源高效利用、数据充分共享、流程高度集约的气象信息化体系，为实现智慧气象提供坚实保障。

——**坚实有力的科技人才保障**。气象业务重大核心关键技术实现重点突破，科研业务融合更加紧密，科技成果转化应用水平明显提升，评价激励机制进一步健全，科技对气象现代化发展的贡献度显著提高。气象人才素质稳步提高，人员结构更加合理。高层次领军人才的科技影响力显著提高。创新团队在国家气象科技创新工程中发挥重要作用，若干团队入选国家级创新团队。人才队伍培训能力进一步提高，人才成长环境更加优化。

——**持续优化的气象发展环境**。逐步健全和完善结构合理、层次分明、科学配套、内容完备的气象法律法规体系和标准体系。气象发展战略、规划、政策、标准等的制定和实施力度进一步加强。气象标准完备率达85%，应用率达90%。气象行政管理体制及相应的财务体制进一步完善。依法发展气象事业政策环境优化,依法履行气象职责基础坚实,依法管理气象事务水平明显增强。

到 2030 年:全国全面实现气象现代化。全面建成适应国家战略发展需求、满足经济社会发展需要的现代气象服务体系。全面建成具有世界先进水平的现代气象业务体系,具备全球监测、全球预报、全球服务的业务能力。气象监测预报服务产品的时空分辨率更加精细,天气气候一体化的无缝隙监测预报预测业务更加完善,气象服务全方位融入经济社会相关领域。全面建成科学高效的气象管理体系,科技创新争先、优秀人才辈出、气象法治完善的发展环境进一步优化。

——**全面建成中国特色现代气象服务体系**。实现气象灾害预警信息服务手段、传播渠道及影响区域全覆盖,国内城乡公共气象服务均等化。在全球气象灾害预警、气候服务、空间天气、卫星气象、航空气象、应急响应等领域建设若干世界气象组织区域专业中心。具备全球规避气候风险和应对气候变化的服务能力,在全球气候服务框架中发挥示范引领作用。

——**全面建成世界先进水平的现代气象业务体系**。建成天基、空基、地基一体化的地球系统立体综合观测系统,形成完善的国内外气象信息交换与共享机制。数值天气预报模式与资料同化、气候预测和气候系统模式、资料质量控制及再分析等三大业务核心技术水平进入世界前列,发展建立天气气候一体化模式系统。气象服务业务能力明显提升,预报预测预警准确率和精细化达到世界先进水平。

——**全面建成科学高效的气象管理体系**。适应科技创新与优秀人才成长要求的政策制度环境进一步优化,有利于气象事业发展的体制机制法治环境进一步完善,气象发展战略、规划、政策、标准等治理能力进一步提升。

二、大力提升气象防灾减灾和公共气象服务水平

(一)加强气象防灾减灾能力建设

气象防灾减灾体系。完善“政府主导、部门联动、社会参与”的气象防灾减灾工作机制,建成覆盖城乡的气象防灾减灾组织体系。健全气象防灾减灾法律法规和标准体系。发挥各级政府防灾减灾的主导作用,将气象防灾减灾纳入地方经济社会发展规划、政府绩效考核和公共财政预算。推进部门间信息共享和应急联动,深化防灾减灾资源整合。创新乡镇、社区气象防灾减灾与服务保障工作体制机制,全面推进城乡气象防灾减灾社区(村)建设,发挥社区组织和公民在气象防灾减灾中的重要作用。

气象灾害风险管理。建立规范的气象灾害风险管理业务。完成气象灾害风险普查,建成分灾种、精细化的气象灾害风险区划业务。建立常态化的气象灾害与次生灾害多部门联合调查机制。建立气象灾害风险预警业务和基于影响的气象预报业务,实现从灾害性天气预警预报向气象灾害风险预警转变。开展台风、暴雨、干旱

等主要气象灾害的定量化风险实时评估，依法加强对城乡规划、重大建设项目的气象灾害风险评估。推进气象灾害风险分担和转移机制，推动建立气象类巨灾保险制度。开展气象防灾减灾服务效益评估。

气象灾害预警信息发布和传播。建成部门联合、上下衔接、管理规范的国家预警信息发布体系。依法明确大众媒体和有关企业在突发事件预警信息传播的职责和义务，充分发挥新媒体和社会传播资源作用，形成气象灾害等突发事件预警信息发布与传播的立体网络，消除预警信息接收“盲区”。

（二）提升公共气象服务均等化水平

城乡公共气象服务。创新服务手段，广泛利用新媒体、新技术，在满足公众普适性气象服务需求基础上，推进个性化、交互式、智慧型、基于位置的智能气象服务，实现公共气象服务城乡全覆盖和均等化。推动气象服务融入“智慧城市”建设，将气象服务纳入城乡“网格化”管理平台，提高城市安全运行气象服务保障水平。统筹和深化气象为农服务“两个体系”建设，适应现代农业发展方式转变，创新气象为农服务机制，融入农业、农村社会化服务体系，建立长效机制，为保障国家粮食安全和新农村建设提供有力支撑。

国家重大战略和重点领域气象服务。加强面向不同行业和领域的专业气象服务系统建设，大力发展面向农业、交通、环境、卫生、海洋、航空、航天、能源、林业、水文、旅游、物流、金融等国民经济重点行业和领域的气象服务。将气象服务主动融入国家新型城镇化、京津冀协同发展、长江经济带建设和农业“走出去”发展战略的实施，开展伴随式的专项气象服务。

公民气象科学素养。加强和改进气象科普工作，广泛借助社会资源提高气象科学知识的社会普及程度，增强公民气象科学素养和气象防灾自救能力。将气象灾害防御知识和气象科普宣传纳入义务教育。加强气象文化设施和气象科普宣传教育基地建设，改进和丰富气象科普工作的内容和形式，扩大气象科普工作的覆盖面。

（三）推进气象服务社会化

公共气象服务供给。发挥政府在公共气象服务中的主导作用，将公共气象服务纳入国家基本公共服务体系、规划和财政保障体系，建立和完善政府购买公共气象服务制度。发挥气象事业单位在公共气象服务中的主体作用，建成适应需求、快速响应、集约高效的新型公共气象服务业务体系，强化对全社会气象服务的支撑。培育气象服务市场主体，激发气象行业协会、社会组织以及公众参与公共气象服务的活力，发挥气象志愿者和气象信息员在公共气象服务中的重要作用。

气象服务市场培育。制定和实施气象服务产业发展战略及政策，推进国有气象服务企业集约化、规模化、品牌化发展。鼓励和支持各种所有制气象服务企业和非营利性气象服务机构发展，保障其在设立条件、基本气象资料使用、政府购买服务等方面享受公平待遇。培育和发展气象服务市场中介机构，开展气象服务知识产权代理等社会化服务。优化气象服务市场发展环境，制定气象信息资源开放共享政策，建成基本气象资料数据共享平台。实施气象服务产业发展情况统计和信息发布制度。

气象服务市场监管。制定和完善气象服务相关法律、法规和标准，强化气象服务标准实施应用，推进气象服务标准化管理。建成气象服务市场信用体系，完善监督制度。强化气象服务市场监管职能，实现气象服务市场事中事后监管常态化，完善多部门联合监管机制。

三、积极应对气候变化

(一)加强气候变化科学研究

气候变化规律认识。推进气候变化事实、驱动机制、关键反馈过程及其不确定性等的研究，着力提升地球系统模式和区域气候模式的研发应用能力，集中在气候变化检测归因、极端气候事件及其变化规律，以及多源数据融合与质量控制、极端事件风险评估等关键技术上，形成一批集成度高、带动性强的科技成果。

气候变化监测预估。做好全球和区域气候变化的监测、检测与预测预估，加强对温室气体、气溶胶等大气成分的监测分析，发布具有国际影响力的全球和区域基本气候变量长序列数据集产品，建立综合性、多源式的观测平台，加强资料共享，形成包含大气圈、冰冻圈、岩石圈、生物圈和水圈的立体、开放、交互的中国气候综合监测系统。

(二)提升气候变化适应能力

中国气候服务系统。推进传统气候服务与各行业气候变化应对需求的融合，围绕国家气候变化适应战略，建设以基础综合数据库和气候模式系统为支撑，以农业与粮食安全、灾害风险管理、水资源安全、生态安全和人体健康为优先领域的气候服务系统。加强国家、区域、省在气候服务上的分工协作，发挥北京气候中心的作用，为世界气象组织气候服务框架的实施提供成功范例。

气候变化评估。发展气候变化综合影响评估模式，围绕气候变化对粮食安全、水资源安全、森林碳汇、生态环境、大型城市(城市群)生命线系统、人体健康和旅游等重点领域与特色产业的影响开展评估。推进气候变化相关标准建设。建立重点领域评估报告的滚动发布制度，提升气象部门参与国际、国家和区域气候变化评估的能力和影响力。

气候承载力与可行性论证。以促进城镇空间布局合理均衡为出发点，开展气候变化背景下不同地域重大工程、城乡规划和安全运行，重大区域性经济开发、农业产业结构调整、大型太阳能和风能等气候资源开发利用等的气候承载力分析和可行性论证，完善气候可行性论证制度和标准。

应对气候变化决策支撑。充分发挥国家应对气候变化领导小组成员单位、国家气候变化专家委员会办公室单位、国家气候委员会和全球气候观测系统中国委员会机制作用，积聚跨部门智库资源，围绕气候安全保障、应对气候变化内外战略部署与生态文明制度建设提供决策支撑。积极参加气候变化国际制度建设，提升科学支撑水平。

(三)强化生态文明气象保障

服务生态文明建设气象布局。建立包含经济社会发展特点及生态福祉功能的气候承载力评估框架。建立和完善以城镇化气候效应、区域大气污染治理、流域生态环境、脆弱区保护等为重点领域的国土气候容量和气候质量监测评估，为国家重大战略政策制定提供科技支撑。

生态气象服务。完善重点生态功能区、生态环境敏感区和脆弱区等区域生态气象观测布局，提升对森林、草原、荒漠、湿地等生态区域的气象监测能力。建立生态气象灾害预测预警系统，加强极端气候事件、大气污染、水土流失与土地荒漠化等生态安全事件的气象预警。强化生态气象评估和生态安全气象保障。

气候资源开发利用。推进气候资源精细化评估和规划。对重点地区进行区域高分辨率普查，形成完整的气候资源数据库。开展精细化气候区划，推动精细化农业气候资源区划和评价应用。加强风能、太阳能资源的多层次普查和经济开发潜力的评估。

人工影响天气。完善国家人工影响天气协调会议制度和地方各级组织领导体系，加强人工影响天气国家级和区域中心建设，强化人工影响天气科学研究与科技支撑，建成统筹集约、协作有力、布局合理、科学高效的人工影响天气工作体系。建立人工影响天气业务标准体系，实现作业的全流程监控。合理开发空中云水资源，做好突发事件应对和重大活动保障以及重点领域作业服务工作，提高人工影响天气对生态建设的服务保障能力。

四、加快发展现代气象业务

(一)建立现代气象服务业务

气象服务技术。发展高分辨率精细化气象服务技术，建立能够精准响应用户请求的精细化气象服务系统。发展基于影响和风险的预报预警和定量化气候影响评估技术，研发集气象灾害区划、灾情收集与监测、灾害风险预估与预警、灾害风险转移以及气象防灾增效服务效益评估为一体的灾害风险管理业务系统。发展气象服务数据集成和挖掘技术，构建时空精细化、多要素、无缝隙的气象服务基础数据云平台。发展面向新媒体的气象服务信息传播技术，建立全媒体融合发展的气象服务信息传播体系。

专业气象服务业务。建成国家级和区域环境气象数值模式系统，实现环境气象模式系统的气象模式-污染源模式-化学模式的协同发展。强化空气质量预报、空气污染气象条件预报预警和重污染天气预警业务。推进农业气象定量监测，加强农业气象灾害精细化短期预估和粮食产量趋势预测，提高面向特色农业、设施农业、精细农业的气象服务水平。发展全球海洋气象监测预报业务，强化近海、江河湖泊大风和雾监测分析及预报业务，加强水上强对流天气预警业务。集约发展面向流域水文、国土资源、林业、交通、卫生、旅游、能源等行业用户定量精细的专业气象服务业务。

（二）提高气象预报预测水平

数值预报模式。发展全球/区域数值模式动力框架等核心技术，改进全球和区域高分辨率资料同化业务系统，完善高分辨率数值天气预报业务系统。建立面向次季节-季节-年尺度的海-陆-冰-气耦合的高分辨率气候预测模式。建立耦合物理、化学、生态等多种过程的地球系统模式。发展建立天气气候一体化模式。

预报预测准确率和精细化。实现集约化预报业务布局，完善以数值预报为基础的无缝隙、格点化、精细化、定量化的现代天气业务，建立全球集合预报业务系统，完善融合大数据应用的专业化、智能化预报技术体系和预报系统平台，强化强对流等灾害性天气预报能力，发展海洋、环境、航空、空间天气等专业气象预报业务体系。发展基于多源融合数据的全球气候监测诊断业务，发展多种技术方法相结合的客观预测技术，提升气候基本要素、气候现象、灾害性气候事件的预测和展望能力。推进天气气候业务一体化发展。

（三）强化综合气象观测能力

综合观测业务。发展天地空相结合的网格化、立体综合观测技术，研制新型观测设备与方法，实现自动观测、设备自检定和数据流传输。完善天气观测网功能，建成稳定运行的高精度基本气候变量观测站网。优化和完善气象雷达观测网和风云卫星组网观测，完善海洋气象综合观测系统，基本消除气象灾害监测盲区。推进建设重点应用领域的专业气象观测网。统筹应用社会化观测资源，加强国内外数据资料共享，无缝隙获取全球综合气象观测信息。发展观测数据在线质控及预处理技术，提高观测数据可同化率。

站网布局与保障支撑。构建科学的站网设计评估系统，评估和优化站网布局，加强不同观测方式与观测系统的统筹协调，建成功能齐备、技术先进的大气探测综合试验基地。开展观测系统性能和业务运行模式的综合评估，实现综合观测业务集约化发展。建成信息化的装备保障业务，建立观测系统标准体系和质量管理体系，完善观测系统计量检定业务，提高计量检定能力。

五、着力推进气象信息化

（一）建立集约化气象信息业务体系

信息化业务布局。建立业务运行和气象管理的信息化扁平业务体系。按照气象信息化标准规范，建立统一标准、统一数据和统一管理的集约化气象云平台，形成气象业务、服务、科研、培训、政务管理等的“云＋端”应用模式，提升气象信息化技术水平。建立物理隔离的气象部门电子政务内网基础平台及门户网站。

业务应用和科学管理系统平台。应用云计算、大数据、移动互联、物联网等信息技术，基于标准、高效、统一的数据环境，建立天气预报、气候预测、综合观测、公共气象服务以及行政管理等智能化、集约化、标准化的气象业务应用和科学管理系统。以信息化为基础，满足不同用户需求，加快构建和发展智慧气象，实现观测智能、预报精准、服务高效、管理科学的气象现代化发展模式。

（二）提升气象数据质量与开放共享水平

基础资料业务技术能力。优化气象资料业务流程，健全气象资料质量控制和评估体系，提升资料处理和分析业务能力，全面提高资料质量。突破卫星、雷达等多源数据融合、资料同化等关键技术，建立基本气象要素长序列数据产品、卫星长序列数据产品、均一化数据产品以及卫星、雷达等多源资料融合数据产品，推进全球及区域高分辨率大气和陆面过程再分析，形成多圈层、多要素、长序列、高分辨率、高精度、高质量的气象数据产品。

数据资源整合与开放共享。统一数据编码和格式标准，加强气象数据资源整理编目。制定基本气象资料和产品共享目录，建立和完善相应监督管理政策制度，加大气象资料和产品的社会共享力度。建立气象与政府部门、科研机构、企业、社会间数据互助共享协作体制机制，收集相关的自然科学数据、行业数据、社会数据，满足跨学科、跨行业的数据融合与综合分析及信息服务的需求。实施政务数据资源整合，构建标准化的气象行政管理信息资源库，实现政务数据的深度共享、集中可用。

（三）增强气象政务管理信息化能力

气象部门电子政务内网。按照有关涉密信息系统规范，建立气象部门国省两级电子政务内网系统。完善电子政务内网应用系统功能，实现与其他部委互联互通、信息共享。

政务管理基础平台。建立横纵贯通的管理数据共享及协同机制，发展国省两级决策支持应用基础平台，汇集各类行政管理基础数据及决策所需的业务管理数据，为科学决策提供数据支撑。改进国省两级气象政府门户网站，满足各级气象部门及时准确的政务信息发布、依法行政网上审批、与地方政务办公系统协同审批、互动交流、宣传科普的需要。

（四）完善气象信息化运行保障

基础信息设施。提升全国气象广域网络传输能力，扩充气象云平台内外网络传输能力。充分利用国家基础信息资源，不断促进气象专网与互联网之间的深度融合。开展物联网、“互联网＋”业务应用，引导气象观测与气象服务的智能化发展。构建适应新业务格局的运行维护体系，建立健全运行维护管理标准体系。

信息安全保障。落实信息安全等级保护制度，强化顶层设计，建立气象部门信息安全责任制和气象应用安全准入制度，夯实网络与信息安全基础，完善信息系统安全防护体系，保障各类气象信息系统安全可靠运行。建成国家级气象业务应急备份中心，提高气象业务应急备份能力，满足气象业务与服务的连续性运行要求。

六、加强科技创新和人才发展

（一）强化科技引领和创新驱动

实施国家气象科技创新工程。围绕高分辨率资料同化与数值天气模式、气象资料质量控制及多源数据融合与再分析、次季节至季节气候预测和气候系统模式以及天气气候一体化数值预报模式系统等重大关键核心技术，集中资源，凝聚力量，组织协同攻关，着力提高事关现代气象事业发展的核心领域科技创新水平。

组织重点领域科技攻关。面向国家发展需求，面向国际科技前沿，面向气象现代化要求，组织重点领域关键环节技术攻关，开展前瞻性研究。重点组织台风、暴雨、强对流等高影响天气监测预警预报、中期延伸期预报、极端天气气候事件监测预测等关键领域研发，取得显著进展。开展气候变化影响、农业气象灾害防御、人工影响天气、气候资源开发利用、环境气象监测预报、空间天气监测预警等重点领域研发，形成一批集成度高、带动性强的重大技术系统。组织综合气象观测技术及数据融合应用等前沿领域研发，推动传统业务服务升级。推进全国共性业务平台的技术革新，强化气象灾害风险评估和气候可行性论证技术的升级，重视气象技术标准的研究和推广应用。

完善气象科技体制机制。按照遵循规律、强化激励、合理分工、协同开放的要求，完善科技资源、科技研发、成果转化和业务应用有机统一、协同发展机制，围绕业务链部署创新链、围绕创新链配置科技资源。强化业务单位技术创新与应用主体地位，增强科研院所支撑引领现代化发展的科技创新能力，健全科研业务深度融合机制，完善区域协同创新和共性技术协同发展机制。统筹建设气象科技基础条件设施，重点建设科技成果转化中试平台，打通科技成果向业务服务能力转化通道，提升科技对气象现代化发展的贡献度。

营造气象科技创新环境。健全以科技突破和业务贡献为导向的科技分类评价体系，完善科技奖励激励政策，引导和激励创新主体、科技人员围绕气象现代化核心技术突破通力合作、协同创新。加强知识产权创造、运用、保护和管理。加强气象科学道德和创新文化建设，营造人尽其才、才尽其用、用有所成的创新环境。

加强全方位开放合作。健全沟通交流和信息共享机制，完善基本气象资料开放清单。创新合作模式，强化联合研究平台和机制建设，搭建良好合作环境，推动气象行业内、部门间、气象与相关行业间的技术、平台、人才和项目合作交流。开展全方位、宽领域、多层次、合作共赢的多边、双边气象交流合作。参加并在部分领域引领气象相关国际活动和计划。大力引进、消化、吸收国外先进科学技术和管理经验，并组织做好国外智力引进和气象援外工作。促进气象技术、装备、服务参与国际竞争。

（二）坚持人才优先发展

气象人才成长环境。创新人才发展机制，打通人才流动、使用、发挥作用中的体制机制障碍，把各类优秀人才集聚到全面推进气象现代化建设事业中来。坚持竞争激励和崇尚合作相结合，完善人才培养使用、考核评价和激励保障机制，不断优化人才成长的政策、制度环境，识才、爱才、敬才、用才，积极营造优秀人才尽展所长的人文环境和良好氛围。

气象人才队伍建设。加强科技研发、业务一线和基层人才队伍建设，提高气象队伍整体素质，优化人才队伍结构，加大高层次领军人才和中青年骨干人才培养和引进力度，提高引才和引智的效果。完善东西部人才交流机制，加强面向艰苦基层台站和少数民族地区的气象人才培养力度，统筹推进人才队伍协调发展。造就高水平科技创新团队，发挥好团队集中优势攻关和人才培养的作用。推进气象人才工程建设，构建充满创新活力的气象人才体系。

气象教育培训。紧密围绕气象现代化需要，制定人才培训规划。开展全方位、多层次的气象教育培训。健全开放式气象培训体系，促进气象教育培训管理流程化、规范化和专业化，提升适应现代气象人才知识更新需要的培训能力。推进国家级干部培训学院、培训分院、省级培训机构及海内外人才培养基地建设，加快培训业务平台建设，发挥培训在新技术和新方法的开发、推广与应用中的平台作用。推进气象教育与气象人才队伍建设的融合发展，充分发挥中国气象人才培养联盟的作用，加强气象学科和专业建设，提升气象人才培养的水平和质量。

七、强化气象现代化的法治保障

（一）提高气象依法行政能力

法律法规体系建设。加快推进气象法治建设进程，坚持立法先行和立改废释并举，加强气象立法的顶层设计和前瞻研究，完善气象立法项目储备制度。着力推进气象灾害防御、气候资源开发利用和保护、气象信息服务等社会关注度高、气象改革发展急需、条件相对成熟的立法项目。健全促进地方气象事业发展的地方性法规、政府规章和规范性文件等，形成以气象法为主体，由若干气象行政法规、地方性法规、部门规章和地方政府规章以及规范性文件组成的气象法律法规体系。

依法履行职责。加强气象法制机构和法治队伍建设，增强气象干部职工的法治思维和依法办事能力。建立和完善各级气象部门权力清单和责任清单制度，不断强化公共气象服务和气象行政管理职能。坚持依法决策，强化对行政权力制约监督，依法规范全社会的气象活动。努力提高气象普法实效，推动全社会共同营造良好的气象法治环境。

（二）强化气象标准化管理

气象标准体系。加快制修订气象业务、服务和管理标准，实现气象标准在基础业务和社会管理领域的全覆盖。建立健全参与国际标准化活动的工作机制和支撑体系，加大对相关国际标准的跟踪、研究和转化，推进我国优势、特色领域气象标准向国际标准的转化。

气象标准质量。建立健全科技与标准互动发展的机制，强化气象标准的科技支撑，促进科技成果向标准的转化。完善和优化气象标准制修订程序，强化标准的质量控制，提升标准适用性。加强对气象标准化技术委员会工作的指导协调和监督考核，不断完善部门内外高层次人才多元参与气象标准化工作的体制机制。

气象标准应用。建立健全以标准为依据的业务考核和管理工作体系，以标准为手段促进职能转变。建立健全气象标准实施监督及评估反馈机制，推行“执行标准清单”制度。加大气象标准宣传贯彻力度。

（三）完善与气象现代化相适应的体制机制

体制改革。全面落实国家行政体制改革任务，简政放权、放管结合、优化服务，推进气象治理创新。深化气象服务体制改革，建立开放、多元、有序的气象服务体系。深化气象业务科技体制改革，建立集约高效的业务运行机制，完善科技驱动和支撑现代气象业务发展的体制机制。完善气象管理体制，全面履行气象行政管理、行业管理和市场监管等职能。

顶层设计。紧贴经济社会发展需求，紧跟科技发展步伐，做好气象发展规划及各专项规划的编制，实施具有全局性、长远性影响的重点工程和重点项目。加强政策研究与决策咨询，提高决策的科学性、系统性、指导性和可操作性。

财政保障。坚持和完善双重计划财务体制，进一步明确气象事权和相应的支出责任，建立相适应的财政资金投入机制。推进社会多元化投入机制建设。

政策扶持。推动将公共气象服务纳入各级政府购买公共服务的指导性目录。建立政府购买公共气象服务机制和清单。推动社会资本参与气象现代化建设的财政、税收、金融和土地等优惠政策的制定与落实。

党的建设和气象文化建设。贯彻落实从严治党要求，全面落实党风廉政建设主体责任和监督责任，弘扬气象人精神，营造良好发展环境，为全面推进气象现代化提供强有力的思想和组织保证。

后　记

“十三五”时期，是我国全面推进气象现代化，基本实现气象现代化的关键时期。中国气象局高度重视“十三五”规划编制工作，2014 年 12 月，印发了《关于气象事业发展“十三五”规划编制相关工作的通知》，全面启动了国家级和省级气象“十三五”规划及相关专项规划的编制工作。2015 年 1 月，印发了《关于成立气象事业发展“十三五”规划编制领导小组及其办公室的通知》，成立了由时任中国气象局局长郑国光任组长，中国气象局副局长沈晓农、于新文任副组长，各职能司主要负责人为成员的领导小组，并由中国气象局计划财务司和中国气象局发展研究中心有关人员组成的编写组。

在《规划》编制过程中，规划编制领导小组 3 次召开会议，对《规划》编制工作进行部署和指导。编写组多次召开专家咨询会，或以书面形式征求意见，分别听取国家发展和改革委员会、财政部、国土资源部、环境保护部、住房和城乡建设部、水利部、国家能源局、国防科工局、民航局等部委局专家意见，并先后赴湖北、重庆、山西、上海、广东、青海、贵州、海南等省(市)地方发展规划部门和气象部门进行专题调研，得到了各部门和地方的大力支持。2016 年 8 月 23 日，《规划》由中国气象局和国家发展和改革委员会联合印发。

为帮助全国气象部门各级领导和广大干部职工全面理解和认真贯彻落实《规划》，中国气象局发展研究中心组织编写了本辅导读本，对《规划》内容做出了深入浅出和通俗易懂的解读。在本辅导读本编写过程中，得到了国家发展改革委、中国气象局和中国气象局有关职能司的大力支持，得到王月宾、王世恩、王邦中、王守荣、王金星、冷春香、修天阳、徐东亮、高学浩、梅连学、梁亚春、程磊、潘进军等多位专家(按姓氏笔画排序)的悉心指导。辅导读本凝聚了许多专家学者的真知灼见，在此一并表示衷心感谢！

本辅导读本由王志强、张洪广审稿，由张洪广、姜海如、朱玉洁统稿，具体编写执笔人员（按姓氏笔画排序）有王喆、朱玉洁、刘冬、许利明、李栋、李博、肖芳、辛源、张洪广、陈鹏飞、林霖、周勇、姜海如、唐伟、龚江丽。另外，中国气象局已经发布的有关专项规划部分内容，中国气象局发展研究中心其他人员的前期有关研究成果，在辅导读本中进行了引用。

本辅导读本对《规划》中涉及的一些问题分析，仅限于编写组人员的认识和理解，限于本书作者的知识和学术水平，难免存在缺陷与不足，恳请读者批评、指正！

《规划》辅导读本编写组

2016年12月于北京